全国高职高专食品类、保健品开发与管理专业"十三五"规划教材

（供食品营养与检测、食品质量与安全专业用）

食品微生物检验技术

主　　编　李宝玉

副 主 编　臧学丽　宫春波

编　　者　（以姓氏笔画为序）

王兆丹（重庆三峡学院）

卢勉飞（广东环凯微生物科技有限公司）

刘后伟（广东农工商职业技术学院）

李宝玉（广东农工商职业技术学院）

郑培君（佛山职业技术学院）

赵玉娟（扎兰屯职业学院）

宫春波（烟台市疾病预防控制中心）

隋志伟（中国计量科学研究院）

董　华（长春职业技术学院）

臧学丽（长春医学高等专科学校）

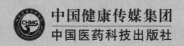

中国健康传媒集团

中国医药科技出版社

内容提要

本教材为"全国高职高专食品类、保健品开发与管理专业'十三五'规划教材"之一，系根据本套教材的编写指导思想和原则要求，结合专业培养目标和本课程的教学目标内容与任务要求写成。本教材具有专业针对性强、紧密结合时代行业要求和社会用人需求、与职业技能鉴定相对接等特点；内容主要包括食品微生物检验室建设与管理、食品微生物检验基本技能、食品卫生指示菌检验技术、食品中常见病原微生物检验技术、发酵食品微生物检验技术、罐藏食品商业无菌检验、现代食品微生物检验技术等。本教材为书网融合教材，即纸质教材有机融合电子教材、教学配套资源、题库系统、数字化教学服务（在线教学、在线作业、在线考试）等。

本教材主要供全国高职高专食品营养与检测、食品质量与安全等专业师生使用，也可作为其他相关专业及企业技术人员的参考用书。

图书在版编目（CIP）数据

食品微生物检验技术／李宝玉主编 . —北京：中国医药科技出版社，2019.1
全国高职高专食品类、保健品开发与管理专业"十三五"规划教材
ISBN 978 – 7 – 5214 – 0231 – 5

Ⅰ.①食…　Ⅱ.①李…　Ⅲ.①食品微生物－食品检验－高等职业教育－教材　Ⅳ.①TS207.4

中国版本图书馆 CIP 数据核字（2018）第 266117 号

美术编辑　陈君杞
版式设计　南博文化

出版　**中国健康传媒集团**｜中国医药科技出版社
地址　北京市海淀区文慧园北路甲 22 号
邮编　100082
电话　发行：010 – 62227427　邮购：010 – 62236938
网址　www.cmstp.com
规格　889×1194mm ¹⁄₁₆
印张　13 ½
字数　285 千字
版次　2019 年 1 月第 1 版
印次　2021 年 1 月第 2 次印刷
印刷　三河市国英印务有限公司
经销　全国各地新华书店
书号　ISBN 978 – 7 – 5214 – 0231 – 5
定价　**36.00 元**

数字化教材编委会

主　　编　李宝玉

副 主 编　臧学丽　宫春波

编　　者　（以姓氏笔画为序）

　　　　　王兆丹（重庆三峡学院）

　　　　　刘后伟（广东农工商职业技术学院）

　　　　　李宝玉（广东农工商职业技术学院）

　　　　　郑培君（佛山职业技术学院）

　　　　　赵玉娟（扎兰屯职业学院）

　　　　　宫春波（烟台市疾病预防控制中心）

　　　　　隋志伟（中国计量科学研究院）

　　　　　董　华（长春职业技术学院）

　　　　　臧学丽（长春医学高等专科学校）

出版说明

为深入贯彻落实《国家中长期教育改革发展规划纲要（2010—2020年）》和《教育部关于全面提高高等职业教育教学质量的若干意见》等文件精神，不断推动职业教育教学改革，推进信息技术与职业教育融合，对接职业岗位的需求，强化职业能力培养，体现"工学结合"特色，教材内容与形式及呈现方式更加切合现代职业教育需求，以培养高素质技术技能型人才，在教育部、国家药品监督管理局的支持下，在本套教材建设指导委员会专家的指导和顶层设计下，中国医药科技出版社组织全国120余所高职高专院校240余名专家、教师历时近1年精心编撰了"全国高职高专食品类、保健品开发与管理专业'十三五'规划教材"，该套教材即将付梓出版。

本套教材包括高职高专食品类、保健品开发与管理专业理论课程主干教材共计24门，主要供食品营养与检测、食品质量与安全、保健品开发与管理专业教学使用。

本套教材定位清晰、特色鲜明，主要体现在以下方面。

一、定位准确，体现教改精神及职教特色

教材编写专业定位准确，职教特色鲜明，各学科的知识系统、实用。以高职高专食品类、保健品开发与管理专业的人才培养目标为导向，以职业能力的培养为根本，突出了"能力本位"和"就业导向"的特色，以满足岗位需要、学教需要、社会需要，满足培养高素质技术技能型人才的需要。

二、适应行业发展，与时俱进构建教材内容

教材内容紧密结合新时代行业要求和社会用人需求，与职业技能鉴定相对接，吸收行业发展的新知识、新技术、新方法，体现了学科发展前沿、适当拓展知识面，为学生后续发展奠定了必要的基础。

三、遵循教材规律，注重"三基""五性"

遵循教材编写的规律，坚持理论知识"必需、够用"为度的原则，体现"三基""五性""三特定"。结合高职高专教育模式发展中的多样性，在充分体现科学性、思想性、先进性的基础上，教材建设考虑了其全国范围的代表性和适用性，兼顾不同院校学生的需求，满足多数院校的教学需要。

四、创新编写模式，增强教材可读性

体现"工学结合"特色，凡适当的科目均采用"项目引领、任务驱动"的编写模式，设置"知识目标""思考题"等模块，在不影响教材主体内容基础上适当设计了"知识链接""案例导入"等模块，以培养学生理论联系实际以及分析问题和解决问题的能力，增强了教材的实用性和可读性，从而培养学生学习的积极性和主动性。

五、书网融合，使教与学更便捷、更轻松

全套教材为书网融合教材，即纸质教材与数字教材、配套教学资源、题库系统、数字化教学服务有机融合。通过"一书一码"的强关联，为读者提供全免费增值服务。按教材封底的提示激活教材后，读者可通过电脑、手机阅读电子教材和配套课程资源（PPT、微课、视频、动画、图片、文本等），并可在线进行同步练习，实时反馈答案和解析。同时，读者也可以直接扫描书中二维码，阅读与教材内容关联的课程资源（"扫码学一学"，轻松学习PPT课件；"扫码看一看"，即刻浏览微课、视频等教学资源；"扫码练一练"，随时做题检测学习效果），从而丰富学习体验，使学习更便捷。教师可通过电脑在线创建课程，与学生互动，开展布置和批改作业、在线组织考试、讨论与答疑等教学活动，学生通过电脑、手机均可实现在线作业、在线考试，提升学习效率，使教与学更轻松。

编写出版本套高质量教材，得到了全国知名专家的精心指导和各有关院校领导与编者的大力支持，在此一并表示衷心感谢。出版发行本套教材，希望受到广大师生欢迎，并在教学中积极使用本套教材和提出宝贵意见，以便修订完善，共同打造精品教材，为促进我国高职高专食品类、保健品开发与管理专业教育教学改革和人才培养做出积极贡献。

中国医药科技出版社

2019年1月

全国高职高专食品类、保健品开发与管理专业"十三五"规划教材

建设指导委员会

委　　　员（以姓氏笔画为序）

王　丹（长春医学高等专科学校）

王　磊（长春职业技术学院）

王文祥（福建医科大学）

王俊全（天津天狮学院）

王淑艳（包头轻工职业技术学院）

车云波（黑龙江生物科技职业学院）

牛红云（黑龙江农垦职业学院）

边亚娟（黑龙江生物科技职业学院）

曲畅游（山东药品食品职业学院）

伟　宁（辽宁现代服务职业技术学院）

刘　岩（山东药品食品职业学院）

刘　影（茂名职业技术学院）

刘志红（长春医学高等专科学校）

刘春娟（吉林省经济管理干部学院）

刘婷婷（安庆医药高等专科学校）

江津津（广州城市职业学院）

孙　强（黑龙江农垦职业学院）

孙金才（浙江医药高等专科学校）

杜秀虹（玉溪农业职业技术学院）

杨玉红（鹤壁职业技术学院）

杨兆艳（山西药科职业学院）

杨柳清（重庆三峡医药高等专科学校）

李　宏（福建卫生职业技术学院）

李　峰（皖西卫生职业学院）

李时菊（湖南食品药品职业学院）

李宝玉（广东农工商职业技术学院）

李晓华（新疆石河子职业技术学院）

吴美香（湖南食品药品职业学院）

张　挺（广州城市职业学院）

张　谦（重庆医药高等专科学校）

张　镝（长春医学高等专科学校）

张迅捷（福建生物工程职业技术学院）

张宝勇（重庆医药高等专科学校）

陈　瑛（重庆三峡医药高等专科学校）

陈铭中（阳江职业技术学院）

陈梁军（福建生物工程职业技术学院）

林　真（福建生物工程职业技术学院）

欧阳卉（湖南食品药品职业学院）

周鸿燕（济源职业技术学院）

赵　琼（重庆医药高等专科学校）

赵　强（山东商务职业学院）

赵永敢（漯河医学高等专科学校）

赵冠里（广东食品药品职业学院）

钟旭美（阳江职业技术学院）

姜力源（山东药品食品职业学院）

洪文龙（江苏农林职业技术学院）

祝战斌（杨凌职业技术学院）

贺　伟（长春医学高等专科学校）

袁　忠（华南理工大学）

原克波（山东药品食品职业学院）

高江原（重庆医药高等专科学校）

黄建凡（福建卫生职业技术学院）

董会钰（山东药品食品职业学院）

谢小花（滁州职业技术学院）

裴爱田（淄博职业学院）

前言
QIANYAN

随着我国经济社会的快速发展，人民生活水平的提高，人们越来越关注食品安全问题。保障食品安全的手段方式有很多，但其中不可或缺的就是食品微生物检测技术。它可以全程参与保障食品安全的事前、事中、事后监督检测，更好地保障人民饮食健康。微生物检测技术将不仅仅用于食品微生物检测领域当中，也会逐步在公共卫生及疾病预防控制领域中得到应用，能在更大范围内增进保护人类健康。

本教材主要根据高职高专食品类、保健品开发与管理专业培养目标和主要就业方向及职业能力要求，按照本套教材编写指导思想和原则要求，结合本课程教学大纲，由来自全国十多所院校从事教学和生产一线的教师及相关企业学者悉心编写而成。本书以职业技能为导向，以"理论必需，应用为主"为原则，以国家农产品食品检验工职业标准为依据构建内容；以食品微生物检验操作技能为主线，以食品微生物检验理论知识为辅线，实现"教、学、做"一体化。

《食品微生物检验技术》是依据高职食品保健食品专业人才培养目标要求，基于职业岗位和职业能力分析需求，按照校企合作、工学结合的教材建设思路，开发设计的一本专业核心教材。内容主要包括食品微生物实验室建设与管理、食品微生物检验基本技能、食品卫生指示菌检验技术、食品中常见病原微生物检验技术、发酵食品微生物检验技术、罐藏食品商业无菌检验、现代食品微生物检验技术等，并配套电子教材、教学配套资源、题库系统及数字化教学服务等数字平台服务。

本教材主要供全国高职高专院校食品营养与检测、食品质量与安全等专业师生使用，也可作为其他相关专业及企业技术人员的参考用书。

本教材实行主编负责制，第一章由郑培君编写，第二章由赵玉娟编写，第三章由董华编写，第四章由隋志伟、李宝玉编写，第五章由李宝玉、宫春波和王兆丹编写，第六、七章由臧学丽编写，第八章由刘后伟、隋志伟编写，附录由卢勉飞、李宝玉编写，全书由李宝玉统稿。

本书在编写过程中得到了参编院校及相关企业的大力支持和帮助，在此表示衷心的感谢！

由于食品微生物检验新标准不断地出台，微生物检验的新情况、新问题也不断地出现，加上作者编写水平有限，书中难免有不足之处，敬请广大读者、专家和同行批评指正，以便再版时修正完善。

编　者
2019 年 1 月

目录

第一章　绪论 ………………………………………………………………………… 1

第一节　微生物与食品安全 ……………………………………………………… 1
一、食品中的微生物污染 ……………………………………………………… 1
二、食品的腐败变质 …………………………………………………………… 3
三、食品中的致病菌 …………………………………………………………… 8
四、食物中毒 …………………………………………………………………… 8

第二节　食品微生物检验的目的、任务及意义 ……………………………… 12
一、食品微生物检验的目的 ………………………………………………… 12
二、食品微生物检验的任务 ………………………………………………… 13
三、食品微生物检验的意义 ………………………………………………… 13

第三节　食品微生物检验的范围及指标 …………………………………… 13
一、食品微生物检验的范围 ………………………………………………… 13
二、食品微生物检验的指标 ………………………………………………… 14
三、食品微生物检验技术的发展 …………………………………………… 14

第二章　食品微生物实验室建设与管理 …………………………………… 18

第一节　微生物实验室基本要求与生物安全 ……………………………… 18
一、微生物实验室的基本要求 ……………………………………………… 18
二、微生物实验室的生物安全与质量控制 ………………………………… 21

第二节　微生物实验室建设与配置 ………………………………………… 28
一、无菌室的结构与要求 …………………………………………………… 28
二、食品微生物实验室常用仪器 …………………………………………… 29
三、食品微生物实验室常用玻璃器皿 ……………………………………… 31

第三节 微生物实验室相关管理制度 ………………………………………………………… 32

一、实验室管理制度 ……………………………………………………………………… 32

二、仪器配备、管理使用制度 …………………………………………………………… 33

三、药品管理、使用制度 ………………………………………………………………… 33

四、玻璃器皿管理、使用制度 …………………………………………………………… 33

五、实验室生物安全管理制度 …………………………………………………………… 34

第四节 微生物实验室实验技术操作要求 …………………………………………………… 34

一、无菌操作要求 ………………………………………………………………………… 34

二、无菌间使用要求 ……………………………………………………………………… 34

三、消毒灭菌要求 ………………………………………………………………………… 35

四、有毒有菌污物处理要求 ……………………………………………………………… 37

五、培养基制备要求 ……………………………………………………………………… 37

六、样品采集及处理要求 ………………………………………………………………… 38

七、样品检验、记录和报告的要求 ……………………………………………………… 39

第三章 食品微生物检验基本技能 ………………………………………………………… 40

第一节 显微镜和显微镜使用技术 …………………………………………………………… 40

一、实验原理 ……………………………………………………………………………… 40

二、普通光学显微镜的构造 ……………………………………………………………… 40

三、实验材料与试剂 ……………………………………………………………………… 41

四、实验器具 ……………………………………………………………………………… 41

五、实验操作 ……………………………………………………………………………… 41

六、注意事项 ……………………………………………………………………………… 41

第二节 培养基的制备 ………………………………………………………………………… 42

一、实验原理 ……………………………………………………………………………… 42

二、实验材料与试剂 ……………………………………………………………………… 42

三、实验器具 ……………………………………………………………………………… 42

四、实验操作 ……………………………………………………………………………… 43

五、注意事项 ……………………………………………………………………………… 44

第三节 玻璃器皿的洗涤、包扎与灭菌 ……………………………………………………… 44

一、实验原理 ……………………………………………………………………………… 44

二、实验材料与试剂 ……………………………………………………………………… 44

三、实验器具 ……………………………………………………………………………… 44

四、实验操作 ……………………………………………………………………………… 45

　　五、注意事项 ………………………………………………………………………… 46

第四节　灭菌与消毒技术 ……………………………………………………………… 46

　　一、实验原理 ………………………………………………………………………… 46

　　二、实验器具 ………………………………………………………………………… 47

　　三、实验操作 ………………………………………………………………………… 47

　　四、注意事项 ………………………………………………………………………… 47

第五节　食品微生物生理生化反应 …………………………………………………… 48

　　一、糖类发酵试验 …………………………………………………………………… 48

　　二、甲基红试验 ……………………………………………………………………… 48

　　三、乙酰甲基甲醇试验 ……………………………………………………………… 49

　　四、七叶苷水解试验 ………………………………………………………………… 49

　　五、过氧化氢试验 …………………………………………………………………… 50

　　六、淀粉酶试验 ……………………………………………………………………… 50

　　七、靛基质试验 ……………………………………………………………………… 51

　　八、硫化氢试验 ……………………………………………………………………… 51

　　九、柠檬酸盐试验 …………………………………………………………………… 51

　　十、血浆凝固酶试验 ………………………………………………………………… 52

　　十一、β-半乳糖苷酶试验 …………………………………………………………… 52

第六节　食品微生物染色技术 ………………………………………………………… 53

　　一、实验原理 ………………………………………………………………………… 53

　　二、菌种与试剂 ……………………………………………………………………… 53

　　三、实验器具 ………………………………………………………………………… 53

　　四、实验操作 ………………………………………………………………………… 53

　　五、注意事项 ………………………………………………………………………… 54

第七节　食品微生物形态观察 ………………………………………………………… 54

　　一、放线菌与霉菌的形态观察 ……………………………………………………… 54

　　二、酵母菌的形态观察 ……………………………………………………………… 55

　　三、注意事项 ………………………………………………………………………… 56

第八节　无菌技术 ……………………………………………………………………… 56

　　一、实验原理 ………………………………………………………………………… 56

　　二、培养基 …………………………………………………………………………… 56

　　三、实验器具 ………………………………………………………………………… 56

　　四、实验操作 ………………………………………………………………………… 56

　　五、注意事项 ………………………………………………………………………… 58

第四章　食品卫生指示菌检验技术 ································· 59

第一节　食品微生物学检验基本原则和要求 ··················· 59
一、实验室基本要求 ··· 59
二、样品的采集 ··· 61
三、样品的检验 ··· 65
四、生物安全与质量控制 ····································· 66
五、记录与报告 ··· 70
六、检验后样品的处理 ······································· 70

第二节　菌落总数检验技术 ································· 71
一、生物学概述 ··· 71
二、设备和材料 ··· 71
三、培养基和试剂 ··· 71
四、检验程序 ··· 72
五、操作步骤 ··· 72
六、结果与报告 ··· 74

第三节　大肠菌群检验技术 ································· 75
一、生物学概述 ··· 75
二、设备和材料 ··· 76
三、培养基和试剂 ··· 76
四、大肠菌群计数方法 ······································· 76

第四节　霉菌和酵母计数技术 ······························· 81
一、生物学概述 ··· 81
二、设备和材料 ··· 82
三、培养基和试剂 ··· 82
四、霉菌和酵母菌计数方法 ··································· 82

第五章　食品中常见病原微生物检验技术 ··········· 87

第一节　沙门菌检验技术 ··································· 87
一、生物学概述 ··· 87
二、设备和材料 ··· 87
三、培养基和试剂 ··· 88
四、检验程序 ··· 88

　　五、操作步骤 ………………………………………………………………………………… 88

　　六、结果与报告 ………………………………………………………………………………… 90

第二节　志贺菌检验技术 ………………………………………………………………………… 90

　　一、生物学概述 ………………………………………………………………………………… 90

　　二、设备和材料 ………………………………………………………………………………… 92

　　三、培养基和试剂 ……………………………………………………………………………… 92

　　四、检验程序 …………………………………………………………………………………… 92

　　五、操作步骤 …………………………………………………………………………………… 92

　　六、结果与报告 ………………………………………………………………………………… 94

　　七、注意事项 …………………………………………………………………………………… 94

第三节　金黄色葡萄球菌检验技术 ……………………………………………………………… 95

　　一、生物学概述 ………………………………………………………………………………… 95

　　二、设备和材料 ………………………………………………………………………………… 96

　　三、培养基和试剂 ……………………………………………………………………………… 97

　　四、金黄色葡萄球菌定性检验 ………………………………………………………………… 97

　　五、金黄色葡萄球菌平板计数法 ……………………………………………………………… 98

第四节　肉毒梭状芽孢杆菌检验技术 …………………………………………………………… 100

　　一、生物学概述 ………………………………………………………………………………… 100

　　二、设备和材料 ………………………………………………………………………………… 101

　　三、培养基和试剂 ……………………………………………………………………………… 101

　　四、检验程序 …………………………………………………………………………………… 102

　　五、操作步骤 …………………………………………………………………………………… 102

　　六、结果与报告 ………………………………………………………………………………… 106

第五节　单核细胞增生李斯特菌检验技术 ……………………………………………………… 106

　　一、生物学概述 ………………………………………………………………………………… 106

　　二、设备和材料 ………………………………………………………………………………… 107

　　三、培养基和试剂 ……………………………………………………………………………… 108

　　四、单核细胞增生李斯特菌定性检验（第一法） …………………………………………… 108

　　五、单核细胞增生李斯特菌平板计数法（第二法） ………………………………………… 110

　　六、单核细胞增生李斯特菌 MPN 计数法（第三法） ……………………………………… 112

第六节　副溶血性弧菌检验技术 ………………………………………………………………… 113

　　一、生物学概述 ………………………………………………………………………………… 113

　　二、设备和材料 ………………………………………………………………………………… 114

　　三、培养基和试剂 ……………………………………………………………………………… 114

四、检验程序 114

五、操作步骤 115

六、血清学分型 116

七、神奈川试验 117

八、结果与报告 117

第七节 克罗诺杆菌属（阪崎肠杆菌）检验 118

一、生物学概述 118

二、设备和材料 120

三、培养基和试剂 120

四、克罗诺杆菌属定性检验（第一法） 120

五、克罗诺杆菌属计数方法（第二法） 121

第八节 蜡样芽孢杆菌检验 122

一、生物学概述 122

二、设备和材料 124

三、培养基和试剂 124

四、蜡样芽孢杆菌平板计数法（第一法） 124

五、蜡样芽孢杆菌 MPN 计数法（第二法） 128

第九节 空肠弯曲菌检验 129

一、生物学概述 129

二、设备和材料 130

三、培养基和试剂 130

四、检验程序 131

五、操作步骤 131

六、结果与报告 133

第六章 发酵食品微生物检验技术 135

第一节 乳酸菌检验技术 135

一、生物学概述 135

二、设备和材料 135

三、培养基和试剂 135

四、乳酸菌检验 136

第二节 双歧杆菌检验技术 138

一、生物学概述 138

二、设备和材料 139

三、培养基和试剂 ⋯⋯⋯⋯⋯⋯⋯⋯⋯⋯⋯⋯⋯⋯⋯⋯⋯⋯⋯⋯⋯⋯⋯⋯⋯⋯⋯⋯⋯⋯ 139

四、双歧杆菌检验 ⋯⋯⋯⋯⋯⋯⋯⋯⋯⋯⋯⋯⋯⋯⋯⋯⋯⋯⋯⋯⋯⋯⋯⋯⋯⋯⋯⋯⋯⋯ 139

第三节　酱油种曲孢子数及发芽率的测定 ⋯⋯⋯⋯⋯⋯⋯⋯⋯⋯⋯⋯⋯⋯⋯⋯⋯⋯ 143

一、生物学概述 ⋯⋯⋯⋯⋯⋯⋯⋯⋯⋯⋯⋯⋯⋯⋯⋯⋯⋯⋯⋯⋯⋯⋯⋯⋯⋯⋯⋯⋯⋯⋯ 143

二、设备和材料 ⋯⋯⋯⋯⋯⋯⋯⋯⋯⋯⋯⋯⋯⋯⋯⋯⋯⋯⋯⋯⋯⋯⋯⋯⋯⋯⋯⋯⋯⋯⋯ 144

三、培养基和试剂 ⋯⋯⋯⋯⋯⋯⋯⋯⋯⋯⋯⋯⋯⋯⋯⋯⋯⋯⋯⋯⋯⋯⋯⋯⋯⋯⋯⋯⋯⋯ 144

四、酱油种曲孢子数及发芽率测定 ⋯⋯⋯⋯⋯⋯⋯⋯⋯⋯⋯⋯⋯⋯⋯⋯⋯⋯⋯⋯⋯ 144

第七章　罐藏食品的微生物检验 ⋯⋯⋯⋯⋯⋯⋯⋯⋯⋯⋯⋯⋯⋯⋯⋯⋯⋯ 148

第一节　罐藏食品微生物污染 ⋯⋯⋯⋯⋯⋯⋯⋯⋯⋯⋯⋯⋯⋯⋯⋯⋯⋯⋯⋯⋯⋯⋯ 148

一、罐藏食品微生物污染来源 ⋯⋯⋯⋯⋯⋯⋯⋯⋯⋯⋯⋯⋯⋯⋯⋯⋯⋯⋯⋯⋯⋯⋯ 148

二、罐藏食品污染的微生物种类 ⋯⋯⋯⋯⋯⋯⋯⋯⋯⋯⋯⋯⋯⋯⋯⋯⋯⋯⋯⋯⋯ 149

第二节　罐藏食品商业无菌及其检验 ⋯⋯⋯⋯⋯⋯⋯⋯⋯⋯⋯⋯⋯⋯⋯⋯⋯⋯⋯ 150

一、设备和材料 ⋯⋯⋯⋯⋯⋯⋯⋯⋯⋯⋯⋯⋯⋯⋯⋯⋯⋯⋯⋯⋯⋯⋯⋯⋯⋯⋯⋯⋯⋯⋯ 150

二、培养基和试剂 ⋯⋯⋯⋯⋯⋯⋯⋯⋯⋯⋯⋯⋯⋯⋯⋯⋯⋯⋯⋯⋯⋯⋯⋯⋯⋯⋯⋯⋯⋯ 151

三、罐藏食品商业无菌检验技术 ⋯⋯⋯⋯⋯⋯⋯⋯⋯⋯⋯⋯⋯⋯⋯⋯⋯⋯⋯⋯⋯ 151

第八章　食品微生物快速检测技术 ⋯⋯⋯⋯⋯⋯⋯⋯⋯⋯⋯⋯⋯⋯⋯⋯⋯ 154

一、DNA 的半保留复制和 PCR 技术 ⋯⋯⋯⋯⋯⋯⋯⋯⋯⋯⋯⋯⋯⋯⋯⋯⋯⋯⋯ 155

二、内转录间隔区检测技术 ⋯⋯⋯⋯⋯⋯⋯⋯⋯⋯⋯⋯⋯⋯⋯⋯⋯⋯⋯⋯⋯⋯⋯⋯ 157

三、变性剂梯度凝胶电泳技术 ⋯⋯⋯⋯⋯⋯⋯⋯⋯⋯⋯⋯⋯⋯⋯⋯⋯⋯⋯⋯⋯⋯⋯ 158

四、酶联免疫吸附分析技术 ⋯⋯⋯⋯⋯⋯⋯⋯⋯⋯⋯⋯⋯⋯⋯⋯⋯⋯⋯⋯⋯⋯⋯⋯ 159

五、免疫荧光抗体技术 ⋯⋯⋯⋯⋯⋯⋯⋯⋯⋯⋯⋯⋯⋯⋯⋯⋯⋯⋯⋯⋯⋯⋯⋯⋯⋯⋯ 160

六、免疫胶体金技术 ⋯⋯⋯⋯⋯⋯⋯⋯⋯⋯⋯⋯⋯⋯⋯⋯⋯⋯⋯⋯⋯⋯⋯⋯⋯⋯⋯⋯ 162

七、流式分析技术 ⋯⋯⋯⋯⋯⋯⋯⋯⋯⋯⋯⋯⋯⋯⋯⋯⋯⋯⋯⋯⋯⋯⋯⋯⋯⋯⋯⋯⋯⋯ 163

附录 ⋯⋯⋯⋯⋯⋯⋯⋯⋯⋯⋯⋯⋯⋯⋯⋯⋯⋯⋯⋯⋯⋯⋯⋯⋯⋯⋯⋯⋯⋯⋯⋯⋯⋯⋯⋯⋯ 165

附录一　最可能数（MPN）检索表 ⋯⋯⋯⋯⋯⋯⋯⋯⋯⋯⋯⋯⋯⋯⋯⋯⋯⋯⋯⋯ 165

附录二　食品微生物检验常用培养基 ⋯⋯⋯⋯⋯⋯⋯⋯⋯⋯⋯⋯⋯⋯⋯⋯⋯⋯⋯ 166

附录三　常用染色液 ⋯⋯⋯⋯⋯⋯⋯⋯⋯⋯⋯⋯⋯⋯⋯⋯⋯⋯⋯⋯⋯⋯⋯⋯⋯⋯⋯⋯ 192

附录四　常用试剂和指示剂 ⋯⋯⋯⋯⋯⋯⋯⋯⋯⋯⋯⋯⋯⋯⋯⋯⋯⋯⋯⋯⋯⋯⋯⋯ 193

参考文献 ⋯⋯⋯⋯⋯⋯⋯⋯⋯⋯⋯⋯⋯⋯⋯⋯⋯⋯⋯⋯⋯⋯⋯⋯⋯⋯⋯⋯⋯⋯⋯⋯⋯⋯ 197

第一章　绪　论

地球上，生活着各式各样的生物，大多数生物体型较大，肉眼可见；结构功能分化的比较清楚。然而，除了这些较大的生物以外，自然界中还存在这一类体型微小、数量庞大、肉眼难以看见的微小生物，统称为微生物。食品中微生物的种类、数量、性质、活动规律与人类健康关系极为密切。微生物与食品的关系复杂，既有其有益的一面，又有其不利的一面。

很多微生物可用于食品制造，如饮料、酒类、醋、酱油、味精、馒头、面包、酸乳等生产中的发酵微生物；还有一些微生物能使食品变质败坏，如腐败微生物；少数微生物还能引起人类食物中毒或使人、动植物感染而发生传染病的，即所谓病原微生物。

第一节　微生物与食品安全

一、食品中的微生物污染

扫码"学一学"

近年来，全球范围内重大食品安全事件不断发生，其中病原微生物引起的食源性疾病是影响食品安全的主要因素之一，如沙门菌（*Salmonella* spp.）、副溶血性弧菌（*Vibrio parahaemolyticus*）、大肠埃希菌 O157：H7（*Escherichia coli* O157：H7）、志贺菌（*Shigella* spp.）、单核细胞增生李斯特菌（*Listeria monocytogenes*）、空肠弯曲菌（*Campylobacter jejuni*）等。此外，一些有害微生物产生的生物性毒素，如黄曲霉毒素、赭曲霉毒素等真菌毒素和肠毒素等细菌毒素，已成为食品中有害物质污染和中毒的主要因素。由于微生物具有较强的生态适应性，在食品原料的加工、包装、运输、销售、贮藏以及食用等每一个环节都可能被微生物污染。同时，微生物具有易变异性，未来可能不断有新的病原微生物出现并威胁食品安全和人类健康。

（一）细菌性污染

细菌性污染是涉及面最广、影响最大、问题最多的一类食品污染，其引起的食物中毒是所有食物中毒中最普遍、最具暴发性的。细菌性食物中毒全年皆可发生，具有易发性和普遍性等特点，对人类健康有较大的威胁。细菌性食物中毒可分为感染型和毒素型。感染型如沙门菌属（Salmonella）、变形杆菌属（Proteus）引起的食物中毒。毒素型又可分为体外毒素型和体内毒素型两种。体外毒素型是指病原菌在食品内大量繁殖并产生毒素，如葡萄球菌（Staphylococcus）肠毒素中毒、肉毒梭菌（Clostridium botulinum）毒素中毒。体内毒素型是指病原体随食品进入人体肠道内产生毒素引起中毒，如产气荚膜梭状芽孢杆菌（Clostridium perfringens）食物中毒、产肠毒素性大肠埃希菌食物中毒等。也有感染型和毒素型混合存在的情况发生。引起食品污染的微生物主要有沙门菌、副溶血性弧菌、志贺菌、葡萄球菌等。近年来，变形杆菌属、李斯特菌、大肠菌科、弧菌属（Vibrio）引起的食品污染呈上升趋势。

（二）真菌性污染

真菌在发酵食品行业应用非常广泛，但许多真菌也可以产生真菌毒素，引起食品污染。尤其是20世纪60年代发现强致癌的黄曲霉毒素（aflatoxin，AFT）以来，真菌与真菌毒素对食品的污染日益引起人们重视。真菌毒素不仅具有较强的急性毒性和慢性毒性，而且具有"致癌、致畸、致突变"作用，如黄曲霉（Aspergillus flavus）和寄生曲霉（Aspergillus parasiticus）产生的黄曲霉毒素，麦角菌（Claviceps purpurea）产生的麦角碱，杂色曲霉（Aspergillus versicolor）和构巢曲霉（Aspergillus nidulans）产生的杂色曲霉素等。真菌毒素的毒性可以分为神经毒、肝脏毒、肾脏毒、细胞毒等。例如黄曲霉毒素具有强烈的肝脏毒，可以引起肝癌。真菌性食品污染一是来源于作物种植过程中的真菌病，如小麦、玉米等禾本科作物的麦角病、赤霉病，都可以引起毒素在粮食中的累积；另一来源是粮食、油料及其相关制品保藏和贮存过程中发生的霉变，如甘薯被茄腐皮镰孢菌（Fusarium solani）或甘薯长喙壳菌（Ceratocystis fimbriata）感染可以产生甘薯酮、甘薯醇、甘薯宁毒素，甘蔗保存不当也可被甘蔗节菱孢霉（Arthrium sacchari）侵染而霉变。常见的产毒素真菌主要有曲霉（Aspergillus）、青霉（Penicillium）、镰刀菌（Arium）、交链孢霉（Alternaria）等。由于真菌生长繁殖及产生毒素需要一定的温度和湿度，真菌性食物中毒往往有比较明显的季节性和地区性。在中国，北方食品中黄曲霉毒素 B_1 污染较轻，而长江沿岸和长江以南地区较重。也有调查发现，肝癌等癌症的发病率与当地的粮食霉变现象有一定关系。大型真菌中的毒蘑菇也含有毒素，其毒性有胃肠炎型、溶血型、肝病型等。中国的毒蘑菇约有100种，中毒事件经常发生。

（三）病毒性污染

与细菌、真菌不同，病毒的繁殖离不开宿主，所以病毒往往先污染动物性食品，然后通过宿主、食物等媒介进一步传播。带有病毒的水产品和患病动物的乳、肉制品一般是病毒性食物中毒的起源。与细菌、真菌引起的病变相比，病毒病多难以有效治疗，更容易暴发流行。常见食源性病毒主要有甲型肝炎病毒（hepatitis A virus）、戊型肝炎病毒（hepatitis E virus）、轮状病毒（Rotavirus，RV）、诺如病毒（Norwalk virus，NV）、朊病毒（prion）、禽流感病毒（avian influenza virus）等，这些病毒曾经或仍在肆虐，造成了许多重大的疾病事件。

（四）食品中微生物污染的途径

1. 内源性污染　凡是作为食品原料的动植物体在生活过程中，由于本身带有的微生物而造成食品的污染称为内源性污染，也称第一次污染。如畜禽在生活期间，其消化道、上呼吸道和体表总是存在一定类群和数量的微生物；受到沙门菌、炭疽杆菌等病原微生物感染的畜禽的某些器官和组织内就会有病原微生物的存在。

2. 外源性污染　食品在生产、加工、运输、贮藏、销售和食用过程中，通过水、空气、人、动物、机械设备及用具等使食品发生微生物污染称为外源性污染，也称第二次污染。

（1）水污染　食品生产加工过程中，水既是许多食品的原料或配料成分，也是清洗、冷却、冰冻不可缺少的物质，设备、环境及工具的清洗也需要大量用水。各种天然水源（地表水和地下水）不仅是微生物的污染源，也是微生物污染食品的主要介质。自来水是天然水净化消毒后供饮用的，正常情况下含菌较少，但若自来水管出现漏洞、管道中压力不足或暂时变成负压时，则会引起管道周围环境中的微生物渗漏进入管道，使水中的微生物数量增加。生产所用的水如果被生活污水、医院污水或厕所粪便污染，就会使微生物数量骤增，其中不仅可能含有细菌、病毒、真菌、钩端螺旋体，还可能含有寄生虫，用这种水进行食品生产会造成严重的生物污染，甚至可能导致其他有毒物质污染，所以水的卫生质量与食品的卫生质量密切相关，食品生产用水必须符合饮用水标准。

（2）空气污染　空气中的微生物可能来自土壤、水、人及动植物的脱落物和呼吸道、消化道的排泄物，人体的痰沫、鼻涕与唾液的小水滴中含有的微生物包括病原微生物，它们可随着灰尘、水滴的飞扬或沉降而污染食品。人在讲话或打喷嚏时，距人体 15 m 内的范围是直接污染区，因此不应使食品直接暴露在空气中。

（3）人及动物接触污染　如果食品从业人员的身体、衣帽不经常清洗、不保持清洁，就会有大量的微生物附在其上，通过皮肤、毛发、衣帽与食品接触而造成污染。在食品的加工、运输、贮藏及销售过程中，如果被鼠、蝇、蟑螂等直接或间接接触，同样会造成食品的微生物污染。试验证明，每只苍蝇带有数百万个细菌，80% 的苍蝇肠道中带有痢疾杆菌，鼠类粪便中带有沙门菌、钩端螺旋体等病原微生物。

（4）加工设备及包装材料污染　食品生产加工、运输、贮藏过程中所用的各种机械设备及包装材料，在未经消毒或灭菌前，总会带有不同数量的微生物而污染食品，通过不经消毒灭菌的设备越多，造成微生物污染的机会也就越多。已经消毒灭菌的食品，如果使用的包装材料未经灭菌处理，则会造成食品的二次污染。

二、食品的腐败变质

新鲜的食品在常温 20 ℃ 左右存放，由于附着在食品表面的微生物作用和食品内所含酶的作用，使食品的色、香、味和营养价值降低，如果久放，食品会腐败或变质，以致完全不能食用，因为新鲜食品是微生物的良好培养基，它们能迅速生长繁殖，促使食品营养成分迅速分解，由高分子物质分解为低分子物质如鱼体蛋白质分解，可部分生成三甲胺四氢化吡咯、六氢化吡啶、氨基戊醛、氨基戊酸等，食品质量即下降，进而发生变质和腐败。因此在食品变质的原因中，微生物往往是最主要的。

（一）食品腐败变质的概念

食品腐败变质是以食品本身的组成和性质为基础，在环境因素的影响下主要由微生物作用所引起，是微生物、环境、食品本身三者互为条件、相互影响、综合作用的结果。其过程实质上是食品中蛋白质、碳水化合物、脂肪等被污染微生物的分解代谢作用或自身组织酶进行的某些生化过程。

（二）引起食品腐败变质的因素

引起食品腐败变质的原因主要有微生物的作用及食品本身的组成和性质。其中引起食品腐败的微生物有细菌、酵母菌和霉菌等，其中以细菌引起的食品腐败变质最为显著。而食品中存活的细菌只是自然界细菌的一部分。这部分是食品中常见的细菌，在食品卫生学上被称为食品细菌。食品细菌包括致病菌、相对致病菌和非致病菌，有些致病菌还是引起食物中毒的原因。它们既是评价食品卫生质量的重要指标，也是食品腐败变质的原因。污染食品后可引起腐败变质、造成食物中毒和引起疾病的常见细菌主要有以下几种。

1. 引起食品腐败变质的微生物

（1）需氧芽孢菌　在自然界中分布极广，主要存在于土壤、水和空气中，食品原料经常被这类细菌污染。大部分需氧芽孢菌，生长适宜温度在28～40℃，有些能在55℃甚至更高的温度中生长，其中有些细菌是兼性厌氧菌，在密封保藏的食品中，不因缺氧而影响生长。这类细菌都有芽孢产生，对热的抵抗力特别强，由于这些原因，需氧芽孢菌是食品的主要污染菌。食品中常见的需氧芽孢菌有枯草芽孢杆菌（*Bacillus subtilis*）、蜡样芽孢杆菌（*Bacillus cereus*）、巨大芽孢杆菌（*Bacillus megaterium*）、嗜热脂肪芽孢杆菌（*Bacillus stearothermophilus*）、地衣芽孢杆菌（*Bacillus licheniformis*）等。

（2）厌氧芽孢菌　主要存在于土壤中，也有的存在于人和动物的肠道内，多数菌必须在厌氧的环境中才能良好生长，只有极少数菌需在有氧条件下生长。厌氧芽孢菌主要是通过直接或间接被土壤或粪便污染的植物性原料（如蔬菜、谷类、水果等），进而污染食品。一般厌氧芽孢菌的污染比较少，但危害比较严重，常导致食品中蛋白质和糖类的分解，造成食品变色，产生异味、产酸、产气、产生毒素。常见的有酪酸梭状芽孢杆菌（*Clostridium butyrate*）、巴氏固氮梭状芽孢杆菌（*Clostridium pasteurella*）、魏氏梭菌（*Clostridiosis welchii*）、肉毒梭状芽孢杆菌（*Clostridium botulinum*）等。

（3）无芽孢细菌　种类远比有芽孢菌的种类多，在水、土壤、空气、加工人员、工具中都广泛存在，因此污染食品的机会更多。食品被无芽孢菌污染是很难避免的。这些细菌包括大肠菌群所包含的各属细菌、肠球菌（*Enterococcus*）、假单胞菌属（*Pseudomonas*）、产碱杆菌属（*Alcaligenes*）。

（4）酵母菌和霉菌　是食品加工中的重要生产菌种，例如用啤酒酵母（*Saccharomyces cerevisiae*）制造啤酒，绍兴酒酵母制造绍兴米酒，利用毛霉（*Mucor*）、根霉（*Rhizopus*）和曲霉的菌种制造酒、醋、味精等。酵母菌、霉菌在自然界中广泛存在。可以通过生产的各个环节污染食品。经常出现的酵母菌有假丝酵母属（*Candida*）、圆酵母属（*Torula*）、酵母属（*Saccharomyces*）、隐球酵母属（*Cryptococcus*），霉菌有青霉属（*Penicillium*）、芽枝霉属（*Cladosporium*）、念珠菌属（*Candida*）、毛霉属等。

（5）病原微生物　食品在原料生产、贮藏过程中也可能污染一些病原微生物，如大肠埃希菌、沙门菌及其他肠杆菌、葡萄球菌、魏氏梭菌、肉毒梭菌、蜡样芽孢杆菌以及黄曲霉、寄生曲霉、赭曲霉、蜂蜜曲霉（Aspergillus melleus）等产毒素曲霉菌。这些微生物的污染，很容易导致食物中毒，在食品检验中，必须对这些致病性微生物引起足够的重视。

2. 食品本身的组成和性质　一般来说食品总是含有丰富的营养成分，各种蛋白质、脂肪、碳水化合物、维生素和无机盐等都有存在，只是比例上的不同而已。如有一定的水分和温度，就十分适宜微生物的生长繁殖。但有些食品是以某些成分为主的，如油脂则以脂肪为主，蛋白类则以蛋白质为主。微生物分解各种营养物质的能力也不同。因此只有当微生物所具有的酶所需的底物与食品营养成分一致时，微生物才可以引起食品的迅速腐败变质。当然，微生物在食品上的生长繁殖还受其他因素的影响。

（1）pH　食品本身所具有的 pH 影响微生物在其上面的生长和繁殖。一般食品的 pH 都在 7.0 以下，有的甚至仅为 2~3，见表 1-1。pH 在 4.5 以上者为非酸性食品，主要包括肉类、乳类和蔬菜等。pH 在 4.5 以下者称为酸性食品，主要包括水果和乳酸发酵制品等。因此，从微生物生长对 pH 的要求来看，非酸性食品较适宜于细菌生长，而酸性食品则较适宜于真菌的生长。但是食品被微生物分解会引起食品 pH 的改变，如食品中以糖类等为主，细菌分解后往往由于产生有机酸而使 pH 下降。如以蛋白质为主，则可能产氨而使 pH 升高。在混合型食品中，由于微生物利用基质成分的顺序性差异，而 pH 会出现先降后升或先升后降的波动情况。

表 1-1　不同食品原料的 pH

动物食品	pH	蔬菜食品	pH	水果	pH
牛肉	5.0~6.2	卷心菜	5.4~6.0	苹果	2.9~3.3
羊肉	5.4~6.7	花椰菜	5.6	香蕉	4.5~5.7
猪肉	5.3~6.9	芹菜	5.7~6.0	柿子	4.6
鸡肉	6.2~6.4	茄子	4.5	葡萄	3.4~4.5
鱼肉	6.6~6.8	莴苣	6.0	柠檬	1.8~2.0
蟹肉	7.0	洋葱	5.3~5.8	橘子	3.6~4.3
小虾肉	6.8~7.0	番茄	4.2~4.3	西瓜	5.2~5.6
牛乳	6.5~6.7	萝卜	5.2~5.5	草莓	3.0~3.5

（2）水分　食品本身所具有的水分含量影响微生物的生长繁殖。食品总含有一定的水分，这种水分包括结合水和游离水两种。决定微生物是否能在食品上生长繁殖的水分因素是食品中所含的游离水，即所含水的活性或称水分活度（water activity，A_w）。由于食品中所含物质的不同，即使含有同样的水分，但 A_w 可能不一样。因此各种食品防止微生物生长的含水量标准就很不相同。

（3）渗透压　食品的渗透压同样是影响微生物生长繁殖的一个重要因素。各种微生物对于渗透压的适应性很不相同。大多数微生物都只能在低渗环境中生活。也有少数微生物嗜好在高渗透压的环境中生长繁殖，这些微生物主要包括霉菌、酵母菌和少数种类的细菌。根据它们对高渗透压的适应性不同，可以分为以下几类。

①高度嗜盐细菌。适宜于含 20%~30% 食盐的食品中生长，菌落产生色素，如嗜盐杆菌属（Halobacterium）。

②中度嗜盐细菌。适宜于含5%～10%食盐的食品中生长,如腌肉弧菌(*Vibrio costicolus*)。

③低度嗜盐细菌。适宜于含2%～5%食盐的食品中生长,如假单胞菌属(*Pseudomonas*)、弧菌属(*Vibrio*)中的一些菌种。

④耐糖细菌。能在高糖食品中生长,如肠膜状明串珠菌。还有能在高渗食品上生长的酵母菌,如蜂蜜酵母(*Saccharomyces melleus*)、异常汉逊酵母(*Hansenula anomala*)。霉菌有曲霉(*Aspergillus*)、青霉(*Penicillium*)、卵孢霉(*Oospora*)、串孢霉(*Catenularia*)等。

(三)食品腐败变质的过程

食品腐败变质的过程,实质上是食品中蛋白质、脂肪、碳水化合物的分解变化过程,其程度因食品种类、微生物种类和数量及环境条件的不同而异。

1. 蛋白质　富含蛋白质的食品如肉、鱼、蛋和大豆制品等的腐败变质,主要以蛋白质的分解为其腐败变质特征。由微生物引起蛋白质食品发生的变质,通常称为腐败。蛋白质在动植物组织酶以及微生物分泌的蛋白酶和肽链内切酶等的作用下,首先水解成多肽,进而裂解形成氨基酸。氨基酸通过脱羧基、脱氨基、脱硫等作用进一步分解成相应的氨、胺类、有机酸类和各种碳氢化合物,食品即表现出腐败特征。

蛋白质分解后所产生的胺类是碱性含氮化合物质,如伯胺、仲胺及叔胺等具有挥发性和特异的臭味。各种不同的氨基酸分解产生的腐败胺类和其他物质各不相同,甘氨酸产生甲胺,鸟氨酸产生腐胺,精氨酸产生色胺进而又分解成吲哚,含硫氨基酸分解产生硫化氢和氨、乙硫醇等。这些物质都是蛋白质腐败产生的主要臭味物质。

2. 脂肪　脂肪的变质主要是酸败。食品中油脂酸败的化学反应,主要是油脂自身氧化过程,其次是加水水解。油脂的自身氧化是一种自由基的氧化反应;而水解则是在微生物或动物组织中的解脂酶作用下,使食物中的中性脂肪分解成甘油和脂肪酸等。

脂肪水解指的是脂肪加水分解作用,产生游离脂肪酸、甘油及其不完全分解产物。如甘油一酯、甘油二酯等。脂肪酸可进而断链形成具有不愉快味道的酮类或酮酸;不饱和脂肪酸的不饱和键可形成过氧化物;脂肪酸也可再氧化分解成具有特臭的醛类或醛酸,即所谓的"哈喇"味。这就是食用油脂和含脂肪丰富的食品发生酸败后感官性状改变的原因。

脂肪自身氧化以及加水分解所产生的复杂分解产物,使食用油脂或食品中脂肪带有若干明显特征:首先是过氧化值上升,这是脂肪酸败最早期的指标;其次是酸度上升,羰基(醛酮)反应阳性。脂肪酸败过程中,由于脂肪酸的分解,其固有的碘价(值)、凝固点(熔点)、密度、折射率、皂化价等也必然发生变化,因而导致脂肪酸败所特有的"哈喇"味;肉、鱼类食品脂肪的超期氧化变黄,鱼类"油烧"现象等也常常被作为油脂酸败鉴定中较为实用的指标。

食品中脂肪及食用油脂的酸败程度,受脂肪的饱和度、紫外线、氧、水分、天然抗氧化剂以及铜离子、铁离子、镍离子等催化剂的影响。油脂中脂肪酸不饱和度、油料中动植物残渣等,均有促进油脂酸败的作用;而油脂的脂肪酸饱和程度、维生素C、维生素E等天然抗氧化物质及芳香化合物含量高时,则可减慢氧化酸败。

3. 碳水化合物　食品中碳水化合物包括纤维素、半纤维素、淀粉、糖原以及双糖和单糖等。含这些成分较多的食品主要是粮食、蔬菜、水果和糖类及其制品。在微生物及动植物组织中的各种酶及其他因素作用下，这些食品组成成分被分解成单糖、醇、醛、酮、羧酸、二氧化碳和水等。由微生物引起糖类物质发生的变质，习惯上称为发酵或酵解。这个过程的主要变化是酸度升高，也可伴有其他产物所特有的气味，因此测定酸度可作为含大量糖类的食品腐败变质的主要指标。

（四）食品腐败变质的现象

食品受到微生物的污染后，容易发生变质。其现象主要体现在以下几方面。

1. 色泽 食品无论在加工前或加工后，本身均呈现一定的色泽，如有微生物繁殖引起食品变质时，色泽就会发生改变。有些微生物产生色素，分泌至细胞外，色素不断累积就会造成食品原有色泽的改变，如食品腐败变质时常出现黄色、紫色、褐色、橙色、红色和黑色的片状斑点或全部变色。另外由于微生物代谢产物的作用促使食品发生化学变化时也可引起食品色泽的变化。例如，肉及肉制品的绿变就是由于硫化氢与血红蛋白结合形成硫化氢血红蛋白所引起的，腊肉由于乳酸菌增殖过程中产生了过氧化氢促使肉色素褪色或绿变。

2. 气味 食品本身有一定的气味，动植物原料及其制品因微生物的繁殖而产生极轻微的变质时，人们的嗅觉就能敏感地察觉到有不正常的气味产生。如氨、三甲胺、乙酸、硫化氢、乙硫醇、粪臭素等具有腐败臭味，这些物质在空气中浓度为 $10^{-11} \sim 10^{-8}\ mol/m^3$ 时，人们的嗅觉就可以察觉到。此外，食品变质时，其他胺类物质、甲酸、乙酸、酮类、醛类、醇类、酚类、靛基质化合物等也可察觉到。

食品中产生的腐败臭味，常由多种臭味混合而成。有时也能分辨出比较突出的不良气味，如霉味臭、醋酸臭、胺臭、粪臭、硫化氢臭、酯臭等。氨有时产生的有机酸，水果变坏产生的芳香味，人的嗅觉习惯不认为是臭味。因此评定食品质量不是以香、臭味来划分，而是应该按照正常气味与异常气味来评定。

3. 口味 微生物造成食品腐败变质时也常引起食品口味的变化。而口味改变中比较容易分辨的是酸味和苦味。一般碳水化合物含量多的低酸食品，变质初期产生酸是其主要的特征。但对于原来酸味就高的食品，如番茄制品来讲，微生物造成酸败时，酸味稍有增高，辨别起来就不那么容易。另外，某些假单胞菌污染消毒乳后可产生苦味；蛋白质被大肠埃希菌、小球菌等微生物作用也会产生苦味。

当然，口味的评定从卫生角度看是不符合卫生要求的，而且不同人评定的结果往往意见分歧较多，只能作大概的比较，为此口味的评定应借助仪器来测试，这是食品科学需要解决的一项重要课题。

4. 浑浊和沉淀 浑浊和沉淀主要发生于液体食品（如饮料、啤酒等）中，发生浑浊的原因，除了化学因素能造成外，多数是由酵母菌（多为圆酵母属）产生乙醇引起的。一些耐热强的霉菌如雪白丝衣霉菌、宛氏拟青霉也是造成食品浑浊的原因菌。

5. 组织状态 固体食品变质时，动植物性组织因微生物酶的作用，可使组织细胞破坏，造成细胞内容物外溢，这样食品的性状即出现变形、软化；鱼、肉类食品则呈现肌肉松弛、弹性差，有时组织表现出发黏等现象；微生物引起粉碎后加工制成的食品，如糕鱼、乳粉、果酱等变质后常引起黏稠、结块等表面变形、湿润或发黏现象。

液态食品变质后会出现浑浊、沉淀，表面出现浮膜、变稠等现象，鲜乳因微生物作用引起变质可出现凝块、乳清析出、变稠等现象，有时还会产气等都是食品腐败变质现象的体现。

6. 生白 酱油、醋等调味品，如果长时间保存温度较高（25～37 ℃），表面容易形成厚的白膜，俗称"生白"。主要是由于产膜性酵母菌通过尘埃和不清洁容器污染调味品后，大量生长繁殖造成。此外，泡菜的卤水也会因酵母菌大量繁殖而生白；污染需氧芽孢菌后生白的调味品，产生特殊的酸臭味，严重影响产品质量。

三、食品中的致病菌

食品中常见的致病菌主要包括沙门菌、致病性大肠埃希菌（*Escherichia coli*）、葡萄球菌、肉毒梭菌、单核细胞增生李斯特菌、蜡样芽孢杆菌、志贺菌、变形杆菌、产气荚膜梭菌（*Clostridium perfringens*）、空肠弯曲菌、克罗诺杆菌属（*Cronobacter*）、副溶血性弧菌、小肠结肠炎耶尔森菌（*Yersinia enterocolitica*）、黄曲霉等。

四、食物中毒

有些致病性微生物或条件致病性微生物可通过污染食品或细菌污染后产生大量毒素，从而引起以急性过程为主要特征的食物中毒。

（一）细菌性食物中毒

1. 细菌性食物中毒的概念 细菌性食物中毒是指因摄入被致病菌或其毒素污染的食品引起的食物中毒。细菌性食物中毒是食物中毒中最常见的一类。

2. 细菌性食物中毒分型

（1）感染型 凡食用含大量病原菌的食物而引起的中毒为感染型食物中毒。

（2）毒素型 凡是食用由于细菌大量繁殖产生毒素的食物而引起的中毒为毒素型食物中毒。

3. 细菌性食物中毒的特点

（1）有明显的季节性，尤以夏、秋季节发病率最高。

（2）动物性食品是引起细菌性食物中毒的主要中毒食品。

（3）发病率高，病死率因中毒病原而异，最常见的致病菌是肠道致病菌。

4. 常见引起食物中毒的细菌

（1）沙门菌 我国细菌性食物中毒中，70%～80%是由沙门菌引起，而在引起沙门菌中毒的食品中，90%以上是肉类等动物性产品。

①沙门菌的特点。生长繁殖的最适温度是20～37 ℃，在普通水中可生存2～3周，在粪便和冰水中生存1～2个月；在自然环境中分布很广，人和动物均可带菌，正常人体肠道带菌在1%以下，肉食生产者带菌可高达10%以上；主要污染源是人和动物肠道的排泄物。

②沙门菌的食物污染。主要污染的食品有肉、鱼、禽、乳、蛋类食品，其中肉、蛋类最易受到沙门菌污染，其带菌率远远高于其他食品。

③沙门菌食物中毒特点。沙门菌食物中毒是由于大量活菌进入消化道，附着于肠黏膜上，生长繁殖并释放内毒素引起的以急性胃肠炎等症状为主的中毒性疾病。一遍病程3～

5 天，愈后良好，严重者尤其是儿童、老人及病弱者如不及时救治，可导致死亡。

④预防措施。防止污染、生熟分开，控制繁殖，加热彻底杀灭病原菌。

（2）致病性大肠埃希菌

①致病性大肠埃希菌的特点。主要存在于人和动物的肠道，随粪便分布于自然界中，在自然界生存活力较强，在土壤、水中可存活数月。根据致病性的不同，致泻性大肠埃希菌被分为产肠毒素性、侵袭性、致病性、黏附性和出血性五种。部分大肠埃希菌株与婴儿腹泻有关，并可引起成人腹泻或食物中毒的暴发。

②致病性大肠埃希菌的食物污染。受污染的食品多为动物性食品，如各类熟肉制品、冷荤、牛肉、生牛乳，其次为蛋及蛋制品、乳酪及蔬菜、水果、饮料等食品。

③预防措施。首先要防止食物被致病性大肠埃希菌污染；其次要通过强化肉品检疫，控制生产环节污染，加强从业人员健康检查等经常性卫生管理入手，减少食品污染概率；最后在烹饪中特别要防止熟肉制品被生肉及容器、工具等交叉污染，被污染的食品必须在致病性大肠埃希菌产毒前将其杀灭。

（3）葡萄球菌　葡萄球菌有两个典型的菌种，金黄色葡萄球菌（*Staphylococcus aureus*）和表皮葡萄球菌（*Staphylococcus epidermidis*），其中以金黄色葡萄球菌的致病作用最强，能引起化脓性病灶及败血症，可污染食品并产生肠毒素而引起食物中毒。

①葡萄球菌的特点。广泛分布于人及动物的皮肤、鼻腔、指甲下和自然界中，一般有 30% ~50% 的人鼻咽腔带有此菌，金黄色葡萄球菌感染的患者其鼻腔带菌率达 80% 以上，人手上可有 14% ~44% 的带菌率。患有化脓性病灶的奶牛，则乳中带菌率非常高。该菌对外界环境抵抗力较强，在干燥状态下可生存数日，加热 70 ℃、1 小时才能将病原菌杀灭。食品被金黄色葡萄球菌污染后，在适宜的条件下细菌迅速繁殖，产生大量的肠毒素。产毒的时间长短与温度和食品种类有关。一般 37 ℃、12 小时或 18 ℃、3 天才能产生足够中毒量的肠毒素而引起食物中毒。在 20% ~30% 的 CO_2 环境中和有糖类、蛋白质、水分的存在下，有利于肠毒素的产生。肠毒素耐热性强，带有肠毒素的食物煮沸 120 分钟才能被破坏，所以在一般的烹调加热中不能被完全破坏。

②葡萄球菌的食物污染。引起中毒的食物以剩饭、凉糕、奶油糕点、牛乳及其制品、鱼虾、熟肉制品为主。

③中毒表现。不发烧、剧烈呕吐，并有头痛、恶心、腹痛、腹泻等症状。病程较短，一般 1~3 天痊愈，很少死亡。

④预防措施。要防止带菌人群对各种食物的污染，必须定期对食品加工人员，餐饮从业人员、保育员进行健康检查。对患有化脓性感染，上呼吸道感染者应调换工作。要加强畜禽蛋奶等食品卫生质量管理。在低温、通风良好条件下贮藏食物，这样不仅能防止细菌生长且能防止肠毒素的形成。不吃不干净的食物及腐败变质的食物，不喝生水。制作生冷、凉拌菜时必须注意个人卫生及操作卫生。

（4）副溶血性弧菌

①副溶血性弧菌的特点。在温度 37 ℃，含盐量在 3% ~3.5% 的环境中能极好地生长；对热敏感，56 ℃加热 1 分钟可将其杀灭；对酸也敏感，在食醋中能立即死亡。海产鱼虾的平均带菌率为 45% ~49%，夏季高达 90% 以上。副溶血性弧菌广泛存在于温热带地区的近海海水，海底沉积物和鱼贝类等海产品中。

②副溶血性弧菌的食物污染。由此菌引起的食物中毒的季节性很强，大多发生于夏秋季节，在6～10月，海产品大量上市时。引起中毒的食物主要是海产品和盐渍食品，如海产鱼、虾、蟹、贝、咸肉、禽、蛋类以及咸菜或凉拌菜等，约有半数中毒者为食用腌制品后，中毒原因主要是烹调时未烧熟煮透或熟制品被污染。

③中毒表现。上腹部阵发性绞痛、腹泻，多数患者在腹泻后出现恶心、呕吐；大部分患者发病后2～3天恢复正常，少数严重患者由于休克、昏迷而死亡。

④预防措施。低温保存海产食品及其他食品；烹调加工各种海产食品时，原料要洁净并烧熟煮透，烹调和调制海产品拼盘时可加适量食醋；加工过程中生熟用具要分开；对加工海产品的器具必须严格清洗、消毒；食品烧熟至食用的放置时间不要超过4小时。

（5）肉毒梭菌

①肉毒梭菌及其毒素特点。肉毒梭菌广泛分布于土壤、江河湖海淤泥沉积物、尘土及动物粪便中，并可借助食品、农作物、水果、海产品、昆虫、家禽、鸟类等传播到各处。其生长繁殖及产毒的最适温度为18～30 ℃，芽孢耐高温，干热180 ℃、5～15分钟才能杀灭。产生的毒素是一种强烈的神经毒素，人体消化道中的消化酶、胃酸很难破坏其毒性。很容易被碱或加热破坏而失去毒性，例如80 ℃或100 ℃经10～20分钟则可完全被破坏。

②肉毒毒素食物污染。一年四季均可发生，尤以冬春季节最多，引起中毒的食物多为家庭自制谷类或豆类发酵制品如臭豆腐、豆酱、面酱、豆豉等。在我国肉毒毒素中毒多发区的土壤、粮谷、豆类及发酵制品中，肉毒梭菌的检出率分别为22.2%、12.6%和4.88%。在日本90%以上是由家庭自制鱼类罐头食品或其他鱼类制品引起。美国72%为家庭自制鱼类罐头、水产品及肉奶制品引起。

③中毒表现。头晕、无力、视物模糊、眼睑下垂、复视，随后咀嚼无力、张口困难、言语不清、声音嘶哑、吞咽困难、头颈无力、垂头等。严重的导致呼吸困难，多因呼吸停止而死亡，肉毒毒素中毒属于神经型食物中毒，死亡率较高。

④预防措施。对可疑污染食物进行彻底加热，自制发酵酱类时，盐量要达到14%以上，并提高发酵温度，要经常日晒，充分搅拌，使氧气供应充足，另外不要吃生酱。

（6）志贺菌属　是人类细菌性痢疾最为常见的病原菌，通常称为痢疾杆菌。

①志贺菌及其毒素特点。该菌耐寒，在37 ℃水中存活20天，在冰块中存活96天，蝇肠内可存活9～10天，在牛乳、水果和蔬菜中可生存1～2周，被污染的衣服、用具等可带菌数月之久。对化学消毒剂敏感，1%石炭酸10～30分钟死亡；对人敏感，一般56～60 ℃经10分钟即被杀死。

②志贺菌食物污染。全年均有发生，但夏、秋两季多见。中毒食品以冷盘和凉拌菜为主。熟食制品在较高温度下存放较长时间是引发志贺菌食物中毒的主要原因。

③中毒表现。一般情况下降在6～24小时内出现症状，如发热、呕吐、腹痛、频繁的腹泻、水样便，混有血液和黏液。严重者出现（儿童多见）惊厥、昏迷，或手脚发冷、脉搏细而弱，血压低等表现。

④预防措施。不要食用存放时间长的熟食品；注意食品的彻底加热和食用前再加热；要养成良好的卫生习惯，接触直接入口食品之前及便后必须彻底用肥皂洗手；不吃不干净的食物及腐败变质的食物，不喝生水。

（7）李斯特菌

①李斯特菌的特点。不怕碱、怕热不怕冷，在20℃可存活一年。该菌可通过眼及破损皮肤、黏膜进入体内而造成感染。

②李斯特菌食物污染。广泛分布于土壤、污水、动物粪便、蔬菜、青饲料及其他多种食品中，部分正常人体内也可带有此菌。多发生在夏、秋季节。中毒食品以奶及奶制品、肉制品、水产品和水果蔬菜等为主。食品未经煮熟、煮透，冰箱内冷藏的熟食品、奶制品取出后直接食用易感染。

③中毒表现。恶心、呕吐、腹泻等症状，严重者引起败血症、脑膜炎等，也可引起心内膜炎，脑干出现神经精神症状者预后较差。

④预防措施。冰箱冷藏室内（4～10℃）保存的食品存放时间不宜超过1周；食用冷藏食品时应烧熟、煮透；牛乳最好煮沸后食用；对肉、乳制品、凉拌菜及盐腌食品要特别注意。

（二）霉菌性食物中毒

1. 霉菌毒素中毒的概念　霉菌在谷物或食品中生长繁殖产生有毒的代谢产物，人和动物摄入含有这种毒素物质发生的中毒症状成为霉菌毒素中毒症。

2. 霉菌毒素中毒的特点　中毒的发生主要通过被霉菌污染的食物。被霉菌毒素污染的食品和粮食用一般烹调方法加热处理不能将其破坏去除。没有污染性免疫，霉菌毒素一般都是小分子化合物，机体对霉菌毒素不产生抗体。

3. 可引起癌症的霉菌毒素　麦角菌（*Claviceps*）产生的麦角碱；杂色曲霉（*Aspergill versicoir*）、构巢曲霉（*Aspergillus nidulas*）所产生的杂色曲霉毒素；黄曲霉（*Aspergillus flatus*）、寄生曲霉（*Aspergillus parasiticus*）、棒曲霉（*Aspergillus clavatus*）所产生的黄曲霉毒素；岛青霉（*Penicillium islandicum*）产生的岛青霉毒素、黄天精、环氯素等7种霉菌毒素，往往侵染大米，导致黄变米产生；皱褶青霉（*Penicillium rugulosum*）和缓生青霉（*Penicillium tardum*）产生的皱褶青霉素；灰黄青霉（*Penicillium griseofulvum*）产生的灰黄霉素均能引起小鼠肝癌；串珠镰刀菌（*Fusarium moniliforme*）产生的镰刀菌毒素及交链孢霉（*Alternaria*）产生的交链孢霉素能引起大鼠前胃和食管鳞癌；还有其他一些霉菌毒素可引起实验动物的肝癌、肉瘤、胃癌、结肠癌、乳腺和卵巢的肿瘤。

（1）曲霉毒素　曲霉毒素中，最有名的要数黄曲霉毒素，这是某些黄曲霉和寄生曲霉的菌株产生的肝毒性代谢物，广泛存在于花生、玉米、麦类、稻谷、高粱等农产品中。

①黄曲霉毒素的特点。在水中溶解度低，耐高温，在碱性溶液中黄曲霉毒素易于被降解，有用氨水处理被黄曲霉毒素污染的动物饲料的报道。一般烹调条件下不易被完全破坏。目前已发现黄曲霉毒素衍生物有20多种，其中以黄曲霉毒素B_1的毒性最强，为氰化钾的10倍，砒霜的68倍，国际癌症研究所将黄曲霉毒素确定为一类致癌物。

②中毒表现。发热、腹痛、呕吐、食欲减退，严重者2～3周内出现肝脾肿大、肝区疼痛、皮肤黏膜黄染、腹水、下肢水肿及肝功能异常等中毒性肝病的表现，亦可出现心脏扩大、肺水肿，甚至痉挛、昏迷等症状。

③预防措施。改进粮食产品的生产、贮运条件，防止粮食霉变的发生，严禁生产、加工、销售有毒霉变大米。

（2）青霉毒素　青霉毒素是由污染食品的青霉属菌产生。如岛青霉毒素、黄绿青霉毒素、橘青霉毒素、皱褶青霉毒素、震颤霉菌毒素等。

橘青霉毒素多由橘青霉（*Penicillium citrinum*）产生，主要生长繁殖于贮存的大米中。橘青霉毒素是一种肾毒素，中毒后出现肾脏萎缩、肾小管病变，排尿量增多等现象。

（三）病毒

1. 肝炎病毒　人类肝炎病毒有甲型、乙型、丙型和丁型病毒之分。甲型肝炎病毒呈球形，无包膜，核酸为单链 RNA。乙型肝炎病毒呈球形，具有双层外壳结构，外层相当一般病毒的包膜，核酸为双链 DNA。对热、低温、干燥、紫外线和一般消毒剂耐受。感染原因为摄入污染食品和饮用水。

2. 禽流感病毒　A 型流感病毒，可以感染、传播的禽鸟共有 80 多种，鸡、鸭、鹅、鹌鹑、鸽、麻雀、乌鸦等许多鸟类。世界卫生组织指出：粪便是禽流感传播的主渠道，通过飞沫及接触呼吸道分泌物也能传播。亚太候鸟迁徙路径恰好与禽流感暴发路线吻合，候鸟充当了禽流感传播媒介。症状类似感冒，严重者内脏出血，坏死，甚至造成死亡。吃禽类食物时，不吃生的或半生不熟的、特别是禽类血液制品。禽流感病毒在 70 ℃加热 2 分钟就会死亡。对乙醚、三氯甲烷、丙酮等有机溶剂、紫外线很敏感，很容易被杀死。

（四）食源性寄生虫

食源性寄生虫病是指进食生鲜的或未经彻底加热的含有寄生虫虫卵或幼虫的食品而感染的一类疾病的总称。对人类健康危害严重的食源性寄生虫有肝吸虫、肺吸虫、姜片虫、广州管圆线虫。患这类疾病的方式有进食生鱼片、生鱼粥、生鱼佐酒、醉虾蟹或未经彻底加热的涮锅、烧烤的水生动植物；使用切过生鱼片的刀及砧板切熟食、或用盛过生鱼的器皿盛熟食；饮用含有囊蚴的生水则是感染姜片虫的另一种重要方式。

扫码"学一学"

第二节　食品微生物检验的目的、任务及意义

一、食品微生物检验的目的

食品微生物检验是利用食品微生物学的基础理论与技能、细菌的生化试验和血清学试验的基本知识，在掌握与食品卫生检验中有关微生物特性的基础上，通过系统的检验方法，研究食品中微生物的种类、数量、性质、生存环境及活动规律，及时、准确地对食品样品做出食品卫生检验的报告，为食品安全生产及卫生监督提供科学依据。

微生物检验的目的就是要为生产出安全、卫生、符合标准的食品提供科学依据，使生产工序的各个环节得到及时控制，不合格的食品原料不能投入生产，不合格的成品不能投放市场。一是监测生产过程中是否有严重偏差（如半成品收到污染），以便及时纠正和召回产品；二是积累数据并定期分析，根据分析结果来监测生产过程、工艺以及产品质量等是否出现波动、偏差和漂移，以便纠正和调整（即回顾性验证）；三是保证食品的卫生质量安全，避免食物中毒的发生。

二、食品微生物检验的任务

食品微生物检验用以确定食品的可食用程度，控制食品的有害微生物及代谢产物的污染，督促食品加工工艺的改进，改善生产卫生状况，防止人畜共患病的传播，保证人类身体健康。

食品微生物检验的任务：研究各类食品中微生物种类、分布及其特性，为科学研究做准备；研究食品的微生物污染及其控制，提高食品的卫生质量；研究微生物与食品保存的关系；了解食品中的致病性、中毒性、致病性微生物；掌握各类食品中微生物的检验方法及标准。

三、食品微生物检验的意义

食品和水及空气一样是人类生活的必需品，是人类生命的能源。食品卫生与人的健康关系极为密切。随着人们生活水平的提高，对食品的质量和食品的安全性要求越来越高，不仅要求营养丰富、美味可口，而且要卫生经济，因而对食品进行微生物检验至关重要。

食品微生物检验就是应用微生物学的理论与方法，研究外界环境和食品中微生物的种类、数量、性质、活动规律及其对人和动物健康的影响。食品微生物检验方法为食品检测必不可少的重要组成部分。

首先，它是衡量食品卫生质量的重要指标之一。通过微生物检验可以准确判断出食品被微生物污染的程度，正确评价食品的卫生状况，并为食品能否安全食用提供科学的依据。

其次，通过食品微生物检验，可以判断食品加工环节及食品卫生的情况，能够对食品被细菌污染的程度作出正确的评价，为各项卫生管理工作提供科学依据，提供传染病和人类、动物的食品中毒的防治措施。

最后，食品微生物检验是以贯彻"预防为主"的卫生方针，可以有效地防止或者减少食物中毒和人畜共患病的发生，保障人们的身体健康，同时，它对提高产品质量，避免经济损失，保证出口等方面具有政治上和经济上的重大意义。

第三节 食品微生物检验的范围及指标

扫码"学一学"

一、食品微生物检验的范围

食品在加工、贮藏等各个环节均可能遭受到微生物的污染。污染的机会和原因很多，一般有食品生产环境的污染、食品原料的污染、食品加工过程的污染等。根据食品被微生物污染的原因和途径，食品微生物检验的范围包括以下几点。

（一）生产环境的检验

包括车间用水、空气、地面、墙壁、操作台等的微生物学检验。

（二）原辅料的检验

包括主料、辅料、添加剂等一切原辅料的微生物学检验。

（三）食品加工、贮藏、销售环节的检验

包括从业人员的健康及卫生状况、加工工具、生产环境、运输车辆、包装材料等的微生物学检验。

（四）食品的检验

重点是对出厂食品、可疑食品及食物中毒的检验，这是食品微生物检验的重点范围。

二、食品微生物检验的指标

食品微生物检验的指标就是根据食品卫生的要求，从微生物学的角度，对不同食品所提出的与食品有关的具体指标要求。我国原卫生部颁布的食品微生物指标主要有菌落总数、大肠菌群和致病菌 3 项。

（一）菌落总数

这是反映食品的新鲜度、被细菌污染的程度及在加工过程中细菌繁殖情况的一项指标，是判断食品卫生质量的重要依据之一。

（二）大肠菌群

这类细菌寄居于人及温血动物肠道内。因此，大肠菌群数可反映食品受粪便污染的情况，是评价食品卫生质量的重要依据之一。

（三）致病菌

致病菌种类多，特性不一，对食品进行致病菌检验时不可能对各种致病菌都进行检验，而应根据不同的食品或不同场合选检某一种或某几种致病菌。如罐头食品常选检肉毒梭菌、蛋及蛋制品选检沙门菌、金黄色葡萄球菌等。当某种病流行时，则有必要选检引起该病的病原菌。

（四）霉菌及其毒素

我国还没有制定出霉菌的具体指标，鉴于有很多霉菌能够产生毒素，引起疾病，故应该对产毒霉菌进行检验。例如，曲霉属的黄曲霉、寄生曲霉等，青霉属的橘青霉、岛青霉等，镰刀霉属（*Fusarium*）的串珠镰刀霉（*Fusarium moniliforme*）、禾谷镰刀霉（*Fusarium graminearum*）等。

（五）其他指标

微生物指标还应包括酵母菌、霉菌及其毒素和病毒，如肝炎病毒、口蹄疫病毒、猪瘟病毒、狂犬病毒、鸡新城疫病毒等与人类健康有直接关系的病毒类微生物，在一定场合也是食品微生物检验的重要指标。另外，从食品检验的角度考虑，寄生虫也被很多学者列为微生物检验的指标，如旋毛虫、蛆虫、肺吸虫、弓形体、螨、姜片吸虫、中华分枝睾吸虫等。

三、食品微生物检验技术的发展

食品微生物检技术的发展是与整个微生物学的发展分不开的。人类很早就开始利用微生物的许多特性为人类的生产、生活服务，古代人类早已将微生物学知识用于工农业生产

和疾病防治中，如公元前二千多年的夏禹时代就有酿酒的记载，北魏（公元386~534年）《齐民要术》一书中详细记载了制醋的方法。长期以来民间常用的盐腌、糖渍、烟熏、风干等保存食物的方法，实际上正是通过抑制微生物的生长而防止食物的腐烂变质。在预防医学方面，我国自古就有将水煮沸后饮用的习惯。明朝李时珍《本草纲目》中指出，将患者的衣服蒸过后再穿就不会传染上疾病，说明已有消毒的记载。

（一）致病菌检测阶段

微生物的发现：首先观察到微生物的是荷兰人列文虎克（Antonie van Leeuwenhoek，1632~1723）。他于1676年用自磨镜片制造了世界上第一架显微镜（约放大300倍），并从雨水、牙垢等标本中第一次观察和描述了各种形态的微生物，为微生物的存在提供了有力证据，并确定了细菌的三种基本形态：球菌、杆菌、螺旋菌。列文虎克也被称为显微镜之父。

微生物与食品腐败：法国科学家巴斯德（Louis Pasteur，1822~1895）首先通过实验证明了有机物质的发酵与腐败是微生物作用的结果，而酒类变质是因污染了杂菌，从而推翻了当时盛行的自然发生学说。巴斯德在病原体研究和预防方面也作出了卓越的贡献，他发明了巴氏消毒法，被称为现代微生物学之父。

病原微生物：19世纪末至20世纪初，在巴斯德和柯赫（Robert Koch，1843~1910）光辉业绩的影响下，国际上形成了寻找病原微生物的热潮。有关食品微生物学方面的研究也主要是检测致病菌。我国从20世纪50年代开始对沙门菌、葡萄球菌、链球菌等食物中毒菌进行调查研究，并建立了各种引起食物中毒的细菌的分离鉴定方法。

（二）指示菌检测阶段

在我国，80%的传染病是肠道传染病。为了预防肠道传染病，我国制定了各种食品微生物的检验方法和检验标准。通过这些方法和标准，可以检测并判断水、空气、土壤、食品、日常用品以及各类公共场所的有关微生物的安全卫生状况。但是，有时直接检测目的病原微生物非常困难，需借助带有指示性的微生物（指示菌），根据其被检出情况，判断样品被污染程度，并间接指示致病微生物有无存在的可能，以及对人群是否构成潜在的威胁。

指示菌（indicator microorganism）是在常规安全卫生检测中，用以指示检验样品卫生状况及安全性的指示性微生物。检验指示菌的目的，主要是以指示菌在检验样品中存在与否以及数量多少为依据，对照国家卫生标准，对检验样品的饮用、食用或使用的安全性作出评价。这些微生物应该在环境中存在数量较多，易于检出，检验方法较简单，而且具有一定的代表性。指示菌可分为3种类型：

（1）评价被检样品一般卫生质量、污染程度以及安全性的指示菌 最常用的是菌落总数、霉菌和酵母菌数。

（2）粪便污染的指示菌 主要指大肠菌群。其他还有肠球菌、粪大肠菌群等。其检出标志着被检样品受过人畜粪便的污染，而且有肠道病原微生物存在的可能性。

（3）其他指示菌 包括某些特定环境不能检出的菌类，如特定菌、某些致病菌或其他指示性微生物。如嗜热脂肪芽孢杆菌用于灭菌锅灭菌指示菌。

（三）微生态制剂检测阶段

19世纪人们就发现并开始认识厌氧菌（巴斯德，1863年），但直到20世纪70年代了解到厌氧菌主要是无芽孢专性厌氧菌后，才重新开始重视其研究。厌氧菌广泛分布在自然界，尤其是广泛存在于人和动物的皮肤和肠道。生态平衡时，厌氧菌与人和动物体"和平共处"；生态失调时，厌氧菌成为条件致病菌（opportunistic pathogen），形成厌氧菌感染症。由此，1980年以来，市场上出现以乳酸菌、双歧杆菌为主的各种微生态制剂后，检验其菌株特性和数量就成了目前食品微生物检测的一项重要内容。

（四）现代基因工程菌和尚未能培养菌的检测

转基因动物、植物和基因工程菌被批准使用以及进入商品化生产，加重了食品微生物检测的任务。转基因食品的检验也逐渐成为一项检验项目。通过16S rDNA扩增等技术，目前也发现了一些活的但不能培养的微生物（viable but nonculturable，VBNC），这也促进了食品微生物检验技术的发展。目前微生物应用技术、实验方法也在极其迅速地发展。如电镜技术结合生物化学、电泳、免疫化学等技术，推动了微生物的分类和鉴定技术。荧光抗体技术、单抗技术、聚合酶链式反应（polymerase chain reaction，PCR）技术等，也进一步促进了微生物检验的发展。

在今后一段时间内，我国在保证食品安全方面需要着重开展以下工作。

（1）加大人力和物力的投入力度，进行相关理论的研究和技术的开发；提高食品毒理学、食品微生物学、食品化学等学科的研究水平，并将这些研究领域的成果及时地应用于食品安全保障工作之中；对食品生产的环境开展有害物的背景调查，对各种食品中的危害因子进行系统的检测与分析，为食品安全的有效控制提供基础数据和信息。

（2）以现代食品安全控制的最新理论和技术为基础，不断制定和修订各项食品安全与卫生技术规范，并加以落实；不断完善相应的法律法规，加强法制管理，明确执法机构人员的职责；研究食物中毒的新病原物质，提高食物中毒的科学评价水平和管理水平；进一步推广良好操作规范（good manufacturing practice，GMP）和危害分析与关键控制点（hazard analysis critical control point，HACCP）等有效的现代管理与控制系统；对全体国民加强新知识、现代技术和水平安全基本常识的宣传与教育，加强相关法律法规的教育，提高广大民众的自我保护意识。

（3）研究世界贸易组织（World Trade Organization，WTO）规则中有关食品安全的条例，有效应对国际食品贸易中与食品安全相关的技术壁垒，以保护我国的经济利益和广大民众的生命安全；加强国际合作，同联合国粮食与农业组织（Food and Agriculture Organization，FAO）、世界卫生组织（World Health Organization，WHO）等国际专门机构或组织进行经常性的沟通与合作，不断就世界范围内的食品污染物和添加剂的评价、制定每日允许摄入量（acceptable daily intake，ADI）值、食品规格、监督管理措施等问题提出意见或建议，维护我国在处理有关食品安全国际事务中的权利和利益。

民以食为天，食品安全问题关系到人民健康、社会稳定和国家经济的可持续发展，已引起前所未有的重视。目前，食品安全问题形势严峻，食品微生物污染问题突出。食品微生物检验作为给人类提供有益于健康、能确保食用安全的食品科学的保障措施之一，对食品安全控制起着非常关键的作用。食品微生物检验的广泛应用和不断改进，是制定和完善有关法律法规的基础和执行依据，是制定各级预防和监控系统的重要组成部分，是食品微生物污染溯源的有效手段，也是控制和降低由此引起的重大损失的有效手段，具有较大的经济和社会意义。

⁇ 思考题

1. 简述污染食品的微生物来源及其途径。
2. 食品微生物检验的目的和任务是什么？
3. 食品微生物检验的范围包括哪些？
4. 食品安全标准中的微生物指标有哪些？
5. 简述食品微生物检验的意义。

（郑培君）

第二章　食品微生物实验室建设与管理

扫码"学一学"

第一节　微生物实验室基本要求与生物安全

一、微生物实验室的基本要求

食品微生物实验室以质量管理、卫生以及监控危害分析和关键控制点计划的有效性进行评价为目的，进行检测、鉴定或描述食品中致病微生物存在与否的实验室。由于微生物的特殊生物学特性，对致病性微生物的检测必须在特定的食品微生物实验室内进行。食品微生物实验室完善的组织与管理、规划建设和配套环境设施的科学性和合理性、检验人员的良好检验器具和耗材的质量、检验方法的合适性、仪器设备的状态、检验质量的准确性，关系到食品微生物的检测质量，而且关系到食品安全，甚至关系到个人安全、社区安全和经济贸易，因此必须通过适当的监控手段和科学合理的验证试验来对其进行管理。

（一）环境条件要求

1. 实验室内要经常保持清洁卫生，每天上下班应进行清扫整理，桌柜等表面应每天用消毒液擦拭，保持无尘，杜绝污染。

2. 实验室应井然有序，不得存放实验室外的个人物品、仪器等，实验室用品要摆放合理且有固定位置。

3. 随时保持实验室卫生，不得乱扔纸屑等杂物，测试用过的废弃物要倒在固定的箱筒内，并及时处理。

4. 实验室应具有优良的采光条件和照明设备。

5. 实验室工作台面应保持水平和无渗漏，墙壁和地面应当光滑和容易清洗。

6. 实验室布局要合理，一般实验室应有准备间和无菌室，无菌室应有良好的通风条件，如安装空调设备及过滤设备，无菌室内空气测试应基本达到无菌。

（二）技术要求

1. 检验人员的要求

（1）食品微生物实验室的检验人员应具备接受检验工作所必需的设备操作、微生物检测技能（如倒平板、菌落计数、无菌操作等），积极参加实验室管理和生物安全等方面的培训。

（2）检验人员应具有一定资质的微生物学或相近专业的知识，能够操作或指导微生物检验。应按要求根据相应的教育、培训、经验进行资格确认，检验员的基本知识和基本经历在评审中显得尤其突出。因为微生物检验是通过形态特征、生理生化反应特征、生态特征、血清学反应等来鉴定菌种的，这需要一个受过微生物方面专门培训具有一定的理论基础，并且具有一定的检验经历的检验人员才能正确地检验食品中的微生物。

（3）检验人员进入实验室必须穿工作服，进入无菌室换无菌衣、帽、鞋，戴好口罩，非检验员不得进入实验室，严格执行安全操作规程。

（4）实验室管理者应授权专门人员进行特殊类型的抽样、检测、发布检测报告、提出意见和解释以及操作特殊类型的设备。授权的报告签发人应具有相关的工作经验和专业知识，包括有关法规和技术要求等。

（5）检验人员要定期检查试剂有无明晰标签，定期检查、保养、检修仪器，切不可在冰箱内存放和加工私人食品。对各种器材应建立领取消耗记录，贵重仪器要有使用记录，对破损遗失的器材应填写报告；药品、器材、菌种不经批准不得擅自外借和转让，更不得私自拿出，应严格执行《菌种保管制度》。

（6）检验人员不能在实验室内吸烟、进餐、会客、喧哗，离开实验室前认真检查水、电、暖气、门窗，对于有毒、有害、易燃、污染、腐蚀的物品和废弃物品应按有关要求执行。

2. 设施的要求

（1）食品微生物实验室的选址应考虑对周围环境的关系。微生物实验室应选择在水电齐全、环境洁净、空气清新的地方，尽量避免与饲料仓库及排放"三废"的工厂相邻。尤其是夏季，更应注意实验室周围的环境卫生。一级食品微生物实验室无需特殊选址，普通建筑物即可，但应有防止昆虫和啮齿动物进入的设计；二级食品微生物实验室可用普通建筑物，但应自成一区，宜设在建设物的一端或一侧，与建筑物其他部分可相通，但应安装自动关闭的门，新建实验室应远离公共场所；三级食品微生物实验室可共用普通建筑物，但应自成一区，宜设在建设物的一端或一侧，与建筑物其他部分不相通，新建实验室应远离公共场所，主实验室与外部建筑物的距离应不小于外部建筑物高度的1.2倍；四级食品微生物实验室应建造在独立建筑物的完全隔离区域内，该建筑物应远离公共场所和居住建筑，其间应设植物隔离带，主实验室与外部建筑物的距离应不小于外部建筑物高度的1.5倍。

（2）微生物实验室的设计要求和地址选择都应当尽量满足微生物生长、发育的需要，能保证实施菌种分离和扩大培养的无菌操作规程，使接种的菌种能有一个洁净、恒温和空气清新的培养环境，以提高微生物的成活率和纯培养质量。

（3）食品微生物实验室应具有进行微生物检测所需的适宜的、充分的设施条件，实验室应有检测设施及辅助设施（大门、走廊、管理样品室、洗手间、贮存室等）。某些检测设备可能需要特殊的环境条件。

（4）实验室负责人应制定科学合理的环境监测程序（使用诸如空气采样器、沉降平板、接触盘或棉拭子等方法监测空气和表面微生物污染）。应保证工作区洁净无尘，空间应与微生物检测需要及实验室内部整体布局相称。通过自然条件或换气装置或使用空调，保持良好的通风和适当的温度。使用空调时，应根据不同工作类别检查、维护和更换合适的过滤设备。

（5）依据所检测微生物的不同等级，实验室应对授权进入的人员采取严格限制措施，根据具体检测活动（如检测种类和数量等），有效分隔不相容的业务活动。应采取措施把交叉污染的风险降低到最小。实验室的设计应能将意外伤害和职业病的风险降到最低，并能保证所有工作人员和来访者免受某些已知危险的伤害。应准备足够数量的洗手设施和急救材料。独立的洗手池，非手动控制效果更好，最好在实验室的门附近，并有发生泄漏时的处理程序。

（6）微生物检测室地面为环氧树脂材料，具有无缝隙、耐腐蚀、平整、容易清洗的特征。地面地脚线用阴角铝材装饰，美观且严密性好。整个实验室通过科学设计，精心施工，使实验室内形成坚固、无缝、平滑、美观、不反光、不积尘、不生锈、防潮、抗菌、性能优良的无菌表面和内壳。

3. 设备和药品的要求

（1）食品微生物实验室设备应配有温控设备（培养箱、冰箱、冰冻机、烤箱）、测具（温度计、计时器、天平、酸度计、菌落计数器等）、定容设备（吸管、自动分液器、移液管等）、除菌和灭菌设备（超净工作台或生物安全柜、高压灭菌锅）、其他设备（显微镜、离心机、均质器、振荡器、生化培养箱、厌氧培养设备等）。

（2）仪器安放合理，贵重仪器有专人保管，建立仪器档案，并备有操作方法、保养、维修说明书及使用登记本，做到经常维护、保养和检查，精密仪器不得随意移动，若有损坏需要修理时，不得私自拆动、应写出报告、通知管理人员，经科室负责人同意填报修理申请、送仪器维修部门。

（3）设备应达到规定的性能参数，并符合相关检测指标。无论何时，只要发现设备故障，应立即停止使用，必要时检查对以前结果的影响。应根据使用频率在特定时间间隔内进行维护和性能验证，并保存相关记录，以确保其处于良好工作状态。

（4）各种仪器（冰箱、温箱除外），使用完毕后要立即切断电源，旋钮复原归位，待仔细检查后，方可离去，同时盖好有仪器套罩的设备。

（5）依据食品检测任务，制定各种药品试剂采购计划，写清品名、单位、数量、纯度、包装规格、出厂日期等，领回后建立文档，专人管理，每半年做出消耗表，并清点剩余药品。

（6）药品试剂陈列整齐，放置有序、避光、防潮、通风干燥，瓶签完整，剧毒药品加锁存放、易燃、挥发、腐蚀品种单独贮存。称取药品试剂应按操作规范进行，用后盖好，必要时可封口或黑纸包裹。不使用过期或变质药品。

二、微生物实验室的生物安全与质量控制

（一）微生物实验室的生物安全

致病微生物是影响食品安全各要素中危害最大的一类，食品微生物污染是涉及面最广、影响最大、问题最多的一类污染，而且这种现象还将持续下去。据 WHO 估计，全世界每分钟就会有 10 名儿童死于腹泻病，再加上其他的食源性疾病，如霍乱、伤寒等，在全世界范围内受到食源性疾病侵害的人数更令人震惊。食品微生物检测是食品安全监控的重要组成部分，但由于微生物的特殊生物学特性，对致病性微生物的检测必须在特定的食品微生物实验室内进行，食品微生物实验室的规划建设和配套环境设施的科学性和合理性，不仅关系到食品微生物的检测质量，而且关系到个人安全和环境安全。

近年来，随着中华人民共和国国务院令第 424 号《病原微生物实验室生物安全管理条例》的颁布，以及 GB 19489—2008《实验室 生物安全通用要求》、GB 50346—2011《生物安全实验室建筑技术规范》等有关生物实验室的相关管理条例和强制性技术规范的出台，在多个方面规范了生物安全实验室的设计、建造、检测、验收的整个过程，从根本上改变了我国缺乏食品微生物实验室建筑技术规范和评价体系以及食品微生物实验室统一管理规范的现状，将把涉及生物安全的实验室建设和管理纳入标准化、法制化、实用性和安全性轨道。

依据实验室所处理感染性食品致病微生物的生物危险程度，可把食品微生物实验室分为与致病微生物的生物危险程度相对应的食品微生物实验室，其中一级对生物安全隔离的要求最低，四级最高。不同级别食品微生物实验室的规划建设和配套环境设施不同。食品微生物实验室所检测微生物的生物危害等级大部分为生物安全二级，少数为生物安全三级和四级［比如霍乱弧菌（*Vibrio cholerae*）］。

微生物实验室是一个独特的工作环境，工作人员受到意外感染的报道却并不鲜见，其原因主要是对潜在的生物危害认识不足、防范意识不强、不合理的物理隔离和防护、人为过错和不规范的检验操作。除此之外，随着应用微生物产业规模的日益扩大，一些原先被认为是非病原性且有工业价值的微生物的孢子和有关产物所散发的气溶胶，也会使产业人员发生不同程度的过敏症状，甚至影响到周围环境，造成难以挽回的损失。微生物实验室生物危害的受害者不局限于实验者本人，同时还有其周围同事，另外被感染者本人也很有可能是一种生物危害，作为带菌者，也可能污染其他菌株、生物剂，同时又是生物危害的传播者，这种现象必须引起高度重视。因此说微生物学实验室的生物危害值得高度警惕，其危害程度远远超过一般公害。

为了消除实验室生物安全隐患，应注意做到以下五方面的安全措施。

1. 通风空调系统

（1）实验室内必须安装独立的通风空调系统以控制实验室气流方向和压强梯度。该系统必须确保实验室使用时，室内空气除通过排风管道经高效过滤排出外，不得从实验室的其他部位或缝隙排向室外；同时确保实验室内的气流由"清洁"区域流向"污染"区域。

（2）通风空调系统为直排系统，不得采用部分回风系统。

（3）环境参数。相对于实验室外部，实验室内部保持负压。实验间的相对压强以

－30～－40 Pa 为宜，缓冲间的相对压强以－15～－20 Pa 为宜。实验室内的温湿度以控制在人体舒适范围为宜，或根据工艺要求而定。实验室内的空气洁净度以 GB 50073—2013《洁净厂房设计规范》中所定义的七级至八级为宜。实验室人工照明应均匀，照度不低于500 lx。

（4）为确保实验室内的气流由"清洁"区域流向"污染"区域，实验室内不应使用双侧均匀分布的排风口布局。不应采用上送上排的通风设计。由生物安全柜排出的经内部高效过滤的空气可通过系统的排风管直接排至大气，也可送入建筑物的排风系统。应确保生物安全柜与排风系统的压力平衡。

（5）实验室的进风应经初、中、高效三级过滤。

（6）实验室的排风必须经高效过滤或加其他方法处理后，以不低于 12 m/s 的速度直接向空中排放。该排风口应远离系统进风口位置。处理后的排风也可排入建筑物的排风管道，但不得被送回到该建筑物的任何部位。

（7）进风和排风高效过滤器必须安装在实验室内设有围护结构的风口处，有助于避免污染风管。

（8）实验室的通风系统中，在进风和排风总管处应安装气密型调节阀门，必要时可完全关闭，以进行室内化学熏蒸消毒。

（9）实验室的通风系统中所使用的所有部件必须为气密型，不能使用带有木框架的高效过滤器。

（10）应安装风机启动自动联锁装置，确保实验室启动时先开排风机后开送风机。关闭时先关送风机后关排风机。

2. 安全装置及特殊设备

（1）在主实验室内必须设置Ⅱ级或Ⅲ级生物安全柜。

（2）连续流离心机或其他可能产生气溶胶的设备应置于物理抑制设备之中，该装置应能将其可能产生的气溶胶经高效过滤器过滤后排出。在实验室内设置的所有其他排风装置（通风橱、排气罩等）的排风均必须经过高效过滤器过滤后方可排出，其室内布置应有利于形成气流由"清洁"区域流向"污染"区域的气流流型。

（3）实验室中必须设置不产生蒸汽的高压灭菌锅或其他消毒装置。

（4）实验室与外部应设置传递窗。传递窗双门不得同时打开，传递窗内应设物理消毒装置。感染性材料必须放置在密闭容器中方可通过传递窗传递。

（5）必须在实验室入口处的显著位置设置压力显示报警装置，显示实验室和缓冲间的负压状况。当负压指示偏离预设区间时，必须能通过声、光等手段向实验室内外的人员发出警报。也可在该装置上增加送、排风高效过滤器气流阻力的显示。

（6）实验室启动工作期间不能停电。应采用双路供电电源。如难以实现，则应安装停电时可自动切换的后备电源或不间断电源，对关键设备（比如生物安全柜、通风橱、排气罩以及照明等）供电。

（7）可在缓冲间设有洗手池：洗手池的供水阀门最好设有自动开关。洗手池如设在主实验室内，下水道必须与建筑物的下水管线分离，且有明显标志。下水必须经过消毒处理。洗手池仅供洗手用，不得向内倾倒任何感染性材料。供水管必须安装防回流装置。不得在实验室内安设地漏。

3. 其他室内安全措施

（1）实验台表面应不漏水，耐腐蚀、耐热。实验室中的家具应牢固。为便于清洁，各种家具和设备之间应保持一定的间隙。应有专门放置生物废弃物容器的台（架）。家具和设备的边角和突出部位应光滑、无毛刺，以圆弧形为宜。

（2）所需真空泵应放在实验室内。真空管线必须装置在线高效过滤器。

（3）压缩空气等钢瓶应放在实验室外。穿过围护结构的管道与围护结构之间必须用不收缩的密封材料加以密封。气体管线必须装置在线高效过滤器和防回流装置。

（4）实验室内必须设置通讯系统，便于实验室内的实验记录等资料通过传真机发送至实验室外。

4. 废弃物的处理

（1）**废料销毁**　所有包含微生物及病毒的培养基为了防止泄漏和扩散，必须放在生物医疗废物盒内经过去污染、灭菌后才能丢弃；所有污染的非可燃的废物（玻璃或者锐利器具）在丢弃前必须放在生物医疗废物盒内；所有的液体废物在排入干净的下水道前必须经过消毒处理；碎玻璃必须放在纸板容器或其他的防止穿透的容器内；其他的锐利器具、所有的针头及注射器组合要放在抗穿透的容器内丢弃，针头不能折弯、摘下或者打碎，锐利器具的容器应放在生物医疗废物盒中。

（2）**废气处理**　少量有毒气体可以通过排风设备排出室外，被空气稀释。毒气量大时，必须处理后再排出。如氧化氮、二氧化硫等酸性气体用碱液吸收，可燃性有机废液可在燃烧炉中通氧气完全燃烧。

（3）**含酚、氰、汞、铬、砷的废液处理**　①低浓度含酚废液。加次氯酸钠或漂白粉使酚氧化为二氧化碳和水；②高浓度含酚废水。用乙酸丁酯萃取，重蒸馏回收酚；③含氰化物的废液。用氢氧化钠溶液调至 pH 10 以上，再加入 3% 的高锰酸钾使 CN^- 氧化分解；④CN^- 含量高的废液。用碱性氯化法处理，即在 pH 10 以上加入次氯酸钠，使 CN^- 氧化分解；⑤含汞盐的废液。先调至 pH 8~10，加入过量硫化钠，使其生成硫化汞沉淀，再加入共沉淀剂硫酸亚铁，生成的硫化铁将水中的悬浮物硫化汞微粒吸附而共沉淀，排出清液，残渣用焙烧法回收汞或再制成汞盐；⑥铬酸洗液失效。浓缩冷却后加高锰酸钾粉末氧化，用砂芯漏斗滤去二氧化锰后即可重新使用。废洗液用废铁屑还原残留的 $Cr(Ⅳ)$ 到 $Cr(Ⅲ)$，再用废碱中和成低毒的 $Cr(OH)_3$ 沉淀；⑦含砷废液。加入氧化钙，调节 pH 为 8，生成砷酸钙和亚砷酸钙沉淀，或调节 pH 10 以上，加入硫化钠与砷反应，生成难熔、低毒的硫化物沉淀；⑧含铅、镉废液。用消石灰将 pH 调至 8~10，使 Pb^{2+} 和 Cd^{2+} 生成 $Pb(OH)_2$ 和 $Cd(OH)_2$ 沉淀，加入硫酸亚铁作为共沉淀剂。

5. 意外事故的处置　在操作及保存二类、三类及四类危害微生物的实验室，一份详细的处理意外事故的方案是必需的。紧急情况下的程序要与所有人员沟通。实验室管理层、上一级安全管理层、单位护卫、医院及救护电话都应张贴在所有的电话附近。应配备医疗箱、担架及灭火器。

如果在生物安全柜内发生溢出事件，为了防止微生物外溢，应立即启动去污染程序：①用有效的消毒剂擦洗墙壁、工作台面及设备；②用消毒剂充满工作台面、排水盘、盆子，并停留 20 分钟；③用海绵将多余的消毒剂擦去。

（二）食品微生物检测实验室质量控制

1. 术语和定义　食品微生物检测实验室（food microbiological laboratory），它是指以质量管理、卫生以及监控 HACCP 计划的有效性进行评价为目的，进行检测、鉴定或描述食品中致病微生物存在与否的实验室。实验室可以提供其检查范围内的咨询性和技术性服务，包括结果解释和为进一步适当检查提供建议以及相应的措施。

在食品微生物检测质量方面，往往会用到一些专业术语，这里将常见的术语列出来。

（1）校准　在特定条件下，采取一系列步骤建立测量仪器、测量系统，标准物质或参考菌株表现值与标准规定的对应数值之间的关系。

（2）标准参考菌株　具有认证的标准物质，其中一个或更多特征值有一个被认证的程序，这个程序建立了准确表达物质特性的可追溯性，同时每个被鉴定值都有一个一定置信区间的不确定度。

（3）测定限度　主要用于定量的微生物检测，是指在所用方法的试验条件下所测定的在一个限定变化范围内估算的微生物最低数量。

（4）检测限度　用于定性的微生物检测。检测限度（limit of detection，LOD）是指在数量上无法准确统计的可检测的最低微生物数量。

（5）阴性偏差　在参考方法得出一个阳性结果时，而另一个方法却得出阴性结果。当真实结果被证明是阳性时，这种偏离便是一个假阴性。

（6）阳性偏差　在参考方法得出一个阴性结果时，而另一个方法却得出阳性结果。当真实结果被证明是阴性时，这种偏差便是一个假阳性。

（7）参考培养物　参考菌株、参考原菌株和工作菌株的统称。

（8）参考方法　为了测定与预期在准确度和精确性上同量的一个或多个特征值的方法，即清晰确切地描述必要条件和程序的精确的调查方法。因此通常用于验证同一测定的其他方法的准确度，尤其是描述标准物质。一般是国内或国际标准。

（9）参考原株　由实验室获得或由供应商提供的参考原株在实验室经过一代转接后的同种菌株。

（10）重复性　在同一实验室且在相同的测定条件下，用相同方法的连续测定结果的接近程度。

（11）再现性　在不同实验室变化的测定条件下进行的相同方法的测定结果的接近程度。

（12）敏感性　在假定检查中正确分配的阳性培养物或菌落总数的份数。

（13）特异性　在假定检查中正确分配的阴性培养物或菌落总数的份数。

（14）工作菌株　由参考原株转接后获得的同种菌株。

（15）原始样品　从一个系统中最初取出的一个或多个部分，准备送检或实验室收到并准备进行检验的样品。

（16）委托实验室　接受样品进行补充或确认检验程序和报告的外部实验室。

2. 质量管理体系　实验室应建立、实施并保持与其工作范围相适应的质量体系，并将其政策、方针、过程、计划、程序和指导书等制定成文件，以确保检测质量，还要把体系文件传达至所有相关人员，让他们理解并执行。质量管理体系不仅包括内部质量控制和参加有组织的实验室间的比对活动（如外部质量评审计划），还要在质量手册中予以规定质量管理体系的方针和目标，总体目标应在质量方针声明中予以文件化，该方针应简洁易懂，并便于有关人员及时获得。

（1）实验室质量手册的目录可包括以下内容 引言；实验室概述，其法律地位、资源以及主要职责；质量方针和质量目标；人员的教育与培训；质量体系；文件控制；合同评审；设施和环境条件；仪器，试剂和/或相关消耗品的管理；检验程序的验证；安全规范（见 GB 19489—2008）；研究和开发（如适用）；检验程序列表；申请程序，原始样品，实验室样品的采集和处理；内部审核；质量控制（包括实验室间比对）；实验室信息系统；对投诉的补救措施和处理；与委托实验室和供应商的交流及相关活动；结果的质量保证；结果的报告。

（2）文件控制 实验室应建立并保持有关程序，对构成质量文件的所有文件和信息（包括政策声明、教科书、程序、说明、校准表及其来源、图表、海报、公告、备忘录、软件、图片、计划书和外源性文件如法规、标准或检验程序等）进行控制。应遵循国家、地区和当地有关文件保留的规定，将每一份受控的文件制作一份以适当的纸张或非纸张媒介备份存档以备日后参考，并由实验室负责人规定其保存期限。同时需要建立总目录或相应的文件控制程序，以标明现行修改状态和质量体系内的文件发布情况，并应随时可得，以避免使用失效。

所有与质量管理体系有关的文件均应能唯一识别，包括标题、版本或当前版本的修订日期或修订号，以及发行机构、来源的标识。

（3）质量记录 实验室应建立并实施一套对质量及技术记录进行识别、采集、索引、查取、存放、维护以及安全处理的程序。质量记录需要包括内部审核和管理评审、纠正和预防措施记录。

①内部审核。应根据质量管理体系的规定对体系的所有管理及技术要素进行定期的内部审核，以证实体系运作持续符合质量管理体系的要求。内部审核应包含体系的所有要素，尤其是对食品微生物检测有重要影响的方面。要明确内部审核的程序并形成文件，其中包括审核类型、频次、方法学以及所需相关文件。如果发现有不足或有待改进之处，实验室应采取适当的纠正或预防措施，并将这些措施形成文件，经讨论后在约定的时间内实施。正常情况下，应每 12 个月对质量体系的主要要素进行一次内部审核。此外，内部审核的结果还应该提交实验室管理层进行评审。

②管理评审。实验室管理层应对实验室质量管理体系及实验室全部的食品微生物检测活动进行评审，包括检测及咨询工作，以确保在食品微生物检测工作中保持稳定的服务质量，并及时进行必要的变动或改进。评审的结果应列入一个含有目标、目的和措施的计划中。管理评审的典型周期为每项 12 个月一次。

在建立质量体系期间，建议评审间隔应尽量短些，以保证在发现该质量管理体系或其他活动有需要改进之处时，及早采取应对措施，至少每年进行一次内审。

管理评审结果以及应采取的措施均应记录归档，同时应将评审结果及评审决定向实验室人员通报。实验室管理层应确保将这些措施在适当的约定时间内公布。

所有记录均应清晰明确，便于检索。应符合国家、地区或当地法规的要求，提供一个适宜的环境，以适当的形式进行存放，保证安全和保密，避免损毁、破坏、丢失、被人盗用或未授权的接触，实验室应有程序保护和备份以电子形式贮存的记录，以防止未经授权的侵入和修改。

③纠正措施。纠正措施程序应包括一个抽查过程，以确定问题产生的根本原因或潜在原因。某些情况下会发展为预防措施。纠正措施应与问题的严重性及其带来的风险大小相适应。调查问题后采取了相应纠正措施，如果需要对操作程序进行改动时，实验室管理层应将这些改动形成文件并执行。

实验室管理层应负责监控每一纠正措施所产生的结果，以确定这些措施是否有效地解决所识别出的问题。如果识别出的不符合项或偏离对实验室与其本身的相关政策、程序或质量管理体系的符合性产生怀疑时，则实验室管理人员应保证依据内部审核的规定对相应方面的活动进行审核。

纠正措施的结果应提交实验室管理评审。实验室应该对纠正措施进行监控，以确保所采取的纠正措施是有效的。

④预防措施。预防措施应确定不符合项的潜在来源和所需做的改进，无论是技术方面的还是相关的质量体系方面。如果需要采取预防措施，还应制定、执行和监控这些措施计划。

预防措施程序要包括启动措施和应用控制，以确保其有效性。除对操作程序进行评审之外，预防措施还可能涉及数据分析，包括趋势和风险分析以及外部质量保证。这里需要注意的是，预防措施是事先主动识别改进可能性的过程，而不是对已发现的问题或投诉的反应。

（4）技术要求

①试剂。实验室有对试剂进行检查、接受或拒收和贮存的程序和标准，保证涉及的试剂质量适用于检验。实验室人员应该在保存期限内，使用可以溯源至认可的国家或国际的阴性和阳性标准菌株，检查对食品微生物检验起决定性作用的每一批试剂的适用性，在确定这些物品达到标准规格，或已达到相应的规程中所规定的标准之前，不得使用，并记录归档。

应建立一套供货清单控制系统，该系统中应该包括全部相关试剂、质量控制材料以及校准品的批号、实验室接收日期以及这些材料投入使用的日期。所有这些质量记录应在实验室管理评审中提供。

实验室要确保所有的试剂（包括贮存溶液）、培养基、稀释剂和其他的悬浮液都贴上标签，标明其适用性、特性、浓度、贮存条件、准备日期、有效期和（或）推荐的贮存期。负责微生物检验准备的试验人员可以从记录中确认。

②培养基。检查实验室内制备的培养基、稀释剂和其他悬浮液的性质是否合适，原料（包括商业脱水配料和单独配料）是否贮存在合适的条件下，例如低温、干燥和避光等。所有的容器，尤其是那些用于培养基脱水的容器，须高度密封。结块或颜色发生改变的脱水培养基不能使用。除非实验方法有特殊要求，试验用水需要经蒸馏、去离子的或反转渗透处理。同时要确定和验证合适的贮存条件下预制培养基的保存时间。

即用型培养基在使用前需验证所有准备使用的或部分完成的培养基（包括稀释剂和其他悬浮液）的有效性，应估算目标微生物的复苏或存活能力，或全面定量评估对非目标微生物的抑制程度；使用客观的标准对其品质（例如物理和生化性质）进行评审。

作为培养基确认的一部分，要求实验室使用人员充分了解制造商所提供的产品质量说明书，鉴定每一批培养基时，需要证明所接收的每批培养基满足质量要求，制造商应确保实验室人员能及时接到其关于质量规格的任何改变的通知。如果培养基制造商被权威质量系统认可，则实验室应根据详细说明书对其产品有效性的符合度进行检查。在其他情况下，必须对接收的培养基进行足够的检查。

（5）设备维护　实验室基本设备的维护应根据使用频率定期进行，保存具体记录。以下仪器设备需要清洁、维修、损坏检查、常规检查甚至灭菌加以维护。

①常规保养的设备。滤器、玻璃和塑料容器（瓶子、试管）、玻璃或塑料制成的带盖培养皿、采样工具、接种针或接种环。

②培养箱、水浴锅和干燥箱的维护。应确定并记录培养箱、水浴锅、干热灭菌箱及保温室温度的稳定性、温度分布的均匀性和达到平衡状态时所需时间，尤其要注意其是否在正常使用（如多个带盖培养皿之间的位置、空间、高度）。每次经过修理和校正后，都应检查和记录最初验证设备时所记录的各参数的稳定性。实验室应监控这类设备的运行温度，并保存记录。

③高压灭菌锅，包括培养基制备仪的维护。下面大致列出了有关校准、确定和监控运行的一般性方法。然而，高压灭菌锅所进行的数量检验及相应项目，如能适应高压灭菌锅的内外变化，这也就提供了同等的质量保证。

高压灭菌锅必须具备指定的时间和温度允许范围。压力仪不能只适于一个压力量程。用来控制和监督工作循环的感应器需要进行校准并对其计时器进行性能测试；最初的测定包括实际应用中每个工作循环和每一种装载状态时的性能研究（空间热分布测试）。在经过大型维修或校正（如更换温度调节的探测仪或程序器，调整安装位置及工作循环）后，或对培养基的质量控制检验结果表明需要时，应当重复前述性能测试过程。必须安装足够的温度感应器（如在充满水或培养基的容器中）以指示不同位置的不同温度。至于培养基制备仪，一般认为安装使用两个感应器（一个靠近控制探测仪，另一个位于远离控制探测仪处）是适当的，除此之外，没有更加合适的方法。应确认和考虑温度上升和下降的适宜性及灭菌时间。

在确认和重新确认的过程中，应提供基于加热分布图的清晰明了的操作说明。制定接受/拒绝的标准和高压灭菌锅的使用记录，包括每个循环的温度和时间，可以通过下列措施之一进行监控：应用热电偶和记录仪打印输出图表；直接观察最高的温度值和当时的时间。

除直接监控高压灭菌锅的温度外，还应使用化学或生物指示剂检查每个灭菌和消毒循环的效力。高压灭菌锅的记录带和指示条带只能说明一项工作已经进行，而不能证明完成了一个可以接受的循环。

④测定体积的设备。吸液管、自动分液器、移液管等。

在微生物实验室中经常会用到测定体积的设备，如自动分液器、分液器/稀释器、机械性的手动移液管和多功能移液管等。实验室应该对测定体积的设备进行最初的确证，之后定期检查以保证仪器按要求正常使用。对于具有一定性能范围的玻璃器皿，确证工作就不是必须的。应检查仪器设备的指定体积的准确度而不是固定体积（如在体积可变设备的不同设置），也应测定重复使用的精确度。

对于单独使用的多功能体积测定仪器，实验室应要求供应商提供一份相应的质量认可系统。经过初步的实用性确认后，建议随时对其进行准确度检查。如果公司无法提供质量认可系统，实验室应对设备的适用性进行检验。

⑤测量设备。温度计、计时器、天平、酸度计、菌落计数器等。

温度直接影响分析结果或对设备的正确性能来说是至关重要的，如安装在培养箱和高压灭菌锅上的液体玻璃温度计、热电偶适应器和铂电阻温度计。如需校准设备，则应遵循国家或国际有关的温度标准，精确度在允许范围内，被证明符合国家或国际生产规定者才可以工作，例如贮藏用电冰箱、制冰机、培养箱及水浴锅这类精确性可以在允许的温度范围内变动的设备。必须对此类设备进行性能测试。测重仪和天平应按国家规定及其使用目的在一定时间内进行校准。

⑥其他设备。定期检验传导计、氧气表、pH 计和其他类似仪器的性能，或在使用前对其进行性能检验。在合适的条件下贮存检验用缓冲液，并且标记有效期。如果湿度对于检验结果很重要，则要根据国内或国际标准对湿度计进行校准。定时器，包括高压消毒锅的定时器，须使用一个已经过校准的定时器或国内时间信号来进行确证。若检验步骤中使用离心机，应该评估离心力是否对检验有决定性作用，如果答案是肯定的，则需要校准离心机。

第二节　微生物实验室建设与配置

扫码"学一学"

一、无菌室的结构与要求

（一）无菌室的结构

无菌室一般为 4～5 m²、高 2.5 m 的独立小房间（与外间隔离），内部装修应平整、光滑，无凹凸不平或棱角等，四壁及屋顶应用不渗水的材质，以便于擦洗及杀菌。无菌室专辟于微生物实验室内，可以用板材和玻璃建造，其周围需要设有缓冲走廊，走廊旁再设缓冲间。缓冲室的面积可小于无菌室，另设有小窗，以备进入无菌间后传递物品。无菌室和缓冲室进出口应设拉门，门与窗平齐，窗户应为双层玻璃，并要密封，门缝也要封紧，两门应错开，以免空气对流造成污染；室内装备的换气设备必须有空气过滤装置，另需设有日光灯及消毒用的紫外灯，杀菌紫外灯离工作台以 1.0 m 为宜，其电源开关均应设在室外。在获得了无菌环境和无菌材料后，只有保持无菌状态，才能对某种特定的已知微生物进行研究。所以控菌能力和控菌稳定性是无菌室的核心验收指标。业内同行的验收标准为 100 级洁净区平板杂菌数平均菌落不得超过 1 个/皿，10 000 级洁净室平均菌落不得超过 3 个/皿。无菌室室内温度宜控制在 20～24 ℃，相对湿度 45%～60%。

（二）无菌室的使用要求

（1）无菌室应保持清洁整齐，工作后用消毒液拭擦工作台面，室内只能存放最必需的检验用具如酒精灯、酒精棉、火柴、镊子、接种针、接种环、玻璃铅笔等。室内检验用具及桌凳等位置保持固定，不随便移动。

（2）每隔 2～3 周时间，要用 2% 的石炭酸水溶液擦拭工作台、门、窗、桌、椅及地面，然后用甲醛加热或喷雾灭菌。

（3）无菌室使用前后应将门关紧，打开紫外线，如采用室内悬吊紫外灯消毒时，需30 W紫外灯，距离在1.0 m处，照射时间不少于30分钟，使用紫外灯，应注意不得直接在紫外线下操作，以免引起损伤，灯管每隔两周需用酒精棉球轻轻拭擦，除去上面灰尘和油垢，以减少紫外线穿透的影响。

二、食品微生物实验室常用仪器

显微镜、超净工作台、高压蒸汽灭菌器、培养箱、干燥箱、水浴箱、摇床、天平、离心机及其他。

（一）显微镜

显微镜的种类很多，在实验室中常用的有普通光学显微镜、暗视野显微镜、相差显微镜、荧光显微镜和电子显微镜等。而在食品微生物检验中最常用的还是普通光学显微镜。

显微镜的放大效能（分辨率）由所用光波长短和物镜数值口径决定，缩短使用的光波波长或增加数值口径可以提高分辨率，可见光的光波幅度比较窄，紫外光波长短可以提高分辨率，但不能用肉眼直接观察。所以利用减小光波长来提高光学显微镜分辨率是有限的，提高数值口径是提高分辨率的理想措施。要增加数值口径，可以提高介质折射率，当空气为介质时折射率为1，而香柏油的折射率为1.51，和载片玻璃的折射率（1.52）相近，这样光线可以不发生折射而直接通过载片、香柏油进入物镜，从而提高分辨率。显微镜总的放大倍数是目镜和物镜放大倍数的乘积，而物镜的放大倍数越高，分辨率越高。

（二）超净工作台

超净工作台是一种局部层流（平行流）装置，由3个最基本的部分组成，即高效空气过滤器、风机和箱体。它能在局部造成高洁净度的工作环境。其工作原理：室内新风经预过滤器送入风机，由风机加压进入高压箱，再经过高效过滤器除尘，洁净后通过均匀层，以层流状态均匀垂直向下进入操作区，或以水平层流状态通过操作区，同时上部狭缝中喷送出高速空气流，形成不受外界干扰的空气幕，从而可在操作时获得洁净的空气环境。由于洁净气流是匀速平行地向一个方向流动，空气没有涡流，故任何一点灰尘或附着在灰尘上的杂菌都很难向别处扩散转移，而只能就地排除掉。因此，洁净气流可以造就无菌环境。

（三）高压蒸汽灭菌器

高压蒸汽灭菌器的装置严密，输入蒸汽不外逸，温度随蒸汽压力增高而升高，当压力增至103～206 kPa时，温度可达121.3～132 ℃。高压灭菌法就是利用高压和高热释放的潜热进行灭菌，是目前可靠而有效的灭菌方法，适用于耐高温、高压，不怕潮湿的物品。高压蒸汽灭菌的关键问题是为热的传导提供良好条件，而其中最重要的是使冷空气从灭菌器中顺利排出。因为冷空气导热性差，阻碍蒸汽接触灭菌物品，并且还可减低蒸汽压力使之不能达到应有的温度。

（四）培养箱

亦称恒温箱，可根据所培养的菌类对生长温度的需要进行培养，使用方便可靠，是微生物实验室必备和常用的设备。

1. 普通培养箱　一般控制的温度范围为 5 ~ 65 ℃，又分为电热恒温培养箱和隔水式恒温培养箱。

2. 恒温恒湿箱　一般控制的温度范围为 5 ~ 50 ℃，控制的相对湿度范围为 50% ~ 90%。可作为霉菌培养箱。

3. 厌氧培养箱　适用于厌氧微生物的培养。

（五）干燥箱

也称干热灭菌器，其工作原理与培养箱相似，只是所用的温度较高。主要用途是供玻璃仪器消毒用。要消毒的玻璃器皿必须清洁、干燥，并包装好，放入干燥箱内，将门关紧。然后，按上电源，打开开关加热，使温度慢慢上升，当温度升至 60 ~ 80 ℃，开动鼓风机，使灭菌器内的温度均匀一致，到所要的温度（通常为 160 ~ 180 ℃）后维持一定的时间，通常为 1.5 ~ 2 小时，然后截断电源，待干燥箱内温度降至室温时方可将门打开（干燥箱内温度高于 60 ℃时不能将门打开取放器皿），取出灭菌物品。灭菌后的玻璃器皿上的棉塞或包扎纸略带淡黄色，而不应该烤焦。

（六）水浴箱

使用时必须先加水于水箱内，再接通电源，然后将温度选择开关拨向设置端，调节温度选择旋钮，同时观察数显读数，设定所需的温度值（精确到 0.1 ℃），当设置温度值超过水温时，加热指示灯亮，表明加热器已开始工作，此时将选择开关拨向测量端，数显即显示实际水温，在水温达到你所需水温时，恒温指示灯亮，加热指示灯熄灭。此时加热器停止工作，由于水箱内水是静止的，故水温上下之间有一定差异，需经过加热、恒温转换后水温才能恒定的状态。

（七）摇床

在制作液体菌种和进行微生物的液体培养时，必须使用摇床，也称为摇瓶机。摇床有往复式和旋转式两种，前者振荡频率为 80 ~ 120 次/分钟，振幅为 8 ~ 12 cm；后者振荡频率较高，为 220 次/分钟。往复式摇床因结构简单、运行可靠、维修方便而普遍使用。摇床可放在设有温度控制仪的温室内对菌种进行振荡培养。

（八）天平

天平主要用于称量化学药品。常用的托盘天平，称量 1000 g，感量 1.0 g；扭力天平，称量 100 g，感量 0.1 g；分析天平，称量 100 g，感量 0.1 ~ 1.0 mg。使用时严格按照仪器说明书进行操作。

（九）离心机

离心机是借离心力分离液相的设备。根据物质的沉降系数、质量、密度等的不同，应用强大的离心力使物质分离、浓缩和提纯的方法称之为离心。一般来说，离心机转速在 20 000 r/min 以上的称之为超速离心。离心机是根据物体转动发生离心力这一原理而制成的。在微生物实验室内，它用于沉淀细菌、分离血清和其他密度不同的材料。

（十）其他

1. 空气调节器　目前有条件的在菌种培养室、保存室内都安装空调器，利用空调器调节培养温度，从而为微生物的生长提供一个较理想的人工气候环境。

2. 电冰箱和冷藏箱　主要用于保藏菌种和其他物品，也是微生物实验室必备设备。目前它们的制冷方式几乎全是压缩式的，使用效率高、省电。按结构形式可分为单门、双门和多门，立式前开门和卧式上开门；按使用功能可分为冷藏式（0 ℃以上）、冷藏冷冻式（冷藏室 0 ~ 10 ℃，冷冻室 -18 ~ -6 ℃）。

3. 细菌滤器　又称滤器，是微生物实验室中不可缺少的一种仪器，可以用来去除糖溶液、血清、腹水、某些药物等不耐热液体中的细菌，也可用来分离病毒以及测定病毒颗粒的大小等。常用的滤器种类有蔡氏滤器、玻璃滤器以及滤膜滤器等。滤膜滤器由硝基纤维素制成薄膜，装于滤器上，其孔径大小不一，常用于除菌的为 0.22 μm。硝基纤维素膜的优点是本身不带电荷，故当液体滤过后，其中有效成分损失较少。蔡氏滤器由金属制成，中间夹石棉滤板，有石棉 K、EK、EK - S 三种，常用 EK 号除菌。玻璃滤器是用玻璃细砂加热压成小碟状，嵌于玻璃漏斗中，一般分为 G1、G2、G3、G4、G5、G6 六种，其中 G5、G6 可阻止细菌通过。

4. 冻干机　冻干机是用于冻干菌种、毒种补体、疫苗、药物等使用的机器，主要由干燥机、真空泵、压力计、真空度检验枪组成。冷冻真空干燥，即将保存的物质中水分直接升华而干燥。这样，微生物在冻干的状态下可以长期保存而不致失去活力。冷冻真空干燥机使用的方法如下：①首先检查冻干系统各部件连接是否严密，将干燥剂（氯化钙、硫酸钙、五氧化二磷等）盛放于干燥盘上；②将要冻干的物质，定量分装于无菌的安瓿内，每安瓿 0.1 ~ 0.5 mL，放于 -20 ℃以下的低温冰箱中迅速冷冻 10 ~ 30 分钟；③将已经冷冻的安瓿放在干燥剂上，关闭冻干机盖，打开抽气机连续抽气 6 ~ 8 小时，当压力降至 0.2 mmHg 以下时，干燥即告完毕，关闭抽气机；④取出干燥剂上的安瓿，存放于干燥器内待封口。将干燥后的安瓿取出 8 支安装在冻干机上的 8 个橡胶管上，打开抽气机约 10 ~ 30 分钟，安瓿内气压很快降至 0.2 mmHg 以后，用细火焰在安瓿的颈中央部位封口。如此连续进行干燥和封口；⑤封口的安瓿，再用真空度检查枪在其玻璃面附近检查，呈现蓝紫色荧光者，表示合格；⑥工作完后，将冻干机内的干燥剂取出，重新干燥备用。

以上是微生物实验室常用的仪器设备，管理者应确保将安全的实验室操作及程序融合到工作人员的基本培训中。安全措施方面的培训是新工作人员岗前培训的重要组成部分，应向工作人员介绍生物安全操作规范和实验室操作指南，包括安全手册或操作手册。实验室主管在对属下工作人员进行规范性实验室操作技术培训时起关键作用。

总之，培训和监督工作人员，加强设备仪器的妥善保养是必要的。不正常的任何设备，若出现过载或错误操作，或检测结果可疑，或设备缺陷，都应立即停用，同时食品微生物检验人员需要具备应对意外事故和突发事件的能力。

三、食品微生物实验室常用玻璃器皿

玻璃仪器品种繁多，根据国际标准分为八类。

（一）输送和截流装置

如玻璃接头、接口、阀门、塞、管和棒等。

（二）容器

如皿、瓶、烧杯、烧瓶、槽、试管等。

（三）基本操作仪器和装置

包括吸收、干燥、蒸馏、冷凝、分馏、蒸发、萃取、提纯、过滤、分液、搅拌、破碎、离心、气体发生、色谱、燃烧、燃烧分析等基本操作仪器和装置。

（四）测量器具

如流量、密度、压力、温度、表面张力等测量仪表以及量器、滴管、吸液管、注射器等。

（五）物理测量仪器

如测试颜色、光、密度、电参数、相变、放射性、分子质量、黏度、颗粒度等仪器。

（六）化学元素和化合物测定仪器

如砷、二氧化碳、元素分析、官能团分析、金属元素、硫、卤素和水等测定仪器。

（七）材料试验仪器

如气氛、爆炸物、气体、金属及矿物、矿物油、建筑材料、水质等测量仪器。

（八）食品、医药、生物分析仪器

如食品分析、血液分析、微生物培养、显微镜附件、血清和疫苗试验、尿化验等分析仪器。

食品微生物实验室应用的玻璃器材种类甚多，如吸管、试管、烧瓶、培养皿、培养瓶、毛细吸管、载玻片、盖玻片等，在采购时应注意各种玻璃器材的规格和质量，各类玻璃仪器按使用要求选用适宜的玻璃品种。

第三节 微生物实验室相关管理制度

一、实验室管理制度

（1）实验室应制定仪器配备、管理使用制度，药品管理、使用制度，玻璃器皿管理、使用制度，并根据安全制度和环境条件的要求，本室工作人员应严格掌握，认真执行。

（2）进入实验室必须穿工作服，进入无菌室换无菌衣、帽、鞋，戴好口罩，非实验室人员不得进入实验室，严格执行安全操作规程。

（3）实验室内物品摆放整齐，试剂定期检查并有明晰标签，仪器定期检查、保养、检修，严禁在冰箱内存放和加工私人食品。

（4）各种器材应建立请领消耗记录，贵重仪器有使用记录，破损遗失应填写报告；药品、器材、菌种不经批准不得擅自外借和转让，更不得私自拿出。

（5）禁止在实验室内吸烟、进餐、会客、喧哗，实验室内不得带入私人物品，离开实验室前认真检查水电，对于有毒、有害、易燃、污染、腐蚀的物品和废弃物品应按有关要求执行。

（6）负责人严格执行本制度，出现问题立即报告，造成病原扩散等责任事故者，应视情节直至追究法律责任。

扫码"学一学"

二、仪器配备、管理使用制度

（1）食品微生物实验室应具备下列仪器：培养箱、高压锅、普通冰箱、低温冰箱、厌氧培养设备、显微镜、离心机、超净台、振荡器、普通天平、千分之一天平、烤箱、冷冻干燥设备、匀质器、恒温水浴箱、菌落计数器、生化培养箱、电位 pH 计、高速离心机。

（2）实验室所使用的仪器、容器应符合标准要求，保证准确可靠，凡计量器具须经计量部门检定合格方能使用。

（3）实验室仪器安放合理，贵重仪器有专人保管，建立仪器档案，并备有操作方法、保养、维修、说明书及使用登记本，做到经常维护、保养和检查，精密仪器不得随意移动，若有损坏需要修理时，不得私自拆动、应写出报告、通知管理人员，由经理同意填报修理申请、送仪器维修部门。

（4）各种仪器（冰箱、温箱除外），使用完毕后要立即切断电源，旋钮复原归位，待仔细检查后，方可离去。

（5）一切仪器设备未经设备管理人员同意，不得外借，使用后按登记本的内容进行登记。

（6）仪器设备应保持清洁，一般应有仪器套罩。

（7）使用仪器时，应严格按操作规程进行，对违反操作规程的因管理不善致使器械损坏，要追究当事者责任。

三、药品管理、使用制度

（1）依据本室检测任务，制定各种药品试剂采购计划，写清品名、单位、数量、纯度、包装规格，出厂日期等，领回后建立账目，专人管理，每半年做出消耗表，并清点剩余药品。

（2）药品试剂陈列整齐，放置有序、避光、防潮、通风干燥，瓶签完整，剧毒药品加锁存放，易燃、挥发、腐蚀品种单独贮存。

（3）领用药品试剂，需填写请领单、由使用人和室负责人签字，任何人无权私自出借或馈送药品试剂，本单位科、室间或外单位互借时需经科室负责人签字。

（4）称取药品试剂应按操作规范进行，用后盖好，必要时可封口或黑纸包裹，不使用过期或变质药品。

四、玻璃器皿管理、使用制度

（1）根据测试项目的要求，申报玻璃仪器的采购计划、详细注明规格、产地、数量、要求，硬质中性玻璃仪器应经计量验证合格。

（2）大型器皿建立账目，每年清查一次，一般低值易耗器皿损坏后随时填写损耗登记清单。

（3）玻璃器皿使用前应除去污垢，并用清洁液或 2% 稀盐酸溶液浸泡 24 小时后，用清水冲洗干净备用。

（4）器皿使用后随时清洗，染菌后应严格高压灭菌，不得乱弃乱扔。

五、实验室生物安全管理制度

（1）进入实验室，工作衣、帽、鞋必须穿戴整齐。

（2）在进行高压、干燥、消毒等工作时，工作人员不得擅自离现场，认真观察温度、时间，蒸馏易挥发、易燃液体时，不准直接加热，应置水浴锅上进行，试验过程中如产生毒气时应在避毒柜内操作。

（3）严禁用口直接吸取药品和菌液，按无菌操作进行，如发生菌液、病原体溅出容器外时，应立即用有效消毒剂进行彻底消毒，安全处理后方可离开现场。

（4）工作完毕，两手用清水肥皂洗净，必要时可用新洁尔灭、过氧乙酸泡手，然后用水冲洗，工作服应经常清洗，保持整洁，必要时高压消毒。

（5）实验完毕，即时清理现场和实验用具，对染菌带毒物品，进行消毒灭菌处理。

（6）每日下班，尤其节假日前后认真检查水、电和正在使用的仪器设备，关好门窗，方可离去。

第四节　微生物实验室实验技术操作要求

扫码"学一学"

一、无菌操作要求

食品微生物实验室工作人员，必须有严格的无菌观念，许多试验要求在无菌条件下进行，主要原因：一是防止试验操作中人为污染样品；二是保证工作人员安全，防止检出的致病菌由于操作不当造成个人污染。

（1）接种细菌时必须穿工作服、戴工作帽。

（2）进行接种食品样品时，必须穿专用的工作服、帽及拖鞋，应放在无菌室缓冲间，工作前经紫外线消毒后使用。

（3）接种食品样品时，应在进无菌室前用肥皂洗手，然后用75%酒精棉球将手擦干净。

（4）进行接种所用的吸管、平皿及培养基等必须经消毒灭菌，打开包装未使用完的器皿，不能放置后再使用，金属用具应高压灭菌或用95%乙醇点燃灼烧三次后使用。

（5）从包装中取出吸管时，吸管尖部不能触及外露部位，使用吸管接种于试管或平皿时，吸管尖不得触及试管或平皿边。

（6）接种样品、转种细菌必须在酒精灯前操作，接种细菌或样品时，吸管从包装中取出后及打开试管塞都要通过火焰消毒。

（7）接种环和针在接种细菌前应经火焰灼烧全部金属丝，必要时还要烧到环和针与杆的连接处，接种结核菌和烈性菌的接种环应在沸水中煮沸5分钟，再经火焰灼烧。

（8）吸管吸取菌液或样品时，应用相应的橡皮头吸取，不得直接用口吸。

二、无菌间使用要求

（1）无菌间通向外面的窗户应为双层玻璃，并要密封，不得随意打开，并设有与无菌间大小相应的缓冲间及推拉门，另设有 0.5 ~ 0.7 m² 的小窗，以备进入无菌间后传递物品。

（2）无菌间内应保持清洁，工作后用 2% ~ 3% 煤酚皂溶液消毒，擦拭工作台面，不得存放与实验无关的物品。

（3）无菌间使用前后应将门关紧，打开紫外灯，如采用室内悬吊紫外灯消毒时，需 30 W 紫外灯，距离在 1.0 m 处，照射时间不少于 30 分钟，使用紫外灯，应注意不得直接在紫外线下操作，以免引起损伤，灯管每隔两周需用酒精棉球轻轻擦拭，除去上面灰尘和油垢，以减少紫外线穿透的影响。

（4）处理和接种食品标本时，进入无菌间操作，不得随意出入，如需要传递物品，可通过小窗传递。

（5）在无菌间内如需要安装空调时，则应有过滤装置。

三、消毒灭菌要求

微生物检测用的玻璃器皿、金属用具及培养基、被污染和接种的培养物等，必须经灭菌后方能使用。

（一）干热和湿热高压蒸汽锅灭菌方法

1. 灭菌前准备

（1）所有需要灭菌的物品首先应清洗晾干，玻璃器皿如吸管、平皿用纸包装严密，如用金属筒应将上面通气孔打开。

（2）装培养基的锥形瓶塞，用纸包好，试管盖好盖，注射器须将管芯抽出，用纱布包好。

2. 装放

（1）干热灭菌器 装放物品不可过挤，且不能接触箱的四壁。

（2）大型高压蒸汽锅 放置灭菌物品分别包扎好，直接放入消毒筒内，物品之间不能过挤。

3. 设备检查

（1）检查门的开关是否灵活，橡皮圈有无损坏，是否平整。

（2）检查压力表蒸汽排尽时是否停留在零位，关好门和盖，通蒸汽或加热后，观察是否漏气，压力表与温度计所标示的状况是否吻合，管道有无堵塞。

（3）对有自动电子程序控制装置的灭菌器，使用前应检查规定的程序，是否符合于进行灭菌处理的要求。

4. 灭菌处理

（1）干热灭菌法 此法适应于在干热情况下，不损坏、不变质、不蒸发的物品、较常用于玻璃器皿、金属制品、陶瓷制品等的灭菌。①器械器皿应清洗后再干烤，以防附着在表面的污物炭化。②灭菌时安放物品不能过挤，不要直接接触底和箱壁，物品之间留有空隙。③灭菌时将箱门关紧，接上电源，先将排气孔打开约 30 分钟，排除灭菌器中的冷空气，温度升至 160 ℃调节指示灯，维持 1.5 ~ 2 小时。灭菌完毕后或温度升温过程中，须在 60 ℃以下才能打开箱门。

（2）手提式高压锅或立式压力蒸汽灭菌器　其使用应按下列步骤进行：①手提式高压锅在主体内加入3 L清水，立式高压锅加水16 L（重复使用时应将水量补足，水变浑浊需更换）。②手提式压力锅将顶盖上的排气管插入消毒桶内壁的方管中（无软管或软管锈蚀破裂的灭菌器不得使用）。盖好顶盖拧紧，勿使漏气；置灭菌器于火源上加热，立式压力锅通上电源，并打开顶盖上的排气阀放了冷气（水沸腾后排气10～15分钟）。③关闭排气阀，使蒸汽压上升到规定要求，并维持规定时间（按灭菌物品性质与有关情况而定）。达到规定时间后，对需干燥的物品，立即打开排气阀排出蒸汽，待压力恢复到零时，自然冷却至60 ℃后开盖取物，如为液体物品，不要打开排气阀，而应立即将锅去除热源，待自然冷却，压力恢复至零，温度降到60 ℃以下再开盖取物，以防突然减压液体剧烈沸腾或容器爆破。

（3）卧式压力锅蒸汽灭菌器　其使用按下列步骤进行：①关紧锅门，打开进气阀，将蒸汽引入夹层进行预热，夹层内冷空气经阻气器自动排出。②夹层达到预定温度后，打开锅室进气阀，将蒸汽引入锅室，锅室内冷空气经锅室阻气器自动排出，待锅室达到规定的压力与温度时，调节进气阀，使之保持恒定。③自然或人工降温至60 ℃再开门取物，不得使用快速排出蒸汽法，以防突然降压，液体剧烈沸腾或容器爆破。④使用自动程序控制式压力蒸汽灭菌器，在放好物品关紧门后，应根据物品类别按动相应开关，以便按要求程序自动进行灭菌，灭菌时必须利用附设仪表记录温度与时间以备查，操作要求应严格按照厂家说明书进行。

5. 灭菌温度与时间

（1）干热灭菌条件　灭菌温度160 ℃，1.5～2小时。

（2）湿热灭菌条件　通常采用121 ℃、15分钟或116 ℃、40分钟的程序，也可采用其他温度和时间参数。

（二）间歇灭菌方法

1. 灭菌方法　系利用不加压力的蒸汽灭菌，某些物质经高压蒸汽灭菌容易破坏，可用此法灭菌。

（1）将欲灭菌物品置于锅内，盖上顶盖，打开排水口，使器内余水排尽。

（2）关闭排水口，打开进气门，根据需要消毒10～20分钟。

（3）灭菌完毕关闭进气门，取出物品待冷至室温温度，放入37 ℃温箱过夜，次日仍按上述方法消毒，如此三次，即可达到灭菌目的。

2. 血清凝固器使用方法　培养基中含有血清或鸡蛋特殊成分时，因高热会破坏其营养成分，故用低温，可使血清凝固，又可达到灭菌目的。

（1）在使用该法灭菌的血清等分装时，需严格遵守无菌操作，试管、平皿也经灭菌后使用。

（2）将培养基按要求使成斜面或高层，加足水后，接上电源，升温75～90 ℃、1小时灭菌，放37 ℃温箱过夜，再如此灭菌三次。

3. 煮沸消毒　可用煮锅或煮沸消毒器，水沸腾后再煮5～15分钟，也可在水中加入2%石炭酸煮沸5分钟，加入0.02%甲醛，80 ℃煮60分钟均可达到灭菌目的，但选用煮沸消毒的增消剂时，应注意对物品的腐蚀性。

4. 灭菌处理　灭菌后物品，按正常情况已属无菌，从灭菌器中取出应仔细检查放置，以免再度污染。

（1）物品取出，随即检查包装的完整性，若有破坏或棉塞脱掉，不可作为无菌物品使用。

（2）取出的物品，如为包装有明显的水浸者，不可作为无菌物品使用。

（3）培养基或试剂等，应检查是否符合达到灭菌后的色泽或状态，未达到者应废弃。

（4）启闭式容器，在取出时应将筛孔关闭。

（5）取出的物品掉落在地或误放不洁之处，或沾有水液，均视为受到污染，不可作为无菌物品使用。

（6）取出的合格灭菌物品，应存放于贮藏室或防尘柜内，严禁与未灭菌物品混放。

（7）凡属合格物品，应标有灭菌日期及有效期限。

（8）每批灭菌处理完成后，记录灭菌品名、数量、温度、时间、操作者。

四、有毒有菌污物处理要求

微生物实验所用实验器材、培养物等未经消毒处理，一律不得带出实验室。

（1）经培养的污染材料及废弃物应放在严密的容器或铁丝筐内，并集中存放在指定地点，待统一进行高压灭菌。

（2）经微生物污染的培养物，必须经 121 ℃、30 分钟高压灭菌。

（3）染菌后的吸管，使用后放入 5% 煤酚皂溶液或石炭酸液中，最少浸泡 24 小时（消毒液体不得低于浸泡的高度）再经 121 ℃、30 分钟高压灭菌。

（4）涂片染色冲洗片的液体，一般可直接冲入下水道，烈性菌的冲洗液必须冲在烧杯中，经高压灭菌后方可倒入下水道，染色的玻片放入 5% 煤酚皂溶液中浸泡 24 小时后，煮沸洗涤。做凝集试验用的玻片或平皿，必须高压灭菌后洗涤。

（5）打碎的培养物，立即用 5% 煤酚皂溶液或石炭酸液喷洒和浸泡被污染部位，浸泡半小时后再擦拭干净。

污染的工作服或进行烈性试验所穿的工作服、帽、口罩等，应放入专用消毒袋内，经高压灭菌后方能洗涤。

五、培养基制备要求

培养基制备的质量将直接影响微生物生长。因为各种微生物对其营养要求不完全相同，培养目的的不同，各种培养基制备要求如下。

（1）根据培养基配方的成分按量称取，然后溶于蒸馏水中，在使用前对应用的试剂药品应进行质量检验。

（2）pH 测定要在培养基冷至室温时进行，因在热或冷的情况下，其 pH 有一定差异，当测定好时，按计算量加入碱或酸混匀后，应再测试一次。培养基 pH 一定要准确，否则会影响微生物的生长或影响结果的观察。但需注意因高压灭菌可影响一些培养基的 pH 降低或升高，故不宜灭菌压力过高或次数太多，以免影响培养基的质量，指示剂、去氧胆酸钠、琼脂等一般在调完 pH 后再加入。

（3）培养基需保持澄清，便于观察细菌的生长情况，培养基加热煮沸后，可用脱脂棉花或绒布过滤，以除去沉淀物，必要时可用鸡蛋白澄清处理，所用琼脂条要预先洗净晾干后使用，避免因琼脂含杂质而影响透明度。

（4）盛装培养基不宜用铁、铜等容器，使用洗净的中性硬质玻璃容器为好。

（5）培养基的灭菌既要达到完全灭菌目的，又要注意不因加热而降低其营养价值，一般 121 ℃、15 分钟即可，如为含有不耐高热物质的培养基如糖类、血清、明胶等，则应采用低温灭菌或间歇法灭菌，一些不能加热的试剂如亚碲酸钾、卵黄、抗菌素等，待基础琼脂高压灭菌后凉至 50 ℃左右再加入。

（6）每批培养基制备好后，应做无菌生长试验及所检菌株生长试验。如果是生化培养基，使用标准菌株接种培养，观察生化反应结果，应呈正常反应，培养基不应贮存过久，必要时可置 4 ℃冰箱存放。

（7）目前各种干燥培养基较多，每批需用标准菌株进行生长试验或生化反应观察，各种培养基用相应菌株生长试验良好后方可应用，新购进的或存放过久的干燥培养基，在配制时也应测 pH，使用时需根据产品说明书用量和方法进行。

（8）每批制备的培养基所用化学试剂、灭菌情况及菌株生长试验结果、制作人员等应做好记录，以备查询。

六、样品采集及处理要求

（1）所采集的检验样品一定要具有代表性，采样时应首先对该批食品原料、加工、运输、贮藏方法、条件、周围环境卫生状况等进行详细调查，检查是否有污染源存在。

（2）根据食品的种类及数量，采样数量及方法应按标准检验方法的要求进行。

（3）采样应注意无菌操作，容器必须灭菌，避免环境中微生物污染，容器不得使用煤酚皂溶液，用新洁尔灭、乙醇等消毒药物灭菌，更不能含有此类消毒药物或抗生素类药物，以避免杀死样品中的微生物，所用剪、刀、匙用具也需灭菌方可应用。

（4）样品采集后应立即送往实验室进行检验，送检过程中一般不超过 3 小时，如路程较远，可保存在 1~5 ℃环境中，如需冷冻者，则在冻存状态下送检。

（5）实验室收到样品后，进行登记（样品名称、送检单位、数量、日期、编号等），观察样品的外观，如果发现有下列情况之一者，可拒绝检验。

①样品经过特殊高压、煮沸或其他方法杀菌者，失去代表原食品检验意义者。

②瓶、袋装食品已启开者，熟肉及其制品、熟禽等食品已折碎不完整者，即失去原食品形状者（食物中毒样品除外）。

③按规定采样数量不足者。

对送检符合要求的样品，实验室收到后，应立即进行检验，如果条件不具备，应置 4 ℃冰箱存放，及时准备创造条件，然后进行检验。

（6）样品检验时，根据其不同性状，进行适当处理。

①液体样品接种时，应充分混合均匀，按量吸取进行接种。

②固体样品用灭菌刀、剪取其不同部位共 25 g，置于 225 mL 灭菌生理盐水或其他溶液中，用均质器搅碎混匀后，按量吸取接种。

③瓶、袋装食品应用灭菌操作启开，根据性状选择上述方法处理后接种。

七、样品检验、记录和报告的要求

（1）实验室收到样品后，首先进行外观检验，及时按照国家标准检验方法进行检验，检验过程中要认真、负责、严格进行无菌操作，避免环境中微生物污染。

（2）样品检验过程中所用方法、出现的现象和结果等均要用文字写出试验记录，以作为对结果分析、判定的依据，记录要求详细、清楚、真实、客观、不得涂改和伪造。

? 思考题

1. 洗涤玻璃仪器的一般程序是什么？

2. 湿热灭菌比干热灭菌效率高的原因是什么？

3. 消毒和灭菌的区别是什么？

4. 果汁、牛乳等饮料常用什么方法消毒？

5. 制作棉塞时，如何判断棉塞松紧是否合适？

扫码"练一练"

（赵玉娟）

第三章　食品微生物检验基本技能

扫码"学一学"

第一节　显微镜和显微镜使用技术

一、实验原理

显微镜包括普通光学显微镜、相差显微镜、暗视野显微镜、荧光显微镜和电子显微镜等。

微生物个体微小，难以用肉眼观察其形态结构，只有借助于显微镜，才能对它们进行研究和利用。普通光学显微镜是一种精密的光学仪器，是观察微生物最常用的工具。一台显微镜的性能良好与否不仅仅决定于其放大率，还与物像观察时的明晰程度有关。

二、普通光学显微镜的构造

普通光学显微镜的构造可分为两大部分：机械装置和光学系统，这两部分很好地配合，才能发挥显微镜的作用。

（一）显微镜的机械装置

显微镜的机械装置包括镜座、镜臂、镜筒、转换器、载物台、推动器、粗调节器（粗调螺旋）和细调节器（微调螺旋）等部件。

（二）显微镜的光学系统

显微镜的光学系统由反光镜、聚光器、物镜、目镜等组成，光学系统使标本物像放大，形成倒立的放大物像。

三、实验材料与试剂

制片标本、香柏油、二甲苯。

四、实验器具

普通光学显微镜、载玻片、盖玻片、接种环、酒精灯、擦镜纸、吸水纸。

五、实验操作

（1）置显微镜于平稳的实验台上，镜座距实验台边沿约 3～5 cm。

（2）接通电源，打开主开关。

（3）调节光源，使视野内的光线均匀，亮度适宜，便于观察。

（4）低倍镜观察。待观察的标本需先用低倍镜观察，发现目标和确定观察的位置。

（5）高倍镜观察。将高倍镜转至正下方，在转换物镜时，需用眼睛在侧面观察，避免镜头与载玻片相撞。然后由目镜观察，并仔细调节光圈，使光线的明亮度适宜，同时用粗调节器慢慢升起镜筒至物像出现后，再用细调节器调节至物像清晰为止，找到最适宜观察的部位后，将此部位移至视野中心。

（6）油镜观察。高倍镜下找到清晰的物像后转换油镜，在标本中央滴一滴香柏油，将油镜镜头浸入香柏油中，细调至看清物像为止。如果油镜离开油面仍未见物像，必须再将油镜降下，重复操作直至物像清晰为止。

（7）另换新片，必须从第（4）步骤开始操作。

（8）观察完毕，降低载物台，先用擦镜纸擦去镜头上的香柏油，再用擦镜纸沾取少量二甲苯擦去残留的香柏油，最后立即用擦镜纸擦去镜头上残留的二甲苯，防止对镜头的损伤。

（9）将物镜镜头转成"八"字形。

（10）将显微镜置干燥通风处，并避免阳光直射。

六、注意事项

（1）搬动显微镜时，要一手握镜臂，一手扶镜座，两上臂紧靠胸壁。切勿一手斜提，前后摆动，以防镜头或其他零件跌落。

（2）观察标本时，显微镜离实验台边缘应保持一定距离（5 cm），以免显微镜翻倒落地。

（3）使用前应将镜身擦拭一遍、用擦镜纸将镜头擦净，切不可用手指擦抹。

（4）使用时如发现显微镜操作不灵活或有损坏，不要擅自拆卸修理，应立即报告指导教师处理。

（5）使用时，必须先低倍镜再高倍镜，最后用油镜。

（6）观察时，镜检者姿势要端正，一般用左眼观察，右眼便于绘图或记录，两眼必须同时睁开，以减少疲劳，亦可练习左右眼均能观察。

（7）使用油镜观察样品后，立即用二甲苯将油镜镜头和载玻片擦净，以防其他的物镜玻璃上沾上香柏油。二甲苯有毒，使用后马上洗手。

扫码"学一学"

第二节　培养基的制备

一、实验原理

培养基是微生物的食物。正确掌握培养基的配制方法是从事微生物学实验工作的重要基础。培养基是按照微生物生长发育的需要，用不同组分的营养物质调制而成的营养基质。人工制备培养基的目的，在于给微生物创造一个良好的营养条件。把一定的培养基放入一定的器皿中，就提供了人工繁殖微生物的环境和场所。

自然界中，微生物种类繁多，由于微生物具有不同的营养类型，对营养物质的要求也各不相同，加之实验和研究上的目的不同，所以培养基在组成原料上也各有差异。但是，不同种类和不同组成的培养基中，均应含有满足微生物生长所需的水、碳源、氮源、能源、无机盐和生长因子。此外，培养基还应具有适宜的酸碱度（pH）和一定缓冲能力及一定的氧化还原电位和合适的渗透压。

有时培养基中加入吐温-80（Tween-80，聚氧乙烯脱水山梨醇单油酸酯，简称聚山梨酯-80），以降低培养基的表面张力，从而使细胞有毒代谢产物如乳酸等能顺利排出体外，刺激生长。有机酸、蛋白质、醇等都能降低表面张力。

有时为了观察代谢过程中的酸度变化，常常加入酸碱指示剂。常用的指示剂的变色范围：酚红：pH 6.8~8.4，从黄变红；甲基红：pH 4.2~6.2，从红变黄；中性红：pH 6.8~8.0，从红变黄；溴麝香草酚蓝：pH 6.0~7.6，从黄变蓝。

根据制备培养基对所选用的营养物质的来源，可将培养基分为天然培养基、半合成培养基和合成培养基三类。按照培养基的形态可将培养基分为液体培养基和固体培养基。根据培养基使用目的，可将培养基分为选择培养基、加富培养基及鉴别培养基等。培养基的类型和种类是多种多样的，必须根据不同的微生物和不同的目的选择配制。

固体培养基在微生物分离、鉴定中占有重要地位。固体培养基是在液体培养基中添加凝固剂制成的，常用的凝固剂有琼脂、明胶和硅酸钠，其中以琼脂最为常用，其主要成分为多糖类物质，性质较稳定，一般微生物不能分解，故用凝固剂而不致引起化学成分变化。琼脂在95℃的热水中才开始溶化，溶化后的琼脂冷却到45℃才重新凝固。因此用琼脂制成的固体培养基在一般微生物的培养温度范围（25~37℃）内不会溶化而保持固体状态。

二、实验材料与试剂

待配各种培养基的组成成分、琼脂。

1 mol/L NaOH 溶液、1 mol/L HCl 溶液。

三、实验器具

移液管、试管、烧杯、量筒、锥形瓶、培养皿、玻璃漏斗、药匙、称量纸、pH 试纸、记号笔、棉花、纱布、线绳、塑料试管盖、牛皮纸、报纸等。

四、实验操作

(一) 液体培养基的配制

1. 称量 先按培养基配方计算各成分的用量，然后进行准确称量，依次把各成分加入烧杯中。一般可用 1/100 粗天平称量培养基所需的各种药品。

2. 溶化 烧杯中先加入所需水量的 2/3 左右 (根据实验需要可用自来水或蒸馏水)，用玻璃棒慢慢搅动，加热溶解。

3. 调 pH 培养基溶解并冷却至室温后用 pH 试纸测定培养基的 pH。培养基偏酸或偏碱时，可用 1 mol/L NaOH 或 1 mol/L HCl 溶液进行调节。调节 pH 时，应逐滴加入 NaOH 或 HCl 溶液，防止局部过酸或过碱，破坏培养基中成分。边加边搅拌，并不时用 pH 试纸测试，直至达到所需 pH 为止。如果培养基配方为自然 pH 时，不用酸碱调节。

4. 定容 调节 pH 后倒入一量筒中，加水至所需体积。

5. 过滤 用滤纸或多层纱布过滤培养基。一般无特殊要求时，此步可省去。

6. 分装 将配制好的培养基根据实验要求分装于锥形瓶或试管中。分装量一般锥形瓶不超过其容积的一半，试管以试管高度的 1/4 左右。分装时，注意不要使培养基黏附管口或瓶口，以免浸湿棉塞引起杂菌污染。

7. 包扎、灭菌 将分装好的培养基塞上棉塞，在瓶口包牛皮纸或双层报纸，用棉绳捆扎。注明培养基的名称、配制时间等并及时放入高压灭菌锅中 121 ℃、20 分钟灭菌。

(二) 固体斜面培养基的配制

1. 称量至过滤步骤 按照液体培养基的配制方法 1～5 步骤操作。

2. 加琼脂溶化 称取 1.5%～2.0% 的琼脂粉加入配制好的液体培养基中，加热溶化至沸腾。加热中要注意控制火力，防止培养基溢出，同时不断用玻璃棒搅动，防止培养基烧焦，最后补充所失水分。

3. 分装 将配制好的固体培养基分装于试管中。分装量为试管高度的 1/5～1/4 为宜。分装时，注意不要使培养基黏附管口，以免浸湿棉塞引起杂菌污染。操作中，应快速，以防培养基凝固。

4. 包扎、灭菌 将分装好的培养基塞上棉塞，在瓶口包牛皮纸或双层报纸，用棉绳捆扎。注明培养基的名称、配制时间等并及时放入高压灭菌锅中 121 ℃、20 分钟灭菌。

5. 摆斜面 高温高压灭菌完成后，当温度降至 55 ℃ 左右，趁热将培养基试管放于玻璃棒或移液管上，调整斜度使其培养基斜面不超过试管长度的 1/2。待斜面凝固后使用。

(三) 固体平板培养基的配制

1. 称量至过滤步骤 按照液体培养基的配制方法 1～5 步骤操作。

2. 加琼脂溶化 称取 1.5%～2.0% 的琼脂粉加入配制好的液体培养基中，加热溶化至沸腾。加热中要注意控制火力，防止培养基溢出，同时不断用玻璃棒搅动，防止培养基烧焦，最后补充所失水分。

3. 分装 将配制好的固体培养基分装于锥形瓶中。分装量为锥形瓶容积的 1/3～1/2 为宜。分装时，注意不要使培养基黏附瓶口，以免浸湿棉塞引起杂菌污染。操作中，应快速，以防培养基凝固。

4. 包扎、灭菌　将分装好的培养基塞上棉塞，在瓶口包牛皮纸或双层报纸，用棉绳捆扎。注明培养基的名称、配制时间等并及时放入高压灭菌锅中 121 ℃、20 分钟灭菌。

5. 倒平板　高温高压灭菌完成后，当温度降至 55 ℃左右，进入无菌室倒平板。

（四）半固体培养基的配制

同固体培养基的配制方法，只是琼脂粉的添加量减为 0.3% ~ 0.6%。

五、注意事项

（1）培养基成分的称取。培养基的各种成分必须精确称取并要注意防止错乱。最好一次完成，不要中断。可将配方置于旁侧，每称完一种成分即在配方上做出记号，并将所需称取的药品一次取齐，置于左侧，每种称取完毕后，即移放于右侧。完全称取完毕后，还应进行一次检查。

（2）称量药品的药匙不要混用，以防污染药品，称完药品后应及时盖紧瓶盖。

（3）待培养基溶解冷却后再调节 pH。

（4）加热溶化过程中，要不断搅拌，加热过程中所蒸发的水分应补足。

（5）所用器皿要洁净，勿用铜质和铁质器皿。

（6）分装培养基时，注意不得使培养基在瓶口或管壁上端沾染，以免引起杂菌污染。

（7）培养基的灭菌时间和温度，需按照各种培养基的规定进行，以保证杀菌效果和不损失培养基的必要成分，培养基灭菌后，必须放在 37 ℃温箱培育 24 小时，无菌生长方可使用。

（8）灭菌后制作斜面与平板的培养基温度不宜太高，一般在 60 ℃左右，否则培养基表面冷凝水过多，影响微生物的培养和分离。

第三节　玻璃器皿的洗涤、包扎与灭菌

一、实验原理

玻璃器皿是微生物实验中必不可少的重要用具，为确保实验顺利地进行，要求把实验所用的玻璃器皿清洗干净。为保持灭菌后无菌状态，需要对培养皿、吸管等进行包扎，对试管和锥形瓶等加塞棉塞。这些工作看起来很普通简单，但若操作不当或不按操作规定去做，则会影响实验结果，甚至会导致实验的失败。

二、实验材料与试剂

去污粉、相应的洗涤液。

三、实验器具

高压蒸汽灭菌锅、试管、锥形瓶、培养皿、移液管、棉线、纱布、棉花、牛皮纸、报纸等。

扫码"学一学"

四、实验操作

（一）玻璃器皿的洗涤

1. 新购的玻璃器皿的洗涤　将器皿放入2%盐酸溶液中浸泡数小时，以除去游离的碱性物质，最后用流水冲净。

对容量较大的器皿，如大烧瓶、量筒等，洗净后注入浓盐酸少许，转动容器使其内部表面均沾有盐酸，数分钟后倾去盐酸，再以流水冲净，倒置于洗涤架上晾干，即可使用。

2. 常用旧玻璃器皿的洗涤　确实无病原菌或未被带菌物污染的器皿，使用前后，可按常规用洗衣粉水进行刷洗；吸取过化学试剂的吸管，先浸泡于清水中，待到一定数量后再集中进行清洗。

3. 带菌玻璃器皿的洗涤　凡实验室用过的菌种以及带有活菌的各种玻璃器皿，必须经过高温灭菌或消毒后才能进行刷洗。

（1）带菌培养皿、试管、锥形瓶等物品，做完实验后放入消毒桶内，用0.1 MPa灭菌20～30分钟后再刷洗。含菌培养皿的灭菌，底盖要分开放入不同的桶中，再进行高压灭菌。

（2）带菌的吸管、滴管，使用后不得放在桌子上，立即分别放入盛有3%～5%来苏尔或5%石炭酸或0.25%新洁尔灭溶液的玻璃缸（筒）内消毒24小时后，再经0.1 MPa灭菌20分钟后，取出冲洗。

（3）带菌载玻片及盖玻片，使用后不得放在桌子上，立即分别放入盛有3%～5%来苏尔或5%石炭酸或0.25%新洁尔灭溶液的玻璃缸（筒）内消毒24小时后，用夹子取出经清水冲干净。

新购置的载玻片，先用2%盐酸浸泡数小时，冲去盐酸。再放浓洗液中浸泡过夜，用自来水冲净洗液，浸泡在蒸馏水中或擦干装盒备用。

如用于细菌染色的载玻片，要放入50 g/L肥皂水中煮沸10分钟，然后用肥皂水洗，再用清水洗干净。最后将载玻片浸入95%乙醇中片刻，取出用软布擦干，或晾干，保存备用。

若用皂液不能洗净的器皿，可用洗液浸泡适当时间后再用清水洗净。

（二）玻璃器皿的晾干或烘干

1. 不急用的玻璃器皿　可放在实验室中自然晾干。

2. 急用的玻璃器皿　把器皿放在托盘中（大件的器皿可直接放入烘箱中），再放入烘箱内，用80～120℃烘干，当温度下降到60℃以下再打开取出器皿使用。

（三）玻璃器皿的包扎

要使灭菌后的器皿仍保持无菌状态，需在灭菌前进行包扎。

1. 培养皿　洗净的培养皿烘干后每10套（或根据需要而定）叠在一起，用牢固的纸卷成一筒，或装入特制的铁桶中，然后进行灭菌。

2. 移液管　洗净、烘干后的移液管，在吸口的一头塞入少许脱脂棉花，以防在使用时造成污染。塞入的棉花量要适宜，多余的棉花可用酒精灯火焰烧掉。每支吸管用一条宽约4～5 cm的纸条，以30°～50°的角度螺旋形卷起来，吸管的尖端在头部，另一端用剩余的纸条打成一结，以防散开，标上容量，若干支吸管包扎成一束进行灭菌。使用时，从吸管中间拧断纸条，抽出试管。

3. 试管和锥形瓶 试管和锥形瓶都需要做合适的棉塞，棉塞可起过滤作用，避免空气中的微生物进入容器。制作棉塞时，要求棉花紧贴玻璃壁，没有皱纹和缝隙，松紧适宜。过紧易挤破管口和不易塞入；过松易掉落和污染。棉塞的长度不小于管口直径的 2 倍，约 2/3 塞进管口。

目前，国内已开始采用塑料试管塞，可根据所用的试管的规格和试验要求来选择和采用合适的塑料试管塞。

若干支试管用绳扎在一起，在棉花部分外包裹油纸或牛皮纸，再用绳扎紧。锥形瓶加棉塞后单个用油纸包扎。

（四）玻璃器皿的灭菌

1. 干热灭菌 灭菌物品放入干热灭菌箱灭菌专用的铁盒内，关好箱门，160～170 ℃维持 2 小时。灭菌结束后，关闭电源，自然降温至 60 ℃，打开箱门，取出物品放置备用。

2. 高温高压蒸汽灭菌 将包好的玻璃器皿放入高温高压蒸汽灭菌锅中，121 ℃、20 分钟灭菌。

五、注意事项

（1）含有致病菌的玻璃器皿，应先浸在 5% 的石炭酸溶液内或高温高压灭菌后再洗涤。

（2）用过的器皿应立即清洗。

（3）移液管洗涤后要塞脱脂棉再进行包扎、灭菌。

扫码"学一学"

第四节　灭菌与消毒技术

一、实验原理

灭菌是用物理或化学的方法来杀死或除去物品上或环境中的所有微生物。消毒是用物理或化学的方法杀死物体上绝大部分微生物（主要是病原微生物和有害微生物）。消毒实际上是部分灭菌。

高压蒸汽灭菌是将待灭菌的物品放在一个密闭的加压灭菌锅内，通过加热使灭菌锅隔套间的水沸腾而产生蒸汽。待水蒸气急剧地将锅内的冷空气从排气阀中驱尽，然后关闭排气阀，继续加热，此时由于蒸汽不能溢出，而增加了灭菌器内的压力，从而使沸点升高，得到高于 100 ℃ 的温度，导致菌体蛋白质凝固变性而达到灭菌的目的。适用于一般培养基、玻璃器皿、无菌水、金属用具。一般培养基在 121.3 ℃灭菌 15～30 分钟即可。时间的长短可根据灭菌物品种类和数量的不同而有所变化、以达到彻底灭菌为准。这种灭菌适用于培养基、工作服、橡皮物品等的灭菌。

干热灭菌是利用高温使微生物细胞内的蛋白质凝固变性而达到灭菌的目的。细胞内的蛋白质凝固性与其本身的含水量有关，在菌体受热时，当环境和细胞内含水量越大，则蛋白质凝固就越快，反之含水量越小，凝固缓慢。因此，与湿热灭菌相比，干热灭菌所需温度高（160～170℃），时间长（1～2 小时）。但干热灭菌温度不能超过 180℃，否则，包器皿的纸或棉塞就会烤焦，甚至引起燃烧，因而一般塑料制品不能用于干热灭菌。

化学药品消毒灭菌法是应用能杀死微生物的化学制剂进行消毒灭菌的方法。实验室桌面、用具以及洗手用的溶液均常用化学药品进行消毒灭菌。

二、实验器具

高温高压蒸汽灭菌锅、电热烘箱。

三、实验操作

（一）高温高压蒸汽灭菌

（1）检查水位、添加蒸馏水。

（2）放入待灭菌的物品。

（3）设定程序，121℃，15～30 分钟。

（4）降温、降压，直到降为"0"。

（5）取出灭好菌的物品。

（6）无菌检验。

灭菌培养基放入 37℃恒温培养箱中培养 24 小时，检验有无杂菌生长。

（二）干热灭菌

1. 火焰灼烧灭菌　火焰灼烧灭菌适用于接种环、接种针和金属用具如镊子等，无菌操作时的试管口和瓶口也在火焰上作短暂灼烧灭菌。

2. 热空气灭菌

（1）装入待灭菌物品　将包好的待灭菌物品（培养皿、试管、吸管等）放入电烘箱内，关好箱门。

（2）设定温度　通过数显板设定温度为 160～170℃，之后开始升温。

（3）恒温　当温度升到 160～170℃时，持续温度 1～2 小时。

（4）降温　切断电源、自然降温。

（5）开箱取物　待电烘箱内温度降到 70℃以下后，打开箱门，取出灭菌物品。

（三）化学药品消毒

常用的有 2% 煤酚皂溶液（来苏尔）、0.25% 新洁尔灭、1% 升汞、3%～5% 的甲醛溶液、75% 乙醇溶液等。

四、注意事项

（1）干热灭菌时灭菌物品不能堆得太满、太紧，以免影响温度均匀上升。

（2）电烘箱内温度未降到 70℃以前，切勿自行打开箱门，以免骤然降温导致玻璃器皿炸裂。

（3）高温高压蒸汽灭菌锅使用前务必检查水位。

（4）高温高压蒸汽灭菌锅使用过程中，密切关注压力表的压力变化。

第五节　食品微生物生理生化反应

所有存在于活细胞中的生物化学反应称之为代谢。代谢过程主要是酶促反应过程。许多细菌产生胞外酶，这些酶从细胞中释放出来，以催化细胞外的化学反应。各种细菌由于具有不同的酶系统，致使它们能利用不同的底物，或虽然可以利用相同的底物，却产生不同的代谢产物，因此可以利用各种生理生化反应来鉴别细菌。生理生化特征是描述微生物分类特征的重要指标，是微生物分类的重要依据。

目前已有一些简单的试剂盒、自动化鉴定系统应用于微生物鉴定中，常用的包括 API 试剂盒、Biolog 系统。

一、糖类发酵试验

（一）实验原理

根据细菌分解利用糖能力的差异表现出是否产酸产气作为鉴定菌种的依据。是否产酸，可在糖发酵培养基中加入指示剂，经培养后根据指示剂的颜色变化来判断。是否产气，可在发酵培养基中放入倒置杜氏小管观察。

（二）实验试剂

葡萄糖发酵培养液、乳糖发酵培养液。

（三）实验器具

试管、锥形瓶、微量移液器、接种环、培养皿、培养箱。

（四）实验操作

（1）以无菌操作分别接种少量菌苔至葡萄糖和乳糖发酵培养基试管中。置 37 ℃恒温箱中培养，培养 24～48 小时，观察结果。

（2）与对照管比较，若接种培养液保持原有颜色，其反应结果为阴性，表明该菌不能利用该种糖，记录用"－"表示；如培养液呈黄色，反应结果为阳性，表明该菌能分解该种糖产酸，记录用"＋"表示。

培养液中的杜氏小管内有气泡为阳性反应，表明该菌分解糖能产酸并产气，记录用"＋"表示；如杜氏小管内没有气泡为阴性反应，记录用"－"表示。

二、甲基红试验

（一）实验原理

某些细菌能分解葡萄糖产生丙酮酸，并进一步分解丙酮酸产生甲酸、乙酸、乳酸等使 pH 下降至 4.5 以下，加入甲基红试剂后呈红色，为阳性。若分解葡萄糖产酸量少，或产生的酸进一步分解为其他非酸性物质，则 pH 在 6.0 以上，加入甲基红试剂后呈黄色，为阴性。该试验也称为 M. R 试验。

（二）菌种与试剂

（1）待检测菌种。

（2）葡萄糖蛋白胨水溶液、甲基红指示剂。

（三）实验器具

接种环、培养皿、试管、微量移液器、Eppendorf管、枪头、培养箱。

（四）实验操作

（1）以无菌操作将待测菌菌液按1%的接种量接种于葡萄糖蛋白胨水溶液中。37 ℃培养24~48小时。

（2）取培养液1 mL，加入甲基红指示剂1~2滴。

（3）立即观察结果：阳性呈鲜红色；阴性为橘黄色（如果为阴性菌株，则可以适当延长培养时间）

三、乙酰甲基甲醇试验

（一）实验原理

某些细菌在葡萄糖蛋白胨水培养液中能分解葡萄糖产生丙酮酸，丙酮酸缩合，脱羧成乙酰甲基甲醇，后者在强碱环境下，被空气中的氧氧化为二乙酰，二乙酰与蛋白胨中的胍基生成红色化合物，称V.P（＋）反应。

（二）菌种与试剂

（1）待检测菌种。

（2）葡萄糖蛋白胨水溶液、贝立脱试剂。

（三）实验器具

接种环、培养皿、试管、微量移液器、Eppendorf管、枪头、培养箱。

（四）实验操作

（1）将待测菌接种于葡萄糖蛋白胨水溶液中，37 ℃培养4天。

（2）在1 mL培养液中先加入贝立脱试剂甲液0.6 mL，再加乙液0.2 mL，轻轻摇动，静置10~15分钟。

（3）观察结果。阳性菌呈现红色。若无红色出现，则静置于室温或37 ℃恒温箱，如果2小时内仍不呈现红色，则判定为阴性。

四、七叶苷水解试验

（一）实验原理

七叶苷可以被细菌分解为葡萄糖和七叶素，七叶素与培养基中的Fe^{2+}反应，形成黑色化合物，使培养基变黑。

（二）培养基

七叶苷培养基。

（三）实验器具

平板、接种环、微量移液器、Eppendorf管、枪头。

（四）实验操作

（1）将待检菌接种于七叶苷培养基上，30～35 ℃培养。

（2）分别于 1、2、3、7、14 天后观察。

（3）观察结果。细菌沿划线生长并使周边培养基变为褐色至黑色为阳性，否则为阴性。

五、过氧化氢试验

（一）实验原理

具有过氧化氢酶的细菌，能催化过氧化氢（H_2O_2）生成水和新生态氧，继而形成分子氧出现气泡，也称触酶试验。

（二）菌种与试剂

（1）待检测菌种。

（2）3% 过氧化氢。

（三）实验器具

接种环、滴管。

（四）实验操作

直接滴加 3% 过氧化氢于不含血液的细菌培养物中，立即观察，有大量气泡产生者为阳性，不产生气泡者为阴性。

六、淀粉酶试验

（一）实验原理

某些细菌可以产生分解淀粉的酶，把淀粉水解为麦芽糖或葡萄糖。淀粉水解后，遇碘不再变蓝色。

（二）培养基与试剂

（1）培养基（基础培养基中添加 2 g/L 可溶性淀粉）。

（2）碘液。

（三）实验器具

接种环、试管、移液管、锥形瓶、培养皿。

（四）实验操作

将 18～24 小时的纯培养物，点接于淀粉琼脂平板（一个平板可分区接种）或直接移种于淀粉肉汤中，于（36±1）℃培养 24～48 小时，或于 20 ℃培养 5 天。然后将碘试剂直接滴浸于培养表面，若为液体培养物，则加数滴碘试剂于试管中。立即观察结果，阳性反应（淀粉被分解）菌落或培养物周围出现无色透明圈或肉汤颜色无变化。阴性反应则无透明圈或肉汤呈深蓝色。

七、靛基质试验

（一）实验原理

有些细菌含有色氨酸酶，能分解蛋白胨中的色氨酸生成吲哚。吲哚本身没有颜色，不能直接看见，但当加入吲哚试剂（对二甲基氨基苯甲醛试剂）时，该试剂与吲哚作用，形成红色的玫瑰吲哚，所以也叫吲哚试验。

（二）培养基与试剂

（1）蛋白胨水培养基。

（2）二甲基氨基苯甲醛溶液、乙醚。

（三）实验器具

试管、微量移液器、培养箱。

（四）实验操作

（1）以无菌操作分别接种少量待测菌到蛋白胨水试管中，置37℃恒温箱中培养24~48小时。

（2）在培养液中加入乙醚1~2 mL，经充分振荡使吲哚萃取至乙醚中，静置片刻后乙醚层浮于培养液的上面，此时沿管壁缓慢加入5~10滴吲哚试剂（加入吲哚试剂后切勿摇动试管，以防破坏乙醚层影响结果观察）。

（3）如有吲哚存在，乙醚层呈现玫瑰红色，此为吲哚试验阳性反应，否则为阴性反应。

八、硫化氢试验

（一）实验原理

有些细菌能分解含硫的有机物，如胱氨酸、半胱氨酸、甲硫氨酸等产生硫化氢，硫化氢一遇培养基中的铅盐或铁盐等，就形成黑色的硫化铅或硫化铁沉淀物。

（二）培养基

硫化氢试验培养基（固体）。

（三）实验器具

试管、锥形瓶、微量移液器、接种环、培养皿、培养箱。

（四）实验操作

（1）以无菌操作用接种环挑取少量待测菌到试管做穿刺接种，置37℃恒温箱中培养24~48小时。

（2）观察结果。培养基黑色沉淀物为阳性，否则为阴性。

九、柠檬酸盐试验

（一）实验原理

有些细菌能够利用柠檬酸钠作为碳源，如产气肠杆菌；而另一些细菌则不能利用柠檬酸盐，如大肠埃希菌。细菌在分解柠檬酸盐后，产生碱性化合物，使培养基的pH升高，当培养基中加入1%溴麝香草酚蓝指示剂时，就会由绿色变为深蓝色。（溴麝香草酚蓝的指示范围：pH 小于 6.0 时呈黄色，pH 在 6.0 ~ 7.6 时为绿色，pH 大于 7.6 时呈蓝色。）

（二）培养基

柠檬酸盐培养基（固体斜面）。

（三）实验器具

试管、锥形瓶、微量移液器、接种环、培养皿、培养箱。

（四）实验操作

（1）以无菌操作接种少量菌苔到相应柠檬酸盐试管斜面上做"之"字形划线，置 37 ℃恒温箱中培养 24 ~ 48 小时。

（2）观察结果。培养基变深蓝色为阳性，否则为阴性。

十、血浆凝固酶试验

（一）实验原理

有些细菌能产生血浆凝固酶，可以使人和动物血浆中的纤维蛋白原转化成纤维蛋白，从而使血浆凝固。

（二）实验试剂

血浆、生理盐水。

（三）实验器具

接种环、载玻片、滴管、试管、培养箱。

（四）实验操作

玻片法：取洁净载玻片一张，加生理盐水两小滴于载玻片两端，用接种环挑取待检菌落和对照菌均匀涂于盐水中，制成浓菌液，加兔或人血浆一滴于菌液中，观察结果。

试管法：于 3 支试管中分别加入 1∶4 稀释的血浆 0.5 mL，1 支管加入待检菌肉汤培养物 0.5 mL，另两支分别加阴、阳性对照菌肉汤培养物 0.5 mL，35 ℃培养 3 ~ 4 小时后观察结果。

十一、β-半乳糖苷酶试验

（一）实验原理

乳糖发酵过程中需要乳糖通透酶和 β-半乳糖苷酶才能快速分解。有些细菌只有半乳糖苷酶，因而只能迟缓发酵乳糖，所有乳糖快速发酵和迟缓发酵的细菌均可快速水解邻硝基酚-β-D-半乳糖苷（O-nitrophenyl-β-D-galactopyranoside，ONPG）而生成黄色的邻硝基酚。用于枸橼酸菌属（Citrobacter）、亚利桑那菌属（Arizona）与沙门菌属（Salmonella）的鉴别。

（二）实验试剂

生理盐水、甲苯、ONPG 溶液。

（三）实验器具

接种环、滴管、试管、培养箱、水浴锅。

（四）实验操作

取新鲜细菌一环，加入到 0.25 mL 的无菌生理盐水中，加一滴甲苯充分振动，37 ℃、5 分钟，再加入无色 ONPG 溶液 0.25 mL，置 37 ℃ 水浴，悬液变黄则为阳性。否则为阴性。

第六节　食品微生物染色技术

扫码"学一学"

一、实验原理

染色是细菌学上的一个重要而基本的操作技术。因细菌个体很小，含水量较高，在油镜下观察细胞几乎与背景无反差，所以在观察细菌形态和结构时，都采用染色法，其目的是使细菌细胞吸附染料而带有颜色，易于观察。

细菌的简单染色法，是用一种染料处理菌体，此方法简单，易于掌握，适用于细菌的一般观察。常用碱性染料进行简单染色。这是因为：在中性、碱性或弱碱性溶液中，细菌细胞通常带负电荷，而碱性染料在电离时，其分子的染色部分带正电荷，因此，碱性染料的染色部分很容易与细菌细胞结合使细菌着色。经染色后的细菌细胞与背景形成鲜明的对比，在显微镜下易于识别。

革兰染色法是细菌学上的一种重要的鉴别染色法。革兰染色法可把细菌区分为两大类，即革兰阳性（G^+）和革兰阴性（G^-）细菌，之所以有两种不同的结果，是因为细菌细胞壁结构和组成的差异造成的。

二、菌种与试剂

菌种：培养 24 小时的大肠埃希菌和金黄色葡萄球菌为待测菌。
染色剂：美蓝、结晶紫、碘液、番红、香柏油、二甲苯、生理盐水。

三、实验器具

载玻片、接种环、镊子、酒精灯、火柴、记号笔、显微镜、擦镜纸、吸水纸、记号笔。

四、实验操作

（一）简单染色

1. 涂片　滴一小滴生理盐水于载玻片中央，用接种环从斜面上挑出少许菌体，与水滴混合均匀，涂成极薄的菌膜。

2. 干燥　涂片后在室温下自然干燥，也可在酒精灯上略微加热，使之迅速干燥。

3. 固定　在酒精灯火焰外层尽快来回通过 3～4 次，并不时以载玻片背面触及手背，以不烫手适宜。

4. 染色　滴加结晶紫或其他染色液，覆盖载玻片涂菌部分，染色 1 分钟。

5. 水洗　用洗瓶以细小水流冲洗多余的染料。

6. 干燥　用吸水纸吸干菌层周围的水分、晾干或微热烘干。

7. 镜检　涂片干燥后进行镜检。

（二）革兰染色

1. 制片　取要观察的菌体进行常规涂片、干燥、固定，方法同简单染色操作中第1～3步骤。

2. 初染　在菌膜上覆盖草酸铵结晶紫，染色1～2分钟，细小水流水洗，直至流下的水没有颜色为止。

3. 媒染　用碘液冲去残水，并用碘液覆盖1分钟，细小水流水洗，直至流下的水没有颜色为止。

4. 脱色　用滴管流加95％的乙醇脱色，直到流下的乙醇无色为止，约20～30秒，细小水流水洗去残留乙醇。

5. 复染　用番红复染液覆盖2分钟，细小水流水洗，直至流下的水没有颜色为止。

6. 镜检　用滤纸吸干或自然干燥，油镜检查。G⁺菌呈蓝紫色，G⁻菌呈红色。

五、注意事项

（1）涂片时应轻轻操作。

（2）涂片必须完全干燥后才能用油镜观察。

（3）革兰染色成败的关键是乙醇脱色。如脱色过度，革兰阳性菌也可被脱色而染成阴性菌；如脱色时间过短，革兰阴性菌也会被染成革兰阳性菌。脱色时间的长短还受涂片厚薄及乙醇用量多少等因素的影响，难以严格规定。

扫码"学一学"

第七节　食品微生物形态观察

一、放线菌与霉菌的形态观察

（一）实验原理

放线菌是由纤细的有分枝的菌丝构成，菌丝体为单细胞原核微生物。大多数放线菌的菌丝分化为营养菌丝和气生菌丝两部分。营养菌丝深入培养基中生长，气生菌丝则生长在培养基的表面，并向空中伸展。因此用普通方法制片，往往很难观察到放线菌的整体形态。必须采用适当的培养方法，以便将自然生长的放线菌直接置于显微镜下观察。通常采用的方法有玻璃纸培养法、插片法和印片法。

霉菌菌丝较粗大，细胞易收缩变形，而且孢子很容易飞散，所以制标本时常用乳酸石炭酸棉蓝染色液。此染色液制成的霉菌标本片其特点是：细胞不变形；具有杀菌防腐作用，且不易干燥，能保持较长时间；溶液本身呈蓝色，有一定染色效果。霉菌的菌丝、分生孢子梗和分生孢子的形态常作为分类的重要依据。

（二）菌种与试剂

菌种：培养72～120小时的5406放线菌［细黄链霉菌（*Streptomyces microflavus*）］；培

养 48~72 小时的曲霉、青霉、根霉。

乳酸石炭酸棉蓝染色液、生理盐水、石炭酸复红染液、吕氏碱性美蓝染液。

（三）实验器具

高氏 1 号培养基平板、土豆培养基平板或察氏培养基平板、接种环、载玻片、盖玻片、镊子、酒精灯等。

（四）实验操作

1. 放线菌形态观察

（1）放线菌自然生长状态的观察　将培养 3~4 天的放线菌培养皿打开，放在显微镜低倍镜下寻找菌落的边缘，直接观察菌丝、孢子丝和孢子。

（2）染色观察　①用接种铲或镊子连同培养基挑取放线菌菌苔置载玻片中央；②用另一载玻片将其压碎，弃去培养基，制成涂片，干燥、固定；③用吕氏碱性美蓝染液或石炭酸复红染液染 0.5~1 分钟，水洗；④干燥后，用油镜观察营养菌丝、孢子丝及孢子的形态。

2. 霉菌形态观察

（1）直接观察　将培养 3~4 天的霉菌培养皿打开，放在显微镜低倍镜下寻找菌落的边缘，直接观察菌丝、分生孢子梗和分生孢子。

（2）染色观察　于洁净载玻片上，滴一滴乳酸石炭酸棉蓝染色液，用镊子从霉菌菌落的边缘外取少量带有孢子的菌丝置染色液中，再细心地将菌丝挑散开，然后小心地盖上盖玻片，注意不要产生气泡。置显微镜下先用低倍镜观察，必要时再换高倍镜。

二、酵母菌的形态观察

（一）实验原理

酵母菌个体较大，常规涂片方法可能损伤细胞，因此用美蓝染液水浸片法观察其出芽生殖。美蓝染液的氧化形式蓝色，还原形式无色。活细胞由于新陈代谢，细胞内还原性物质还原美蓝而呈现无色，死细胞或代谢能力弱的细胞不能将美蓝还原而呈现蓝色。

（二）菌种与试剂

（1）啤酒酵母菌悬液。

（2）吕氏碱性美蓝染液。

（三）实验器具

显微镜、载玻片、盖玻片、滴管、试管、接种环、吸水纸、擦镜纸等。

（四）实验操作

（1）在载玻片中央加一滴吕氏碱性美蓝染色液，用滴管取 1 滴酵母菌菌液于染液中，混合均匀，加盖玻片。

（2）将制片放置约 3 分钟后镜检，先用低倍镜然后用高倍镜观察酵母菌的形态和出芽情况，并根据颜色区别死、活细胞。

（3）染色约 0.5 小时后再次进行观察，观察死细胞数量是否增加。

扫码"学一学"

三、注意事项

（1）放线菌生长速度较慢，培养期较长，操作时注意无菌操作。

（2）菌丝体必须充分展开。

（3）盖盖玻片时必须斜着缓慢放下，否则在盖上异形成气泡。

第八节　无菌技术

一、实验原理

食品微生物检验时，要得到反映食品卫生质量的准确数据，对采样、取样及检验等环节要进行严格的无菌操作。无菌技术指在微生物实验工作中，控制或防止各类微生物的污染及其干扰的一系列操作方法和有关措施。保证实验操作中不被环境中微生物污染，防止微生物在操作中污染环境或感染操作人员。无菌操作是微生物接种技术的关键。

二、培养基

斜面培养基、平板培养基、液体培养基。

三、实验器具

接种针、涂布棒、培养皿、试管、酒精灯。

四、实验操作

（一）接种前准备工作

1. 无菌室的使用

（1）将所有的实验器材和用品一次性全部放入无菌室超净工作台内。应尽量避免在操作过程中进出无菌室或传递物品。操作前打开无菌室和超净工作台的紫外灯灭菌30分钟，关闭紫外灯后，再开始工作。

（2）进入缓冲间后，应换好工作服、鞋、帽、戴上口罩，将手用消毒液清洗后，再进入工作间。

（3）操作时，严格按照无菌操作法进行操作，废物应丢入废物桶内。

（4）工作后应将台面收拾干净，取出培养物品及废物桶，用消毒液清洁，再打开紫外灯灭菌30分钟。

2. 倒平板

（1）超净工作台紫外线灭菌后，实验操作前用70%乙醇消毒。

（2）取出灭菌后的培养皿。

（3）在酒精灯旁，将装有培养基的锥形瓶盖打开。

（4）右手拿锥形瓶，左手取出培养皿，将培养皿打开一条缝隙，迅速将15～20 mL的培养基倒入培养皿中。

（5）盖好培养皿盖子，轻摇使培养基均匀分布在培养皿底部。

（6）待培养基凝固后即为平板。

（二）斜面到斜面接种技术

1. 手持试管　将菌种管和待接斜面的两支试管用大姆指和其他四指握在左手中，使中指位于两试管之间部位。斜面面向操作者，并使它们位于水平位置。

2. 旋松管塞　用右手松动试管塞，以便接种时拔出。

3. 接种环灼烧灭菌　右手拿接种环，在火焰上将环端灼烧灭菌，然后将有可能伸入试管的部分均灼烧灭菌。

4. 拔管塞　用右手小指和掌心取下菌种试管和待接试管的试管塞一并夹住拔出，然后让试管口缓缓过火灭菌（切勿烧得过烫）。

5. 取菌　待接种环冷却后，轻沾取少量菌体，然后将接种环移出菌种试管。

6. 接种　在火焰旁迅速将沾有菌种的接种环伸入另一支待接斜面试管。从斜面培养基底部向上作"Z"字形来回密集划线，勿划破培养基。

7. 塞管塞　取出接种环，再次灼烧试管口，然后将试管塞底部过火焰1~2次后，立即塞入试管内。

8. 灼烧接种环灭菌　将接种环通过酒精灯火焰灼烧灭菌。

9. 接种物适当条件下培养　将上述接种好的斜面于温的恒温箱中培养（细菌37℃、霉菌25~28℃）。

（三）平板划线接种技术

（1）右手拿接种环，在火焰上将环端灼烧灭菌，然后将金属棒部分转动通过火焰3次。

（2）在火焰上方打开菌种试管或者培养皿，在培养基或管壁冷却。

（3）挑取菌体，迅速接种到平板上（一般采用"Z"字形分区划线）。

（4）取出接种环，将接种环灼烧灭菌。

（5）接种物适当条件下培养。

（四）穿刺接种技术

这是常用来接种厌氧菌，检查细菌运动性，或保藏菌种的一种接种方法，接种工具用接种针。

1. 手持试管　将试管放于手掌中，并用手指夹住，使两支试管呈"V"字形。

2. 旋松试管塞　用右手松动试管塞，以便接种时拔出。用小指、无名指和手掌拔下试管塞，并持于手中。将试管口在火焰上微烧一周。

3. 灼烧接种针　接种针灼烧灭菌，接着把在穿刺中可能伸入试管的其他部位也灼烧灭菌。

4. 拔出试管塞　用右手小指和掌心取下菌种试管和待接试管的试管塞一并夹住拔出，然后让试管口缓缓过火灭菌（切勿烧得过烫）。

5. 取菌　用冷却接种针的针尖沾取少量菌种。

6. 穿刺　将接种针自培养基中心平稳、快速垂直刺入培养基中，并且要将接种针穿刺到接近试管底部，然后沿着接种线拔出。

7. 塞上试管塞　取出接种环，再次灼烧试管口，然后将试管塞底部过火焰1~2次后，立即塞入试管内。

8. 接种针灼烧灭菌　将接种环经火焰灼烧灭菌。

9. 培养　将上述接种好的斜面和平板于温的恒温箱中培养（细菌37 ℃、霉菌25 ~ 28 ℃），其中平板应倒置。

五、注意事项

（1）保持超净台整洁、干燥，不要堆积杂物，禁止存放无关的物品，以保持工作区的洁净气流不受干扰。

（2）禁止在工作台面上记录书写，工作时应尽量避免做明显干扰气流的动作。

（3）在操作中不应有大幅度或快速的动作。

（4）使用玻璃器皿应轻取轻放。

（5）均在火焰上方操作。

（6）接种用具在使用前后都必须灼烧灭菌。

（7）在接种培养物时，应轻、准。

扫码"练一练"

❓ 思考题

1. 影响显微镜性能的因素有哪些？用油镜观察时应注意哪些问题？在载玻片和镜头之间加滴什么油？起什么作用？

2. 培养基配制中应注意哪些问题？如何检查培养基灭菌是否彻底？

3. 影响革兰染色的因素有哪些？最关键环节是什么？

4. 什么是无菌操作？无菌操作过程中，可否将试管、棉塞等直接放在桌面上，为什么？

5. 干热灭菌和高温高压蒸汽灭菌哪个更好？

（董华）

第四章 食品卫生指示菌检验技术

食品在加工、包装、贮存、运输和销售等各个环节中，都有可能受到微生物污染。因此，评价是否被微生物污染或被微生物污染的程度，就要对食品卫生指示菌进行检验测定。通常采用的食品卫生指示菌检验指标为菌落总数、大肠菌群、霉菌和酵母菌，以及致病菌。每种指标都有一种或几种检验方法，应根据不同的食品、不同的检验目的来选择，本章主要介绍的是常规的检验方法，主要参考现行的食品安全国家标准。

第一节 食品微生物学检验基本原则和要求

（参考 GB 4789.1—2016《食品安全国家标准 食品微生物学检验 总则》）

扫码"学一学"

一、实验室基本要求

（一）人员要求

（1）检验人员应具有相应的微生物专业教育或培训经历，具备相应的资质，能够理解并正确实施检验。

（2）检验人员应掌握实验室生物安全操作和消毒知识。

（3）检验人员应在检验过程中保持个人整洁与卫生，防止人为污染样品。

（4）检验人员应在检验过程中遵守相关安全措施的规定，确保自身安全。

（5）检验人员有颜色视觉障碍的人员不能从事涉及辨色的实验。

（二）环境与设施要求

（1）实验室环境不应影响检验结果的准确性。

（2）实验区域应与办公区域明显分开。以其开展的工作内容加以分工，设立专用房间。洗涤室、培养室、消毒间、无菌室应分开。无菌室要设有套间或缓冲间。

（3）实验室工作面积和总体布局应能满足从事检验工作的需要，实验室布局宜采用单方向工作流程，避免交叉污染。房间的大小还应根据从实验人员的进入数量上加以考虑。

（4）实验室内环境的温度、湿度、洁净度及照度、噪声等应符合工作要求。房屋内墙面及地面等应该采用易于清洁的材料，保持房间清洁。实验室应备有自动或脚踩式洗手池和固定的消毒设施。

（5）食品样品检验应在洁净区域进行，洁净区域应有明显标示。洁净区域可以是超净工作台或洁净实验室。应制定合理、完善的卫生管理制度，采用湿式保洁，定期对操作环境进行消毒。对废弃物，应投入指定的容器内，经无害化处理后方可排放，以防某些病原微生物传播。

（6）病原微生物分离鉴定工作应在二级（biosafety level 2，BSL-2）或以上生物安全实验室进行。

（三）实验设备要求

（1）实验设备应满足检验工作的需要，常用设备见表4-1。

（2）实验设备应放置于适宜的环境条件下，便于维护、清洁、消毒与校准，并保持整洁与良好的工作状态。

（3）实验设备应定期进行检查和/或检定（加贴标识）、维护和保养，以确保工作性能和操作安全。

（4）实验设备应有日常监控记录或使用记录。

表4-1　微生物实验室常规检验用品和设备

设备分类	设备名称
称量设备	天平等
消毒灭菌设备	干烤/干燥设备、高压灭菌、过滤除菌、紫外线等装置
培养基制备设备	pH计等
样品处理设备	均质器（剪切式或拍打式均质器）、离心机等
稀释设备	移液器等
培养设备	恒温培养箱、恒温水浴等
镜检计数设备	显微镜、放大镜、游标卡尺等
冷藏冷冻设备	冰箱、冷冻柜等
生物安全设备	生物安全柜

（四）检验用品要求

（1）检验用品应满足微生物检验工作的需求，常用检验用品主要有接种环（针）、酒精灯、镊子、剪刀、药匙、消毒棉球、硅胶（棉）塞、吸管、吸球管、平皿、锥形瓶、微孔板、广口瓶、量筒、玻璃棒及L形玻璃棒、pH试纸、记号笔、均质袋等。

（2）检验用品在使用前应保持清洁和/或无菌。常用的灭菌方法包括湿热法、干热法、化学法等。

（3）需要灭菌的检验用品应放置在特定容器内或用合适的材料（如专用包装纸、铝箔纸等）包裹或加塞，应保证灭菌效果。

（4）检验用品的贮存环境应保持干燥和清洁，已灭菌与未灭菌的用品应分开存放并明确标识。

（5）灭菌检验用品应记录灭菌的温度与持续时间及有效使用期限。

（6）可选择适用于微生物检验的一次性用品来替代反复使用的物品与材料（如培养皿、吸管、吸头、试管和接种环等）。

（五）培养基和试剂

1. 培养基　其制备和质量要求按照相应的规定（GB 4789.28—2013《食品安全国家标准 食品微生物检验 培养基和试剂的质量要求》）执行。

2. 试剂　检验试剂的质量及配制应适用于相关检验。对检验结果有重要影响的关键试剂（如血清、抗生素等）应进行适用性验证。

（六）菌株

（1）实验室应保存能满足实验需要的标准菌株。

（2）应使用微生物菌种保藏专门机构或专业权威机构保存的、可溯源的标准菌株。

（3）标准菌株的保存、传代按照相应的规定（GB 4789.28—2013）执行。

（4）对实验室分离菌株（野生菌株），经过鉴定后，可作为实验室内部质量控制的菌株。

二、样品的采集

食品检验中，样品的采集是极为重要的一个环节，因为食品卫生指示菌检验是根据一小部分样品的检验结果对整批食品做出判断。因此，用于分析检验的样品的代表性至关重要，这就要求检验人员掌握正确的采样方法，而且取样过程中应注意无菌操作，避免操作引起的污染，同时在样品的保存和运输过程中应注意保持样品的原有状态。样品可分为大样、中样、小样3种。大样为一整批；中样是从样品各部分取的混合样，一般为200 g；小样又称为检样，一般为25 g，用于检验。

（一）取样前的准备工作

1. 无菌取样工具及容器的准备　要避免取样过程中的污染，无菌取样器械工具是至关重要的。取样前可建立一个无菌取样的分析清单，收集准备好取样工具和容器、包装袋等，取样工具包括匙、尖嘴钳、无菌棉拭子、量筒和烧杯等，工具的类型一般由取样产品来决定的。

盛样品的容器应预选标识，如样品号、取样日期、取样人等，这样可使取样更为方便。附加样品号一般在样品采集中被正式确定，因此不用预先标明。取样温度、地点等也应标示。所有取样设施和容器的灭菌日期在面前和包装上应标明，一些设施器具可在当地实验室灭菌处理或购买。

2. 其他准备工作

（1）盒子或制冷皿　贮存、运输样品时，如果样品不需冷冻，用盒子装即可；但如果样品需要冷却，一个标准的制冷皿或保温箱是必需的，一般制冷皿会随带着一个塑料袋，样品可以放进袋子里，制冷剂如干冰等可以防止在袋外，干冰袋子不能泄露，避免样品被污染。

（2）灭菌手套　灭菌手套在采样中并非必须启用，如果一个产品在样品收集过程中必须被接触，那么最好让工厂生产线的工人来做（加工处理产品的工人），将样品放入收集容器中，既然工人在生产过程中处理接触产品，那么就不能认为他们对产品有附加的污染。

当用手套时必须用一种避免污染的方式戴上，手套的大小必须适合工作的需要。

（3）人员的工具设施如工作服、发网或消毒处理过的清洁的鞋靴必须有助于证明采集者没有污染到食品产品或样品。

（二）采样原则

（1）样品的采集应遵循随机性、代表性的原则。每批样品应随机抽取一定数量，固体或半固体的样品应从表层、中层和底层、中间和四周等不同部位取样。

（2）采样过程遵循无菌操作程序，防止一切可能的外来污染。注意一件用具只能用于一个样品，防止交叉污染。

（3）根据检验目的、食品特点、批量、检验方法、微生物的危害程度等确定采样方案。

（4）样品在保存和运输的过程中，应采取必要的措施防止样品中原有微生物的数量发生变化，保持样品的原有状态。

（三）采样方案

要保证样品的代表性，首先要有一套科学的抽样方案，其次使用正确的抽样技术，并在样品的保存和运输过程中保持样品的原有状态。

一般来说，进出口贸易合同对食品抽样量有明确规定的，按合同规定抽样；进出口贸易合同没有具体抽样规定的，可根据检验目的、产品及被抽样品的形式和分析方法的形式确定抽样方案。目前常用的抽样方案为国际食品微生物学法规委员会（The International Commission on Microbiological Specification for Foods，ICMSF）推荐的抽样方案和随机抽样方案，有也可以参照同一产品的品质检验抽样数量抽样，或按单位包装件数 N 的开平方值抽样。无论采取何种方法抽样，每批货物的抽样数量不得少于 5 件。对于需要检验沙门菌的食品，抽样数量应适当增加，最低不少于 8 件。

1. 抽样方案

（1）采样设想　用于分析所抽样品的数量、大小和性质对结果会产生很大影响。在某些情况下用于分析的样品可能代表所抽"一批"（lot）样品的真实情况，这适合于可充分混合的液体，如牛乳、饮料和水。

在"多批"（lots 或 batchers）食品的情况下就不能如此抽样，因为"一批"容易包含在微生物的质量上差异很大的多个单元。因此在选择抽样方案之前，必须考虑诸多因素，包括检验目的、产品及被抽样品的性质、分析方法。

采样方案是根据下列两点来确定的并规定其不同采样数：①各种卫生指示菌本身对人的危害程度各有不同，因此不同的卫生指示菌检验指标的重要性不同，可分为一般、中等和严重三种。②食品经不同条件处理后，其危害度发生变化。

降低危害度，如食用前要经过加热处理；危害度未变，如冷冻食品或干燥食品；增加危害度，食品保存在不良环境中使微生物易于繁殖和长度。不同食品的取样方案是依据微生物的危害度、食品的特性及处理条件三者综合在一起确定的。

（2）采样方案　采样方案分为二级和三级采样方案。二级采样方案设有 n、c 和 m 值，三级采样方案设有 n、c、m 和 M 值。采样方案中，涉及四个代号：n 表示同一批次产品应采集的样品件数；c 表示最大可允许超出 m 值的样品数；m 表示微生物指标可接受水平限量值（三级采样方案）或最高安全限量值（二级采样方案）；M 表示微生物指标的最高安全限量值。

①二级采样方案。自然界中材料的分布曲线一般是正态分布，以其一点作为食品微生物的限量值，只设合格判定标准 m 值，超过 m 值的，则为不合格品。按照二级采样方案设定的指标，在 n 个样品中，允许有≤c 个样品，其相应微生物指标检验值大于 m 值。以生食海产品鱼为例，n = 5、c = 0、m = 100 CFU/g，n = 5 即抽样 5 个，c = 0 即意味着在该批检样中，未见到有超过 m 值的检样，此批货物为合格品。

②三级采样方案。设有微生物标准 m 及 M 值两个限量。在 m ~ M 值的范围内，即为附件条件合格，超过 M 值者，则为不合格。按照三级采样方案设定的指标，在 n 个样品中，允许全部样品中相应微生物指标检验值小于或等于 m 值；允许有≤c 个样品其相应微生物指标检验值在 m 值和 M 值之间；不允许有样品其相应微生物指标检验值大于 M 值。例如：冷冻生虾的细菌数标准 n = 5、c = 3、m = 10 CFU/g、M = 100 CFU/g，其意义是从一批产品中，取 5 个检样，经检验，允许≤3 个样品的细菌数是在 m 值和 M 值之间，如果有 3 个以上检样的细菌数是在 m 值和 M 值之间或一个检样品细菌数超过 M 值，则判定该批产品为不合格产品。

在中等或严重危害的情况下使用二级采样方案，对健康危害低的则建议使用三级抽样方案。具体使用方法见表 4 - 2。

表 4 - 2 按微生物指标的重要性和食品危害度分类后确定的采样方案

采样方案	重要性	指标菌	食品危害度		
			降低危害度（轻）	危害度不变（中）	增加危害度（重）
二级	中等	沙门菌 副溶血性弧菌 致病性大肠埃希菌	n = 5 c = 0	n = 10 c = 0	n = 20 c = 0
	严重	肉毒梭菌 伤寒沙门菌 副伤寒沙门菌	n = 15 c = 0	n = 30 c = 0	n = 60 c = 0
三级	一般	菌落总数 大肠菌群 大肠埃希菌 葡萄球菌	n = 5 c = 3	n = 5 c = 2	n = 5 c = 1
	中等	金黄色葡萄球菌 蜡样芽孢杆菌 产气荚膜梭菌	n = 5 c = 2	n = 5 c = 1	n = 5 c = 1

2. 执行标准 各类食品的采样方案按食品安全相关标准的规定执行。

3. 食品安全事故食源性中食品样品的采集

（1）由批量生产加工的食品污染导致的食品安全事故，食品样品的采集和判定原则按"1."和"2."执行。重点采集同批次食品样品。

（2）由餐饮单位或家庭烹调加工的食品导致的食品安全事故，重点采集现场剩余食品样品，以满足食品安全事故病因判定和病原确证的要求。

（四）各类食品的采样方法

采样应遵循无菌操作程序，采样工作和容器应无菌、干燥、防漏，形状及大小适宜。采样全过程中，应采取必要的措施防止食品中固有微生物的数量和生长能力发生变化。按照采集对象特点不同，常见的采样方法如下。

1. 预包装食品

（1）应采集相同批次、独立包装、适量件数的食品样品，每件样品的采样量应满足微生物指标检验的要求。

（2）独立包装小于、等于 1000 g 的固态食品或小于、等于 1000 mL 的液态食品，取相同批次的包装。

（3）独立包装大于 1000 mL 的液态食品，应在采样前摇动或用无菌棒搅拌液体，使其达到均质后采集适量样品，放入同一个无菌采样容器内作为一件食品样品；大于 1000 g 的固态食品，应用无菌采样器从同一包装的不同部位分别采取适量样品，放入同一个无菌采样容器内作为一件食品样品。

（4）半固体食品，则用无菌勺子从几个不同部位挖取样品，放入无菌容器中。如是冷冻食品，大包装小块冷冻食品按小块个体采集；大块冷冻食品可用无菌刀从不同部位削取，也可用无菌钻头钻取。在将样品送达实验室前，要始终保持样品处于冷冻状态。样品一旦溶化，不可使其再冻，保持冷却即可。

2. 散装食品或现场制作食品 用无菌采样工具从 n 个不同部位现场采集样品，放入 n 个无菌采样容器内作为 n 件食品样品。每件样品的采样量应满足微生物指标检验单位的要求。

（五）采集样品的标记、贮存和运输

1. 采集样品的标记 应对采集的样品进行及时、准确地记录和标记，内容包括采样人、采样地点、时间、样品名称、来源、批号、数量、保存条件等信息。所有盛样容器必须有和样品一致的标记。在标记上应标明产品标志与号码和食品顺序号以及其他需要说明的情况。标记应牢固，具防水性，字迹不会被擦掉或脱色。当样品需要托运或由非专职采样人员运送时，必须封识样品容器。

2. 采集样品的贮存和运输

（1）采样后，应尽快将样品送往实验室检验。在运输过程中要保持样品完整。如不能及时运送，在接近原有贮存温度条件下贮存样品，或采取必要措施防止样品中微生物数量的变化。

（2）一般情况下，冷冻样品应存放在 −20 ℃冰箱或冷冻库内；易腐食品存放在 4 ℃冰箱或冷藏库内；其他食品可放在常温冷暗处。

（3）运送冷冻和易腐食品应在包装容器内加适量的冷却剂或冷冻剂。保证运输途中样品不升温或不溶化。必要时可于途中补加冷却剂或冷冻剂。

（4）盛样品的容器应消毒处理，但不得用消毒剂处理容器。不能在样品中加入任何防腐剂。

（5）样品采集后，最好由专人立即送检。如不能由专人送样时，也可托运，但要确保安全。托运前必须将样品包装好，应能防破损、防冻结、防易腐和冷冻样品升温或溶化。在包装上应注明"防碎""易腐""冷藏"等字样。做好样品运送记录，写明运送条件、日期、到达地点及其他需要说明的情况，并由运送人签字。中毒样品或致病菌样品必须专人、专车运送。

三、样品的检验

实验室应按照要求尽快检验样品，一般最好不超过 3 小时。若不能及时检验，应采取必要的措施保持样品的原有状态，防止样品中目标微生物因客观条件的干扰而发生变化。并且检验时采取正确的样品处理方法，以保证检验结果的正确可靠。

（一）样品处理方法

1. 样品的接收 实验室接到送检样品后应认真核对登记，确保样品的相关信息完整并符合检验要求。实验室应按要求尽快检验。若不能及时检验，应采取必要的措施，防止样品中原有微生物因客观条件的干扰而发生变化。

2. 样品的处理 各类食品样品处理应按相关食品安全标准检验方法的规定执行。

（1）瓶装液体样品的处理，如：液态乳制品、饮料等。先摇匀，然后表面消毒，用无菌工具开罐，吸样（>2.5 cm 深度）。用点燃的酒精棉球灼烧瓶口灭菌，然后用石炭酸或来苏水消毒后的纱布盖好，再用灭菌开瓶器将盖启开。含有二氧化碳的样品可倒入 500 mL 磨口瓶内，口勿盖紧，覆盖一灭菌纱布，轻轻摇荡，待气体全部逸出后，取样 25 mL 检验。如果是 pH < 4.5 的酸性饮料，用灭菌的 10% Na_2CO_3 调至中性。

（2）盒装或软塑料包装液体样品的处理，如：液态乳制品、饮料和水等。将其开口处用 75% 酒精棉擦拭消毒，用灭菌剪子剪开包装，覆盖上灭菌纱布或浸有消毒液的纱布在剪开部分，直接吸取样品 25 mL，或倾倒入另一灭菌容器中再取样 25 mL 检验。

（3）半固体或黏性液体样品的处理，如：炼乳、稀奶油等。清洁瓶或罐的表面，再用点燃的酒精棉球消毒瓶或罐口周围，然后用灭菌的开罐器打开瓶或罐，称取样品 25 g，放入预热至 45℃ 的装有 225 mL 稀释液的锥形瓶中，振荡均匀，从检样溶化到接种完毕的时间不应超过 15 分钟。

（4）固体样品的处理，如：水产品、肉类等。

①捣碎均质法。将中样（≥100 g）的样品剪碎，混匀，从中取 25 g 放入 225 mL 稀释液的无菌均质杯中，以 8000 ~ 10 000 r/min 均质 1 ~ 2 分钟。

②剪碎振荡法。将中样（≥100 g）的样品剪碎，混匀，从中取 25 g 进一步剪碎，放入 225 mL 稀释液的瓶中，加入玻璃珠，用力快速振摇 50 次，振幅要大于 40 cm。

③研磨法。将中样（≥100 g）的样品剪碎，混匀，从中取 25 g 放入无菌乳钵中充分研磨，放入 225 mL 稀释液的瓶中，摇匀。

④整粒振荡法。有完整自然保护膜的颗粒状样品，取 25 g 于 225 mL 稀释液的瓶中，加

入玻璃珠，振摇 50 次，振幅要大于 40 cm。

⑤拍击式均质法。将一定量的样品和稀释液存放入无菌均质袋中，用拍击式均质器均质。拍击式均质器有一个长方形金属盒，其旁安有金属叶板，可打击均质袋，金属板由恒速马达带动，前后移动而撞碎样品。

（二）检验方法的选择

（1）应选择现行有效的食品安全相关标准的规定进行检验。每种指标都有一种或几种检验方法，应根据不同食品、不同检验目的来选择适当的检验方法。除了国家标准外，国内还有行业标准（如出口食品微生物检验方法），国外亦有国际标准（如 FAO 标准、WTO 标准等），以及每个食品进口国的标准［如美国食品药品管理局（Food and Drug Administration，FDA）标准、美国分析化学家协会（Association of Official Analytical Chemists，AOAC）标准、日本厚生省标准等］。

（2）食品微生物检验方法标准中对同一检验项目有两个及两个以上定性检验方法时，应以常规培养方法为基准方法。

（3）食品微生物检验方法标准中对同一检验项目有两个及两个以上定量检验方法时，应以常规培养方法为基准方法。

四、生物安全与质量控制

（一）实验室生物安全要求

应符合 GB 19489—2008 的规定。实验室的生物安全条件和状态不低于容许水平，可避免实验室人员、来访人员、社区及环境受到不可接受的损害，符合相关法规、标准等对实验室生物安全责任的要求。

1. 实验室风险评估及风险控制　实验室应建立并维持风险评估和风险控制程序，以持续进行危险识别、风险评估和实施必要的控制措施。实验室风险评估和风险控制活动的负责程度决定于实验室所存在危险的特性，适用时，实验室不一定需要复杂的风险评估和风险控制活动。

风险评估报告应是实验室采取风险控制措施、建立安全管理体系和制定安全操作规程的依据。风险评估所依据的数据及拟采取的风险控制措施、安全操作规程等应以国家主管部门和世界卫生组织、世界动物卫生组织、国际标准化组织等机构或行业权威机构发布的指南、标准等为依据；任何新技术在使用前应经过充分验证，适用时，应得到相关主管部门的批准。风险评估报告应得到实验室所在机构生物安全主管部门的批准；对未列入国家相关主管部门发布的病原微生物名录的生物因子的风险评估报告，适用时，应得到相关主管部门的批准。

2. 实验室生物安全防护水平分级　根据对所操作生物因子采取的防护措施，将实验室生物安全防护水平（bio-safety level，BSL）分为一级（BSL-1）、二级（BSL-2）、三级（BSL-3）和四级（BSL-4），一级防护水平最低，四级防护水平最高。

（1）生物安全防护水平为一级的实验室　该实验室适用于操作已知的所有特性都已清

楚并且已证明不会导致健康成人疾病的微生物，所操作微生物对实验人员和环境的潜在危害小。实验室不需要和建筑中的正常行走区隔离。研究通过标准微生物学操作在公开的实验台面上进行。不需要有特殊需求的安全保护措施，但可以通过适当的风险评估来确定。实验人员需要经过由科研人员指导的专业实验程序培训。

（2）生物安全防护水平为二级的实验室　该实验室是建立在生物安全防护水平一级的实验室之上，适用于对人和环境有中度潜在危险的微生物，但一般情况下所操作微生物对人、动物或者环境不构成严重危害，传播风险有限，实验室感染很少引起严重疾病，并且具备有效治疗和预防措施。与生物安全防护水平一级实验室的区别在于：实验人员均需接受过病原因子操作方面的特殊培训，并由有资格的科研人员指导；进行实验时限制进入实验室；所有可能产生传染性气溶胶或飞溅物的实验均应在生物安全柜中或其他物理防护设备中进行。

（3）生物安全防护水平为三级的实验室　该实验室适用于能够引起人类或者动物严重疾病，比较容易直接或者间接在人与人、动物与人、动物与动物间传播的微生物。实验人员应在处理致病性和可能使人致死的微生物方面受过专业培训，并由对该微生物操作有经验的且有资格的科研人员指导。该等级的二级屏障包括对进出实验室和通风条件进行控制，使实验室释放的传染性气溶胶最小化。

（4）生物安全防护水平为四级的实验室　该实验室适用于操作能够引起人类或者动物非常严重疾病的微生物，以及我国尚未发现或者已经宣布消灭的微生物。所操作微生物之间具有接近或相同抗原关系必须在生物安全防护水平四级实验室操作直到获得足够的数据以确认在该等级继续操作或重新指定等级为止。实验室工作人员必须经过对处理高度危险生物因子进行专业和熟练的培训。实验室工作人员必须了解标准和特殊做法中一级防护和二级防护的功能。所有实验室工作人员和主管必须有能力处理需要四级防护的生物因子及其程序。实验室的进出由实验室主管根据机构条例进行控制。生物安全防护水平四级实验室有两种类型：一种是所有操作微生物的实验必须在三级生物安全柜中进行的安全柜实验室；一种是人员必须穿正压防护服的防护服实验室。

另外，以动物生物安全防护水平（animal bio‑safety level，ABSL）表示包括从事动物活体操作的实验室的生物安全防护水平，包括 ABSL‑1、ABSL‑2、ABSL‑3 和 ABSL‑4。各级实验室的设施和设备均应符合 GB 19489—2008 的规定。

3. 实验室设计原则及基本要求

（1）实验室选址、设计和建造应符合国家和地方环境保护和建设主管部门等的规定和要求。

（2）实验室的防火和安全通道设置应符合国家的消防规定和要求，同时应考虑生物安全的特殊要求；必要时，应事先征询消防主管部门的建议。

（3）实验室的安全保卫应符合国家相关部门对该类设施的安全管理规定和要求。

（4）实验室的建筑材料和设备等应符合国家相关部门对该类产品生产、销售和使用的规定和要求。

（5）实验室的设计应保证对生物、化学、辐射和物理等危险源的防护水平控制在经过评估的可接受程度，为关联的办公区和邻近的公共空间提供安全的工作环境，及防止危害环境。

（6）实验室的走廊和通道应不妨碍人员和物品通过。

（7）应设计紧急撤离路线，紧急出口应有明显的标志。

（8）房间的门根据需要安装门锁，门锁应便于内部快速打开。

（9）需要时（如正当操作危险材料时）房间的入口处应有警示和进入限制。

（10）应评估生物材料、样本、药品、化学品和机密资料等被误用、被偷盗和被不正当使用的风险，并采取相应的物理防范措施。

（11）应有专门设计以确保存贮、转运、收集、处理和处置危险物料的安全。

（12）实验室内温度、湿度、照度、噪声和洁净度等室内环境参数应符合工作要求和卫生等相关要求。

（13）实验室设计还应考虑节能、环保及舒适性要求，应符合职业卫生要求和人机工效学要求。

（14）实验室应有防止节肢动物和啮齿动物进入的措施。

（15）动物实验室的生物安全防护设施还应考虑对动物呼吸、排泄、毛发、抓咬、挣扎、逃逸、动物实验（如染毒、医学检查、取样、解剖、检验等）、动物饲养、动物尸体及排泄物的处置等过程产生的潜在生物危险的防护。

（16）应根据动物的种类、身体大小、生活习性、实验目的等选择具有适当防护水平的、适用于动物的饲养设施、实验设施、消毒灭菌设施和清洗设施等。

（17）不得循环使用动物实验室排出的空气。

（18）动物实验室的设计，如空间、进出通道、解剖室、笼具等应考虑动物实验及动物福利的要求。

（19）适用时，动物实验室还应符合国家动物实验饲养设施标准的要求。

（二）质量控制

1. 人员要求　实验室人员分为管理人员、技术人员和技术支持人员等。相应岗位的人员应具备相应的技术能力、相应的技术能力证明（证书及证件）。微生物实验室应有相应技术能力的人负责室内技术工作，并设立质量监督员。实验室应定期对实验人员进行技术考核和人员比对。

2. 菌株、试剂的质量控制　实验室应定期对实验用菌株、试剂等设置阳性对照、阴性对照和空白对照。对做生化反应的各类试剂，在配好后均应进行各项必要的鉴定，用已知阴、阳性菌株进行对照试验。对于其他如氧化酶、触酶、染色液等也同样需要经鉴定后用于试验。

3. 培养基的质量控制　食品微生物学检验用的培养基严格按照 GB 4789.28—2013 规定的方法操作，并有原始记录。干燥培养基干粉含有活性物质、遇热易分解的物质应该仔细查看存放条件，多数也须放在 2～8 ℃条件保存。制成的培养基平板应立即使用或存放于暗处或（5±3）℃冰箱的密封袋中，以防止培养基成分的改变。有的培养基则以存放于 10～

15 ℃条件为宜，如含有高浓度胆盐的培养基。配制好的培养基（尤其是糖发酵管）不宜久放。因为培养基吸收空气中的二氧化碳，会使培养基变酸，从而影响细菌的生长。培养基中的抑制剂及指示剂一定要精准称量，抑制剂要注意合理配伍。在培养基平板底部或侧边做好标记，标记的内容包括名称、制备日期和（或）有效期。也可使用适宜的培养基编码系统进行标记。

将倒好的平板放在密封的袋子中冷藏保存可延长贮存期限。为了避免冷凝水的产生，平板应冷却后再装入袋中。贮存前不要对培养基表面进行干燥处理。

对于采用表面接种形式培养的固体培养基，应先对琼脂表面进行干燥：解开平皿盖，将平板倒扣于烘箱或培养箱中（温度设为 25 ~ 50 ℃）；或放在有对流的无菌净化台中，直到培养基表面的水滴消失为止。注意不要过度干燥。商品化的平板琼脂培养基应按照厂商提供的说明使用。

4. 培养箱、水浴锅和冰箱等的温度控制　培养箱应根据培养物性质及温度要求分别设置（以用途和温度分）。培养箱的温差要求，一般显示值与实测值相差不大于 ±1 ℃，箱体内各点温度（内部的温度均匀性）以及温度波动同样不大于 ±1 ℃。

温度监控方法：可将工作温度计置甘油中，放入待测箱体内，观察工作温度计的温度，最好每天监控记录 1 ~ 2 次。

5. 高压灭菌锅的温度控制　高压灭菌锅由专人按作业指导书操作，并做好每一次的作业记录。高压灭菌锅日常工作记录应包含以下信息：高压灭菌的材料、开始时间、压力/温度、取出时间、高压灭菌胶带的颜色变化。

高压灭菌锅使用时，内置物品不能太多，单位体积内的内容物（每瓶内的培养基）不能太多。同时应注意内容物不同的耐受温度。总的暴露时间最好不要超过 45 分钟。高压灭菌锅温度波动范围：（110 ±2）、（115 ±2）℃和（121 ±2）℃。

高压灭菌锅校准周期一般在半年。用生物指示菌法（常用）、化学变色纸片及高压灭菌锅温度计等方法进行检测。生物指示菌法是一种高压灭菌过的效果显示法。

6. 干燥灭菌箱温度控制　干燥灭菌箱日常工作记录中应包括以下信息：开始的时间、到达灭菌温度时的时间、取出的时间（或关闭时间）。

干燥灭菌箱的温度用参考温度计进行温度测试。干燥灭菌箱温度要求与精确度：（160 ±5）℃或（180 ±5）℃，前者为灭菌 2 小时，后者为灭菌 30 分钟。干燥灭菌箱校准时间一般为 1 年。

7. 超净工作台的控制　水平流超净工作台工作区域要求洁净度为 100 级。空气沉降 30 分钟，每皿中细菌数 <1 CFU。垂直流超净工作台要求每皿中细菌数 <0.49 CFU。超净工作台运行检查频次：1 次/月，主要是进行细菌沉降监测。超净工作台高效过滤膜一般为 1 年更换 1 次，并同时进行粒子与细菌沉降检测。

8. 紫外线灯的控制　紫外线灯的检测方法采用仪器测试法和生物测试法。前者是通过专用仪器检测紫外灯管发射的紫外光强度。国家消毒技术规范中表明在距离照射 1 cm 处，要求其强度为 90。生物测试法采用一定的菌培养物，经一定比例稀释，菌量控制在 200 ~ 250 CFU/0.5 mL，涂布平板在紫外灯光下照射 2 分钟，同时设置普通光源的对照组，然后置 37 ℃培养 48 小时，计算其杀灭率，要求杀灭率达 99%。

9. 显微镜的控制　显微镜应制定作业指导书，日常维护记录及自校记录。应置于无振动，避免灰尘，防潮灯要求的环境中。

10. 其他微生物检测专用仪器的控制　实验室应对重要的检验设备（特别是自动化检验仪器）设置仪器比对。细菌鉴定仪、酶标仪等设备，工作中常用阳性对照检测其中功能的正常性。仪器的检定校准则按有关仪器的检定校准证书或按单位起草的作业指导书进行。

11. 蒸馏水的质量控制　蒸馏水定点供应，并做好相应的质量控制，记录检测结果。欧洲标准为微生物检验用蒸馏水的特定电导率 < 0.5 mS/m；细菌数 < 50 CFU/mL。日常用的标准为 < 0.5 mS/m，未见有细菌指标。检测频率：1 次/月。对于蒸馏水器来说：按照设备说明，定期清洁离子交换器和更换离子交换材料。

12. 诊断血清的质量控制　购入的沙门菌属、志贺菌属、致病性大肠埃希菌等的诊断血清必须立即记录其购入日期、观察透明度、色彩有无变化和是否有沉淀物，然后置 4 ℃ 冰箱保存。每月用标准菌株进行一次测定。

使用前应注意检查诊断血清的批号、有效期，如发现浑浊或有絮状沉淀物时，很可能是污染所致，不能再继续使用。使用前应以阳性及阴性菌株进行检测，观察其效价及特异性。

13. 标准菌株的来源和保存

（1）标准菌株的来源和要求　标准菌株必须是形态、染色反应、生理生化及血清学特性典型而稳定的菌株，实验结果重复性好，极少发生变异，国际社会认可的来源于专门机构的菌株。

（2）标准菌株的保存方法

①冷冻干燥法。最理想的保存方法，不改变菌种性状，保存时间长。

②冷冻保存法。此法较简单，将细菌混悬于脱纤维羊血或脱脂牛乳中，置液氮或 −20 ℃ 冰箱保存。但细菌经多次转种，性状可能发生变异。

③培养基保存法。最简易方便的方法，适用于大多数实验室。普通琼脂斜面保存法：适于一般细菌的保存，置 4 ℃ 冰箱可保存 1 个月。血琼脂斜面保存法：适于链球菌，可半月转种一次。半固体穿刺法：穿刺于培养基中并加液体石蜡，置 4 ℃ 冰箱可保存 3 ~ 6 个月，适用于肠杆菌科细菌。

五、记录与报告

1. 记录　检验过程中应即时、客观地记录观察到的现象、结果和数据等信息。

2. 报告　实验室应按照检验方法中规定的要求，准确、客观地报告检验结果。

六、检验后样品的处理

检验结果报告后，被检样品方能处理；检出致病菌的样品要经过无害化处理；检验结果报告后，剩余样品和同批产品不进行微生物项目的复检。

第二节 菌落总数检验技术

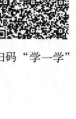

扫码"学一学"

（参考 GB 4789.2—2016《食品安全国家标准 食品微生物学检验 菌落总数测定》）

一、生物学概述

细菌菌落指细菌在固体培养基上繁殖所形成的肉眼可见的菌块。如果接种菌的密度十分稀薄，且规定一定的培养条件，由于菌的种类不同，它所形成的菌落的形状、大小、高低、位置、表面的粗细、边缘的形状、色调、透明度，以及菌块的质地、软硬、黏稠度和特殊培养基的着色等，也各不相同。因此，菌落是菌种鉴别上的一个重要特征。

细菌数量的表示方法由于所采用的计数方法不同而有两种：菌落总数和细菌总数。

1. 菌落总数 是指食品检样经过处理，在一定条件下培养后，所得 1 g 或 1 mL 检样中形成的细菌菌落总数，以 CFU/g（mL）来表示。除了对样品测定外，有时也对食品表面、食品接触面、食品加工用器具等测定，这时检样表面所带细菌形成的菌落总数，以 CFU/cm^2 来表示。

按国家标准方法规定，即在需氧情况下，（36±1）℃培养（48±2）小时，能在平板计数琼脂上生长发育的细菌菌落总数，所以厌氧或微需氧菌、有特殊营养要求的以及非嗜中温的细菌，由于现有条件不能满足其生理需求，故难以繁殖生长。菌落总数并不表示实际中的所有细菌总数，也不能区分其中细菌的种类，只包括一群在普通营养琼脂中生长发育、嗜中温的需氧和兼性厌氧的细菌菌落总数，所以有时被称为杂菌数，需氧菌数等。

菌落总数主要作为判别食品被污染程度的标志，也可以应用这一方法观察细菌在食品中繁殖的动态，以便对被检样品进行卫生学评价时提供依据。食品中细菌菌落总数越多，则食品含有致病菌的可能性越大，食品质量越差；菌落总数越小，则食品含有致病菌的可能性越小。须配合大肠菌群和致病菌的检验，才能对食品做出较全面的评价。

2. 细菌总数 指一定数量或面积的食品样品，经过适当的处理后，在显微镜下对细菌进行直接计数。其中包括各种活菌数和尚未消失的死菌数。细菌总数也称细菌直接显微镜数。通常以 1 g 或 1 mL 样品中的细菌总数来表示。

二、设备和材料

食品检样、阳性对照样品。

恒温培养箱：（36±1）、（30±1）℃；冰箱：2～5℃；恒温水浴箱：（46±1）℃；天平：感量为 0.1 g；均质器；振荡器。

无菌吸管：1 mL（具 0.01 mL 刻度）、10 mL（具 0.1 mL 刻度）或微量移液器及吸头；无菌锥形瓶：容量 250 mL，500 mL；无菌培养皿：直径 90 mm；pH 计或 pH 比色管或精密 pH 试纸；放大镜或/和菌落计数器。

三、培养基和试剂

平板计数琼脂培养基。

磷酸盐缓冲液、无菌生理盐水。

四、检验程序

菌落总数的检验流程见图 4 – 1。

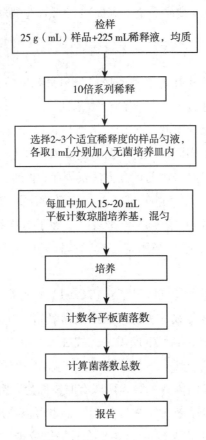

图 4 – 1　菌落总数检验流程图

五、操作步骤

（一）取样、稀释和培养

1. 取样　以无菌操作取检样 25 g（mL），放于 225 mL 灭菌生理盐水或磷酸盐缓冲液的灭菌玻璃瓶内（瓶内预置适量的玻璃珠）或灭菌乳钵内，经充分振荡或研磨制成 1∶10 的均匀稀释液。

固体和半固体检样在加入稀释液后，最好置灭菌均质器中以 8000～10 000 r/min 的速度处理 1～2 分钟，制成 1∶10 的均匀稀释液。

对于物体表面的取样则采用自制不锈钢采样板（5 cm×5 cm），用酒精棉球擦拭后在酒精灯上灼烧灭菌，冷却后放到被取样的位置，压紧采样板，用灭菌的生理棉球擦拭中间的 25 cm²，放入 225 mL 无菌生理盐水中，振荡摇匀，制得 1∶10 的样液。

2. 稀释　用 1 mL 灭菌吸管吸取 1∶10 稀释液 1 mL，沿管壁徐徐注入含有 9 mL 灭菌生理盐水或磷酸盐缓冲液的试管内，振摇试管或反复吹打混合均匀，制成 1∶100 的稀释液。另取 1 mL 灭菌吸管，按上项操作顺序，制 10 倍递增稀释液，如此每递增稀释一次即换用 1 支 10 mL 吸管。

3. 样品稀释度选择 根据标准要求或对污染情况的估计，选择 2~3 个适宜稀释度，分别在制作 10 倍递增稀释的同时，以吸取该稀释度的吸管移取 1 mL 稀释液于灭菌平皿中，每个稀释度做两个平皿。同时分别取 1 mL 稀释液（不含样品）加入两个灭菌平皿内作空白对照。

样品稀释度选择方法：如果已知污染程度，就按照污染程度来选择稀释度，当对某一个样品的污染程度不清楚的时候，往往要根据它的限量标准来选择适宜的稀释度，最好能够使三个稀释度中的中间稀释度的平皿菌落数落在 30~300 之间。具体选择方法如下：

如某样品的限量标准为 10 000 CFU/g，根据平板菌落数的多少，当样品处在限量标准时稀释 100 倍，可以选择 10^{-1}、10^{-2}、10^{-3} 三个稀释度，这样当样品中的菌落数超出限量标准 10 倍或者低于限量标准 10 倍时都可以有相对准确的数值，从而使样品满足检验结果的要求。

4. 稀释液和培养基混合 稀释液移入平皿后，将凉至 46 ℃平板计数琼脂培养基注入平皿约 15~20 mL，并转动平皿，混合均匀。

5. 培养 待琼脂凝固后，翻转平板，置（36±1）℃恒温培养箱内培养（48±2）小时，水产品（30±1）℃温箱内培养（72±3）小时。

6. 若有弥漫生长的菌落需再盖培养基 如样品中可能含有在琼脂培养基表面弥漫生长的菌落时，可在凝固后的琼脂表面覆盖一薄层琼脂培养基（约 4 mL），凝固后培养。

（二）菌落计数方法

作平皿菌落计数时，可用肉眼观察，必要时用放大镜检查，以防遗漏。在记下各平皿的菌落总数后，求出同稀释度的各平皿平均菌落数。

到达规定培养时间，应立即计数。如果不能立即计数，应将平板放置于 0~4 ℃，但不要超过 24 小时。

（1）平皿菌落数的选择。选取菌落数在 30~300 之间的平板作为菌落总数测定标准。每一个稀释度应采用两个平皿平均数，大于 300 的可记为多不可计。

（2）其中一个平板有较大片状菌落生长时，则不宜采用，而应以无片状菌落生长的平板作为该稀释度的菌落数；若片状菌落不到平板的一半，而其余一半中菌落分布又很均匀，则可以计算半个平板后乘以 2，以代表一个平板的菌落数。

（3）当平板上有链状菌落生长时，如呈链状生长的菌落之间无任何明显界限，则应作为一个菌落计，如存在有几条不同来源的链，则每条链均应按一个菌落计算，不要把链上生长的每一个菌落分开计数。

（三）菌落总数的计算

（1）若只有一个稀释度平板上的菌落数在适宜计数范围内，计算两个平板菌落数的平均值，再将平均值乘以相应稀释倍数，作为每 g（mL）中菌落总数结果。

（2）若有两个连续稀释度的平板菌落数在适宜计数范围内时，按如下公式计算：

$$N = \frac{\sum C}{(n_1 + 0.1 n_2)d} \tag{4-1}$$

式中，N 为样品中菌落数；$\sum C$ 为平板（含适宜范围菌落数的平板）菌落数之和；n_1 为第一个适宜稀释度平板数；n_2 为第二个适宜稀释度平板数；d 为稀释因子（第一稀释度）。

例如：

1.1.1.1.1.1 稀释度	1.1.1.1.1.2 1：100（第一稀释度）	1.1.1.1.1.3 1：1000（第二稀释度）
1.1.1.1.1.4 菌落数	1.1.1.1.1.5 232，244	1.1.1.1.1.6 33，35

$$N = \frac{232 + 244 + 33 + 35}{(2 + 0.1 \times 2) \times 10^{-2}} = \frac{544}{0.022} = 24\ 727$$

四舍五入表示为：2.5×10^{4}。

（3）若所有稀释度的平板菌落数均 >300，则取最高稀释度的平均菌落数乘以稀释倍数计算。如 10^{-1}、10^{-2}、10^{-3} 三个稀释度的平板菌落数分别为 850 和 900，640 和 680，320 和 340，均大于300，则选择 10^{-3} 的稀释度的平皿进行计算，即该样品的菌落总数为 $\frac{320 + 340}{2 \times 10^{-3}} = 3.3 \times 10^{5}$。

（4）若所有稀释度平板菌落数均 <30，则以最低稀释度的平均菌落数乘稀释倍数计算。

（5）若所有稀释度平板均无菌落生长，则应按 <1 乘以最低稀释倍数计算。

（6）若所有稀释度均不在 $30 \sim 300$ 之间，有的大于300，有的又小于30，则应以最接近300或30的平均菌落数乘以稀释倍数计算。当出现这种情况时，应注意将不同稀释度的平皿中的菌落数统一到同一个稀释度中进行比较。如 10^{-1}、10^{-2} 稀释度的平板菌落数分别为 330 和 340，24 和 22，则应将它们统一到 10^{-1} 的稀释度比较，即此时 10^{-1} 稀释度的平板中的菌落平均数 335 和 300 比较，而 10^{-2} 稀释度中平板的菌落平均数乘以 10 倍后即 230 和 300 比较，然后再对两种比较结果来分析，即 10^{-1} 相差 35，而 10^{-2} 相差 70，应选择 10^{-1} 的稀释度平板中的菌落数作为结果。

六、结果与报告

（1）菌落数在 $1 \sim 100$ 时，按四舍五入报告两位有效数字。

（2）菌落数 ≥ 100 时，第三位数字按四舍五入计算，取前面两位有效数字，为了缩短数字后面的零数，也可以 10 的指数表示。

（3）若所有平板上为蔓延菌落而无法计数，则报告菌落蔓延。

（4）若空白对照上有菌落生长，则此次检测结果无效。

（5）称重取样以 CFU/g 为单位报告，体积取样以 CFU/mL 为单位报告。

（6）将实验测出的样品数据以表格的方式报告。

（7）对样品菌落总数作出是否符合卫生要求的结论。

报告方式：

样品	样品稀释液			稀释度的选择	计算公式及结果 [CFU/mL（g 或 cm²）]
1					
2					
空白					

第三节 大肠菌群检验技术

（参考 GB 4789.3—2016《食品安全国家标准 食品微生物学检验 大肠菌群计数》）

一、生物学概述

（一）大肠菌群及范围

大肠菌群（coliforms）是指在一定培养条件（37℃、24小时）下能发酵乳糖、产酸产气的需氧和兼性厌氧革兰阴性无芽孢杆菌的总称。它不是细菌学上的分类命名，而是卫生细菌领域的用语；不代表某一个或某一属细菌，主要由肠杆菌科的四个属，即大肠埃希菌属（Escherichia）、柠檬酸杆菌属（Citrobacter）、产气克雷伯菌属（Klebsiella）和肠杆菌属（Enterobacter）的一些细菌构成，这些细菌的生化特性分类如表4-3所示。

表4-3 大肠菌群生化特性分类表

大肠菌群	靛基质	甲基红	V. P	枸橼酸	H₂S	明胶	动力	44.5℃乳糖
大肠埃希菌 I （Escherichia coli）	+	+	－	－	－	－	+/－	+
大肠埃希菌 II （E. coli）		+					+/－	
大肠埃希菌 III （E. coli）	+	+					+/－	
费劳地枸橼酸杆菌 I （Citrobacter ferlaud）	－	+		+	+/－		+/－	－
费劳地枸橼酸杆菌 II （C. ferlaud）	+	+	－	+	+/－		+/－	
产气克雷伯菌 I （Klebsiella aerogenes）	－	－	+					
产气克雷伯菌 II （K. aerogenes）	+		+	+				
阴沟肠杆菌 （Enterobacter cloacae）	+	－	+	+			+/－	－

注：+. 阳性；－. 阴性；+/－. 多数阳性，少数阴性。

由表4-3可以看出，大肠菌群中大肠埃希菌 I 型和 III 型的特点是，对靛基质、甲基红、V. P 和枸橼酸盐利用四个生化反应分别为"＋＋－－"，通常称为典型大肠埃希菌，而其他类大肠埃希菌则被称为非典型大肠埃希菌。

（二）粪便污染的指标细菌

早在1892年，沙尔丁格（Schardinger）氏首先提出大肠埃希菌作为水源中病原菌污染的指标菌的意见，因为大肠埃希菌是存在于人和动物的肠道内的常见细菌。1893年，塞乌博耳德斯密斯（Theobold Smith）氏指出，大肠埃希菌因普遍存在于肠道内，若在肠道以外的环境中发现，就可以认为这是由于人或动物的粪便污染造成的；从此，就开始应用大肠埃希菌作为水源中粪便污染的指标菌。据研究发现，成人每克粪便中的大肠菌群的含量为

$10^8 \sim 10^9$个。若水中或食品中发现有大肠菌群，即可证实已被粪便污染，有粪便污染也就有可能有肠道病原菌存在。根据这个理由，就可以认为这种含有大肠菌群的水或食品供食用是不安全的。所以目前为评定食品的卫生质量而进行检验时，也都采用大肠菌群或大肠埃希菌作为粪便污染的指标细菌。

作为理想的粪便污染的指标菌应具备以下几个特性，才能起到比较正确的指标作用：①存在于肠道内持有的细菌，才能显示出指标的特异性；②在肠道内占有极高的数量，即使被高度稀释后，也能被检出；③在肠道以外的环境中，其抵抗力大于肠道致病菌或相似，进入水中不再繁殖；④检验方法简便，易于检出和计数。

在食品卫生微生物检验中，可作为粪便污染指标菌依据的上述条件，粪便中数量最多的是大肠菌群，而且大肠菌群随粪便排出体外后，其存活时间与肠道主要致病菌大致相似，在检验方法上，也以大肠菌群的检验计数简便易行。因此，我国选用大肠菌群作为粪便污染指标菌是比较适宜的。

当然，大肠菌群作为粪便污染指标菌也有一些不足之处。例如，饮用水中含有较少量大肠菌群的情况下，有时仍能引起肠道传染病的流行等。

（三）大肠菌群的测定意义

大肠菌群分布较广，在恒温动物粪便和自然界广泛存在。调查研究表明，大肠菌群细菌多存在于恒温动物粪便、人类经常活动的场所以及有粪便污染的地方，人、畜粪便对外界环境的污染是大肠菌群在自然界存在的主要原因。粪便中多以典型大肠埃希菌为主，而外界环境中则以大肠菌群其他型别较多。大肠菌群是作为粪便污染指标菌提出来的，主要是以该菌群的检出情况来表示食品中有否粪便污染。大肠菌群数的高低，表明了粪便污染的程度，也反映了对人体健康危害性的大小。粪便是人类肠道排泄物，其中有健康人粪便，也有肠道患者或带菌者的粪便，所以粪便内除一般正常细菌外，同时也会有一些肠道致病菌存在（如沙门菌、志贺菌等），因而食品中有粪便污染，则可以推测该食品中存在着肠道致病菌污染的可能性，潜伏着食物中毒和流行病的威胁，必须看作对人体健康具有潜在的危险性。

二、设备和材料

恒温培养箱：(36 ± 1) ℃；冰箱：$2 \sim 5$ ℃；恒温水浴箱：(46 ± 1) ℃；天平：感量0.1 g；均质器；振荡器；菌落计数器；微生物实验室常规灭菌及培养设备。

无菌吸管：1 mL（具0.01 mL刻度）、10 mL（0.1 mL刻度）或微量移液器及吸头；无菌锥形瓶：容量500 mL；无菌培养皿：直径90 mm；pH计或pH比色管或精密pH试纸。

三、培养基和试剂

月桂基硫酸盐胰蛋白胨肉汤（LST）、煌绿乳糖胆盐肉汤（BGLB）、结晶紫中性红胆盐琼脂（VRBA）。

无菌磷酸盐缓冲溶液、无菌生理盐水、1 mol/L NaOH溶液、1 mol/L HCl溶液。

四、大肠菌群计数方法

食品中大肠菌群计数的方法包括大肠菌群MPN计数法和大肠菌群平板计数法。其中，第一法适用于大肠菌群含量较低的食品中大肠菌群的计数；第二法适用于大肠菌群含量较高的食品中大肠菌群的计数。

（一）大肠菌群 MPN 计数法

大肠菌群 MPN 计数法是基于泊松分布的一种间接计数方法样品经过处理与稀释后用月桂基硫酸盐胰蛋白胨肉汤（LST）进行初发酵，是为了证实样品或稀释液中是否存在符合大肠菌群的定义，即"在 37 ℃分解乳糖产酸产气"，而在培养基中加入的月桂基硫酸盐能抑制革兰阳性菌（但有些芽孢菌，肠球菌能生长），有利于大肠菌群的生长和挑选。初发酵后观察 LST 肉汤管是否产气。初发酵产气管，不能肯定就是大肠菌群，经过复发酵实验后，有时可能成为阴性。有数据表明，食品中大肠菌群检验步骤的符合率，初发酵与证实实验相差较大。因此，在实际检测工作中证实实验是必须的。而复发酵时培养基中煌绿和胆盐能抑制产芽孢细菌。此法食品中大肠菌群数系以每 1 g（mL）检样中大肠菌群最可能数（the most possible number，MPN）表示，再乘以 100，即可得到 100 g（mL）检样中大肠菌群的 MPN。从规定的反应呈阳性管数的出现率，用概率论来推算样品中大肠菌群数最近似的数值。MPN 检索表只给了三个稀释度，如改用不同稀释度，则表内数字应相应降低或增加 10 倍。该法适用于目前食品卫生标准中大肠菌群限量用 MPN/100 g（mL）表示的情况。

1. 检验程序　大肠菌群 MPN 计数法检验程序见图 4 - 2。实验中要注意减少误差，称样要准确，稀释时要充分稀释均匀不产生气泡，取样加样时要准确，使用移液器和一次性吸头可减少误差。

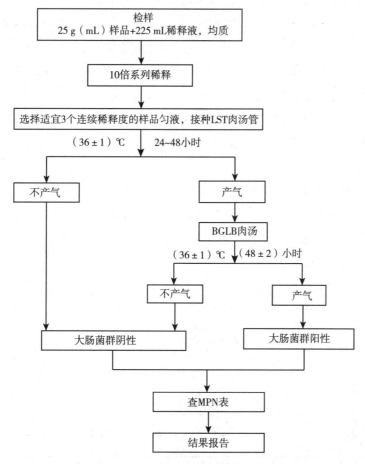

图 4 - 2　大肠菌群 MPN 计数法检验程序图

2. 操作步骤

（1）样品的稀释

①固体和半固体样品。称取 25 g 样品，放入盛有 225 mL 磷酸盐缓冲液或生理盐水的无菌均质杯内，8000 ~ 10 000 r/min 均质 1 ~ 2 分钟，或放入盛有 225 mL 磷酸盐缓冲液或生理盐水的无菌均质袋中，用拍击式均质器拍打 1 ~ 2 分钟，制成 1∶10 的样品匀液。

②液体样品。以无菌吸管吸取 25 mL 样品置盛有 225 mL 磷酸盐缓冲液或生理盐水的无菌锥形瓶（瓶内预置适当数量的无菌玻璃珠）或其他无菌容器中充分振摇或置于机械振荡器中振摇，充分混匀，制成 1∶10 的样品匀液。

③样品匀液的 pH 应在 6.5 ~ 7.5 之间，必要时分别用 1 mol/L NaOH 或 1 mol/L HCl 调节。

④用 1 mL 无菌吸管或微量移液器吸取 1∶10 样品匀液 1 mL，沿管壁缓缓注入 9 mL 磷酸盐缓冲液或生理盐水的无菌试管中（注意吸管或吸头尖端不要触及稀释液面），振摇试管或换用 1 支 1 mL 无菌吸管反复吹打，使其混合均匀，制成 1∶100 的样品匀液。

⑤根据对样品污染状况的估计，按上述操作，依次制成十倍递增系列稀释样品匀液。每递增稀释 1 次，换用 1 支 1 mL 无菌吸管或吸头。从制备样品匀液至样品接种完毕，全过程不得超过 15 分钟。

（2）初发酵试验　每个样品，选择 3 个适宜的连续稀释度的样品匀液（液体样品可以选择原液），每个稀释度接种 3 管 LST 肉汤，每管接种 1 mL（如接种量超过 1 mL，则用双料 LST 肉汤），（36±1）℃培养（24±2）小时，观察倒管内是否有气泡产生，（24±2）小时产气者进行复发酵试验（证实试验），如未产气则继续培养至（48±2）小时，产气者进行复发酵试验。未产气者为大肠菌群阴性。

（3）复发酵试验（证实试验）　用接种环从产气的 LST 肉汤管中分别取培养物 1 环，移种于 BGLB 肉汤管中，（36±1）℃培养（48±2）小时观察产气情况。产气者，计为大肠菌群阳性管。

3. 大肠菌群最可能数的结果与报告　对检样用 MPN 计数法进行大肠菌群测定的原始记录和结果填入表 4－4 中，并根据产品标准判定该检样大肠菌群的安全情况。

根据复发酵试验确证的大肠菌群 BGLB 阳性管数，检索 MPN 表（附录一），报告每 g（mL）样品中大肠菌群的 MPN 值。

表 4－4　大肠菌群最可能数法测定的原始记录和结果表

加样品量									
试管编号	1	2	3	4	5	6	7	8	9
初发酵实验									
复发酵实验									
各管大肠菌群判定									
检索表［MPN/g（mL）］									
MPN/100 g（mL）									

注：初发酵实验和复发酵实验结果表示：产气用"＋"，不产气用"－"表示。

（二）大肠菌群平板计数法

大肠菌群平板计数法是根据检样的污染程度，做不同倍数稀释，选择其中 2~3 个适宜的稀释度，与 VRBA 培养基混合，待琼脂凝固后，再加入少量 VRBA 培养基覆盖平板表层（以防止细菌蔓延生长），在一定培养条件下，计数平板上出现的大肠菌群和可疑菌落，再对其中 10 个可疑菌落用 BGLB 肉汤管进行证实实验后报告，称重取样以 CFU/g 为单位报告，体积取样以 CFU/mL 为单位报告。VRBA 培养基中，蛋白胨和酵母膏提供碳、氮源和微量元素；乳糖是可发酵糖类，氯化钠可维持均衡的渗透压；胆盐或 3 号胆盐和结晶紫能抑制革兰阳性菌，特别抑制革兰阳性杆菌和粪链球菌，通过抑制杂菌生长，而有利于大肠菌群的生长；中性红为 pH 指示剂，培养后如平板上出现能发酵乳糖产生紫红色菌落时，说明样品稀释液中存在符合大肠菌群的定义的菌，即"在 37 ℃分解乳糖产酸产气"，因为还有少数其他菌也有这样的特性，所以这样的菌落只能称为可疑，还需要用 BGLB 肉汤管实验进一步证实。该法适用于目前食品安全标准中大肠菌群限量用 CFU/g（mL）表示的情况，主要是乳制品。

1. 检验程序 大肠菌群平板计数法检验程序见图 4-3。

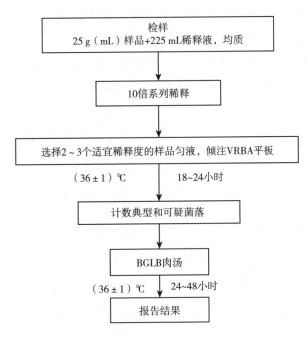

图 4-3 大肠菌群平板计数法检验程序图

2. 操作步骤

（1）样品的稀释 将样品按无菌操作进行 10 倍的稀释。方法同大肠菌群 MPN 计数法。

（2）平板计数

①选取 2~3 个适宜的连续稀释度，每个稀释度接种 2 个无菌平皿，每皿 1 mL。同时取 1 mL 生理盐水加入无菌平皿作空白对照。

②及时将 15~20 mL 溶化并恒温至 46 ℃的 VRBA 约倾注于每个平皿中。小心旋转平皿，将培养基与样液充分混匀，待琼脂凝固后，再加 3~4 mL VRBA 覆盖平板表层。翻转平板，置于（36±1）℃培养 18~24 小时。

3. 大肠菌群平板计数的结果与报告

（1）平板菌落数的选择　选取菌落数在 15～150 CFU 之间的平板，分别计数平板上出现的典型和可疑大肠菌群菌落（如菌落直径较典型菌落小）。典型菌落为紫红色，菌落周围有红色的胆盐沉淀环，菌落直径为 0.5 mm 或更大，最低稀释度平板低于 15 CFU 的记录具体菌落数。

（2）证实试验　从 VRBA 平板上挑取 10 个不同类型的典型和可疑菌落，少于 10 个菌落的挑取全部典型和可疑菌落。分别移种于 BGLB 肉汤管内，（36±1）℃培养 24～48 小时，观察产气情况。凡 BGLB 肉汤管产气，即可报告为大肠菌群阳性。

（3）大肠菌群平板计数法的报告　经最后证实为大肠菌群阳性的试管比例乘以"（1）"中计数的平板菌落数，再乘以稀释倍数，即为每 g（mL）样品中大肠菌群数。例：10^{-4} 样品稀释液 1 mL，在 VRBA 平板上有 100 个典型和可疑菌落，挑取其中 10 个接种 BGLB 肉汤管，证实有 6 个阳性管，则该样品的大肠菌群数为：（100×6/10）×10^4 mL＝$6.0×10^5$ CFU/g（mL）。若所有稀释度（包括液体样品原液）平板均无菌落生长，则以小于 1 乘以最低稀释倍数计算。

对检样用平板计数法进行大肠菌群测定的原始记录和报告填入表 4-5 中。按照式 4-2 计算结果，经最后证实为大肠菌群阳性的试管比例乘以"（3）"中计数的平板菌落数，再乘以稀释倍数，即为每 g（mL）样品中大肠菌群数。例：10^{-4} 样品稀释液 1 mL，在 VRBA 平板上有 100 个典型和可疑菌落，挑取其中 10 个接种 BGLB 肉汤管，证实有 6 个阳性管，则该样品的大肠菌群数为：（100×6/10）×10^4＝$6.0×10^5$ CFU/g（mL）。若所有稀释度（包括液体样品原液）平板均无菌落生长，则以小于 1 乘以最低稀释倍数计算。

$$N = \frac{\sum C}{nd} \cdot \frac{C_P}{C_T} \tag{4-2}$$

式中，N 为样品中大肠菌群数；$\sum C$ 为平板（含适宜范围菌落数的平板）上典型和可疑菌落数之和；C_T 为平板上挑取的大肠菌群菌落数；C_P 为证实为阳性的大肠菌群菌落数；n 为适宜稀释度平板个数；d 为稀释因子。

表 4-5　大肠菌群平板计数法测定的原始记录和结果表

皿次	原液	10^{-1}	10^{-2}	10^{-3}	空白
1					
2					
平均					
计数稀释度			计数菌数		
证实实验结果					
结果报告 ［CFU/g（mL）］					

拓展阅读

大肠菌群的快速测定技术

参照 SN/T 1896—2007《食品中大肠菌群和大肠埃希菌快速计数法 Petrifilm™ 测试片》方法进行测定。

Petrifilm™ 大肠菌群测试片适用于食品和原料中大肠菌群和大肠埃希菌的计数以及表面的卫生检测，有以下两种方法。

1. Petrifilm™ 大肠菌群测试片　是一种预先制备好的培养基系统，含有 VRB 培养基，冷水可溶性凝胶和氯化三苯四氮唑（TTC）指示剂，可增强菌落计数效果。表面覆盖的胶膜，可截留发酵乳糖的大肠菌群产生的气体。培养结束后计数红点周围有气泡的菌落为大肠菌群数。

2. Petrifilm™ 大肠埃希菌/大肠菌群测试片　是一种预先制备好的培养基系统，含有 VRB 培养基，冷水可溶性凝胶和葡萄糖苷酶指示剂，可增强菌落计数效果。绝大多数 *E. coli*（约占 97%）能产生 β - 葡萄糖苷酶与培养基中的指示剂反应，产生蓝色沉淀环绕在大肠埃希菌菌落周围。表面覆盖的胶膜，可截留发酵乳糖的大肠菌群产生的气体。培养结束后计数蓝点带气泡的菌落即为大肠埃希菌数，红点带气泡和蓝点带气泡的菌落之和为大肠菌群数。

第四节　霉菌和酵母计数技术

（参考 GB 4789.15—2016《食品安全国家标准 食品微生物学检验 霉菌和酵母计数》）

扫码"学一学"

一、生物学概述

霉菌和酵母菌都是真菌，广泛分布于外界环境中，与人们日常生活联系十分密切。它们在食品上可以作为正常菌相一部分，或者作为空气传播性污染物，在消毒不适当的设备上也可被发现。各类食品特别是植物性食品或原料由于遭到霉菌和酵母菌的侵染，常常会发生霉坏变质，造成经济损失。有些霉菌（黄曲霉（*A. flavus*）、灰绿曲霉（*A. glaucus*）、纯绿青霉（*Penicillium viridicatum*）等）能在食品谷物上生长并产生真菌毒素。其中，黄曲霉毒素有明显的致癌作用，严重危害消费者的身体健康。常见的霉菌有毛霉菌（*Mucor*）、根霉菌（*Rhizopus*）、曲霉（*Aspergillus*）、青霉（*Penicillium*）等 9 类。现今发现对粮食造成污染的霉菌有 150 多种，检测粮食中的霉菌，对于指导粮食储备、保护人类和动物饮食安全意义重大。酵母菌在酿造、食品、医药工业等方面占有重要地位。酵母菌有 1000 多种，与食品有关的酵母菌主要有假丝酵母、啤酒酵母、面包酵母等。致病性的酵母菌含量过高会引起深部真菌感染。因此，对食品中霉菌和酵母菌数量的监测是十分必要的。

霉菌和酵母菌总数是指食品检样经过处理，在一定条件下（如培养基、培养温度和培养时间、pH、需氧性质等）培养后，所得 1 g 或 1 mL 检样中所含的霉菌和酵母菌菌落数。

霉菌和酵母菌总数主要作为判定食品被霉菌和酵母菌污染程度的标志，以便对被检样品进行安全学评价时提供依据。也可以应用这一方法观察霉菌和酵母菌在食品中繁殖的动态，以便对被检样品贮藏安全性评价时提供依据。

（一）霉菌

霉菌（moulds）是形成分支菌丝的真菌统称。其特点是菌丝体较发达，无较大子实体。

霉菌体的基本构成单位称为菌丝，呈长管状，宽度 2～10 μm，可不断自前端生长并分枝。无隔或有隔，具1至多个细胞核。在固体基质上生长时，部分菌丝深入基质吸收养料，称为基质菌丝或营养菌丝；向空中伸展的称气生菌丝，可进一步发育为繁殖菌丝，产生孢子。大量菌丝交织成绒毛状、絮状或网状等，称为菌丝体。菌丝体常呈白色、褐色、灰色，或呈鲜艳的颜色（菌落为白色毛状的是毛霉，绿色的为青霉，黄色的为黄曲霉），有的可产生色素使基质着色。

霉菌的菌落是由分枝状菌丝组成，因菌丝较粗长，呈绒毛状，絮状，蜘蛛状。成熟的霉菌菌落多少由各种颜色的孢子形成，随种而异。

（二）酵母菌

酵母菌（Saccharomyce）是一个俗称，是一群比细菌大得多的单细胞真核微生物，在自然界中主要分布在含糖较高的偏酸性环境中。

酵母菌是单细胞个体，形态依种类不同而多种多样，常见的有球状、椭球形、卵球状、柠檬状、香肠状等。酵母菌细胞比细菌细胞要大，一般为（5～30）μm×（1～5）μm。

酵母菌的菌落形态同细菌菌落相似，一般呈圆形、光滑、湿润，易挑起，但由于酵母菌细胞不能运动，往往更大、更厚，多数不透明。

二、设备和材料

培养箱：（28±1）℃；拍打式均质器及均质袋；电子天平：感量0.1 g；旋涡混合器；恒温水浴箱：（46±1）℃；显微镜：10～100倍；测微器：具标准刻度的玻片；微生物实验室常规灭菌及培养设备。

无菌锥形瓶：容量500 mL；无菌吸管：1 mL（具0.01 mL刻度）、10 mL（具0.1 mL刻度）；无菌试管：18 mm×180 mm；无菌平皿：直径90 mm；微量移液器及枪头：1.0 mL；折光仪；郝氏计测玻片：具有标准计测室特制玻片；盖玻片。

三、培养基和试剂

马铃薯葡萄糖琼脂、孟加拉红琼脂（倾注平板前，用少量乙醇溶解氯霉素加入培养基中）。无菌磷酸盐缓冲液、无菌生理盐水。

四、霉菌和酵母菌计数方法

食品中霉菌和酵母菌的计数方法主要包括霉菌和酵母平板计数法和霉菌直接镜检计数法。其中，第一法霉菌和酵母平板计数法主要适用于各类食品中霉菌和酵母计数，第二法适用于番茄酱罐头、番茄汁中霉菌计数。

（一）霉菌和酵母平板计数法（第一法）

1. 检验程序　霉菌和酵母平板计数法检验程序见图4-4。

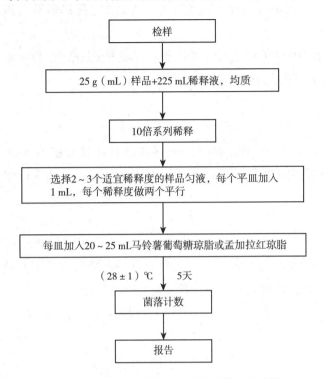

图4-4　霉菌和酵母菌平板计数法检验程序图

2. 操作步骤

（1）样品稀释

①固体和半固体样品。称取25 g样品至盛有225 mL无菌稀释液（蒸馏水或生理盐水或磷酸盐缓冲液），充分振摇，或用拍击式均质器拍打1~2分钟，制成1∶10的样品匀液。

②液体样品。以无菌吸管吸取25 mL样品至盛有225 mL无菌稀释液（蒸馏水或生理盐水或磷酸盐缓冲液）的适宜容器内（可在瓶内预置适当数量的无菌玻璃珠）或无菌均质袋中，充分振摇，或用拍击式均质器拍打1~2分钟，制成1∶10的样品匀液。

③取1 mL 1∶10样品匀液注入含有9 mL无菌稀释液的试管中，另换一支1 mL无菌吸管反复吹吸，或在旋涡混合器上混匀，此液为1∶100样品匀液。

④按③操作，制备10倍递增系列稀释样品匀液。每递增稀释一次，换用1支1 mL无菌吸管。

（2）培养

①根据对样品污染状况的估计，选择2~3个适宜稀释度的样品匀液（液体样品可包括原液），在进行10倍递增稀释的同时，每个稀释度分别吸取1 mL样品匀液于2个无菌平皿内。同时分别取1 mL样品稀释液加入2个无菌平皿作空白对照。

②及时将20~25 mL冷却至46 ℃的马铃薯葡萄糖琼脂或孟加拉红琼脂［可放置于（46±1）℃恒温水浴箱中保温］倾注平皿，并转动平皿使其混合均匀。置水平台面待培养基完全凝固。

③琼脂凝固后，正置平板，置（28±1）℃培养箱中培养，观察并记录至培养至第5天结果。

（3）菌落计数

①用肉眼观察，必要时可用放大镜或低倍镜，记录各稀释倍数和相应的霉菌和酵母菌数。以 CFU 表示。

②选取菌落数在 10～150 CFU 的平板，根据菌落形态分别计数霉菌和酵母。霉菌蔓延生长覆盖整个平板的可记录为菌落蔓延。

3. 结果与报告

（1）结果分析

①如果只有一个稀释度平板上的平均菌落在适宜计数范围内（10～150 CFU），则按式4-3计算同一稀释度的两个平板菌落数的平均值，再将平均值乘以相应的稀释倍数。

$$N = \frac{\sum C}{nd} \tag{4-3}$$

式中，N 为样品中菌落数；$\sum C$ 为平板（含适宜范围菌落数的平板）菌落数之和；n 为适宜稀释度平板个数；d 为稀释因子（第一稀释度）。

②若有两个连续稀释度的平板菌落数在适宜计数范围内时，按式4-4计算。

$$N = \frac{\sum C}{(n_1 + n_2)d} \tag{4-4}$$

式中，N 为样品中菌落数；$\sum C$ 为平板（含适宜范围菌落数的平板）菌落数之和；n_1 为第一稀释度（低稀释倍数）平板个数；n_2 为第二稀释度（高稀释倍数）平板个数；d 为稀释因子（第一稀释度）。

③若所有平板上菌落数均大于150 CFU，则对稀释度最高的平板进行计数，其他平板可记录为多不可计，结果按平均菌落数乘以最高稀释倍数计算。

④若所有平板上菌落数均小于10 CFU，则应按稀释度最低的平均菌落数乘以稀释倍数计算。

⑤若所有稀释度（包括液体样品原液）平板均无菌落生长，则以小于1乘以最低稀释倍数计算。

⑥若所有稀释度的平板菌落数均不在10～150 CFU 之间，其中一部分小于10 CFU 或大于150 CFU 时，则以最接近10 CFU 或150 CFU 的平均菌落数乘以稀释倍数计算。

（2）报告

①对检样进行霉菌和酵母菌计数的原始记录和结果填入表4-6中，并根据产品标准评价检样霉菌和酵母菌总数的安全状况。

②菌落数按"四舍五入"原则修约。菌落数在10以内时，采用一位有效数字报告；菌落数在10～100之间时，采用两位有效数字报告。

③菌落数大于或等于100时，前第3位数字采用"四舍五入"原则修约后，取前2位数字，后面用0代替位数来表示结果；也可用10的指数形式来表示，此时也按"四舍五入"原则修约，采用两位有效数字。

④若空白对照平板上有菌落出现，则此次检测结果无效。

⑤称重取样以 CFU/g 为单位报告，体积取样以 CFU/mL 为单位报告，报告或分别报告霉菌和/或酵母菌数。

表 4 – 6 霉菌和酵母菌计数的原始记录和结果表

皿次	原液	10^{-1}	10^{-2}	10^{-3}	空白
1					
2					
平均值					
计数稀释度			计数菌数		
结果报告 [CFU/g（mL）]					

（二）霉菌直接镜检计数法（第二法）

1. 检验程序 霉菌直接镜检计数法检验程序见图 4 – 5。

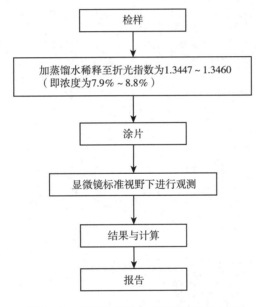

图 4 – 5 霉菌直接镜检计数法检验程序图

2. 操作步骤

（1）检样的制备 取适量检样，加蒸馏水稀释至折光指数为 1. 3447 ~ 1. 3460（即浓度为 7. 9% ~ 8. 8%），备用。

（2）显微镜标准视野的校正 将显微镜按放大率 90 ~ 125 倍调节标准视野，使其直径为 1. 382 mm。

（3）涂片 洗净郝氏计测玻片，将制好的标准液，用玻璃棒均匀摊布于计测室，加盖玻片，以备观察。

（4）观测 将制好的载玻片置于显微镜标准视野下进行观测。一般每一检样每人观察 50 个视野。同一检样应由两人进行观察。

3. 结果与报告

（1）观察与计算　在标准视野下，发现有霉菌菌丝其长度超过标准视野（1.383 mm）的1/6或三根菌丝总长度超过标准视野的1/6（即测微器的一格）时即记录为阳性（＋），否则记录为阴性（－）。

（2）报告　报告每100个视野中全部阳性视野为霉菌视野百分数（视野%）。

? 思考题

1. 简述不同食品的取样方案确定的依据。二级采样方案和三级采样方案的区别及其适用情况。

2. 为什么固体和半固体样品取样25 g，液体样品取样25 mL？

3. 什么是大肠菌群？说明食品中测定大肠菌群的意义？大肠菌群具有哪些生物学特性？为什么食品中大肠菌群的检验要经过复发酵试验才能证实？

4. 说明霉菌、酵母菌数的测定与菌落总数的测定有什么不同和相同之处？

5. 什么是细菌菌落总数（CFU）？影响杂菌总数准确性的因素有哪些？

（隋志伟　李宝玉）

扫码"练一练"

第五章　食品中常见病原微生物检验技术

第一节　沙门菌检验技术

扫码"学一学"

（参考 GB 4789.4—2016《食品安全国家标准 食品微生物学检验 沙门氏菌检验》）

一、生物学概述

沙门菌属是一大群寄生于人类和动物肠道，其生化反应和抗原构造相似的革兰阴性杆菌。是一群血清学上相关的需氧、无芽孢的革兰阴性杆菌、周身鞭毛，能运动，不发酵侧金盏花醇、乳糖及蔗糖，不液化明胶，不产生靛基质，不分解尿素，能有规律地发酵葡萄糖并产酸产气。

沙门菌属种类繁多，少数只对人致病。其他对动物致病，偶尔可传染给人。主要引起人类伤寒、副伤寒以及食物中毒或败血症。在世界各地的食物中毒中，沙门菌食物中毒常占首位或第二位。

食品中沙门菌的检验方法有五个基本步骤：前增菌→选择性增菌→选择性平板分离→生化试验、鉴定到属→血清学分型鉴定。

目前检验食品中的沙门菌是以统计学取样方案为基础，25 g 食品为标准分析单位。

二、设备和材料

沙门菌（对照菌）。

冻肉、蛋制品、乳制品等。

天平（称取检样用）、均质器或乳钵、显微镜、广口瓶、锥形瓶、吸管、平皿、试管、金属匙或玻璃棒、接种棒、试管架。

三、培养基和试剂

缓冲蛋白胨水（BPW）、四硫磺酸钠煌绿（TTB）增菌液、亚硒酸盐胱氨酸（SC）增菌液、亚硫酸铋琼脂（BS）、HE 琼脂［或者木糖赖氨酸脱氧胆盐（XLD）琼脂］、三糖铁琼脂（TSI）、尿素培养基、赖氨酸脱羧酶试验培养基、丙二酸钠培养基、氰化钾（KCN）培养基、ONPG 培养基。

蛋白胨水、缓冲葡萄糖蛋白胨水、沙门菌 A ~ F 多价诊断血清、生化鉴定试剂盒（吲哚试剂、V.P 试剂、甲基红试剂、氧化酶试剂、革兰染色液等）。

四、检验程序

沙门菌检验程序见图 5－1。

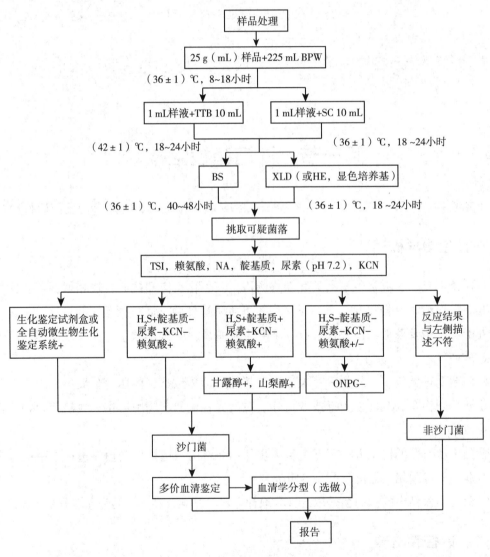

图 5－1 沙门菌检验程序

五、操作步骤

1. 前增菌 称取 25 g（mL）样品放入盛有 225 mL BPW 的无菌均质杯中，以 8000 ~

10 000 r/min 均质 1~2 分钟，或置于盛有 225 mL BPW 的无菌均质袋中，用拍击式均质器拍打 1~2 分钟。若样品为液态，不需要均质，振荡混匀。如需测定 pH，用 1 mol/L 无菌 NaOH 或 HCl 调 pH 至 6.8 ± 0.2。无菌操作将样品转至 500 mL 锥形瓶中，如使用均质袋，可直接进行培养，于（36 ± 1）℃培养 8~18 小时。

如为冷冻产品，应在 45 ℃以下不超过 15 分钟，或 2~5 ℃不超过 18 小时解冻。

2. 增菌　轻轻摇动培养过的样品混合物，移取 1 mL，转种于 10 mL TTB 内，于（42 ± 1）℃培养 18~24 小时。同时，另取 1 mL，转种于 10 mL SC 内，于（36 ± 1）℃培养 18~24 小时。

3. 分离　分别用接种环取增菌液 1 环，划线接种于一个 BS 琼脂平板和一个 XLD 琼脂平板（或 HE 琼脂平板或沙门菌属显色培养基平板）。于（36 ± 1）℃分别培养 18~24 小时（XLD 琼脂平板、HE 琼脂平板、沙门菌属显色培养基平板）或 40~48 小时（BS 琼脂平板），观察各个平板上生长的菌落，各个平板上的菌落特征见表 5-1。

表 5-1　沙门菌属在不同选择性琼脂平板上的菌落特征

选择性琼脂平板	沙门菌菌落特征
BS 琼脂平板	菌落为黑色有金属光泽、棕褐色或灰色，菌落周围培养基可呈黑色或棕色；有些菌株形成灰绿色的菌落，周围培养基不变
HE 琼脂平板	蓝绿色或蓝色，多数菌落中心黑色或几乎全黑色；有些菌株为黄色，中心黑色或几乎全黑色
XLD 琼脂平板	菌落呈粉红色，带或不带黑色中心，有些菌株可呈现大的带光泽的黑色中心，或呈现全部黑色的菌落；有些菌株为黄色菌落，带或不带黑色中心
沙门菌属显色培养基平板	按照显色培养基的说明进行判定

4. 生化试验　自选择性琼脂平板上分别挑取 2 个以上典型或可疑菌落，接种三糖铁琼脂，先在斜面划线，再于底层穿刺；接种针不要灭菌，直接接种赖氨酸脱羧酶试验培养基和营养琼脂平板上，于（36 ± 1）℃培养 18~24 小时，必要时可延长至 48 小时。在三糖铁琼脂和赖氨酸脱羧酶试验培养基内，沙门菌属的反应结果见表 5-2。

表 5-2　沙门菌属在三糖铁琼脂和赖氨酸脱羧酶试验培养基内的反应结果

三糖铁琼脂培养基				赖氨酸脱羧酶试验培养基	初步判断
斜面	底层	产气	硫化氢		
K	A	+ (-)	+ (-)	+	可疑沙门菌
K	A	+ (-)	+ (-)	-	可疑沙门菌
A	A	+ (-)	+ (-)	+	可疑沙门菌
A	A	+/-	+/-	-	非沙门菌
K	K	+/-	+/-	+/-	非沙门菌

注：K. 产碱，A. 产酸；+. 阳性，-. 阴性；+（-）. 多数阳性，少数阴性；+/-. 阳性或阴性。

如果为 K/K 模式，说明斜面、底层产碱，没有发酵葡萄糖，而沙门菌是可以发酵葡萄糖的，所以无论赖氨酸脱羧酶试验结果如何，均为非沙门菌；沙门菌可发酵葡萄糖，不发酵乳糖和蔗糖，底层产酸，由于葡糖糖量少，发酵完后利用蛋白胨产碱，且量大于酸，中和后变为碱性，若沙门菌试验为 K/A 模式，判定为可疑。

如果赖氨酸脱羧酶实验为阳性，而三糖铁为 A/A 模式，即利用了赖氨酸产碱，但量不够，在底层、斜面产酸量较大，说明利用了乳糖或者蔗糖，部分沙门菌具有这样的性质，判定为可疑。

如果赖氨酸脱羧酶实验为阴性，而三糖铁为 A/A 模式，说明底层、斜面产酸，没有一种沙门菌属具有这样的性质，故判定为非沙门菌。

接种三糖铁琼脂和赖氨酸脱羧酶试验培养基的同时，可直接接种蛋白胨水（供做靛基质试验）、尿素琼脂（pH 7.2）、氰化钾（KCN）培养基，也可在初步判断结果后从营养琼脂平板上挑取可疑菌落接种。于（36±1）℃培养 18～24 小时，必要时可延长至 48 小时，按表 5－3 判定结果。将已挑菌落的平板贮存于 2～5 ℃或室温至少保留 24 小时，以备必要时复查。

表5－3　沙门菌属生化反应初步鉴别表

反应序号	硫化氢（H₂S）	靛基质	pH 7.2 尿素	氰化钾（KCN）	赖氨酸脱羧酶
A₁	+	－	－	－	+
A₂	+	+	－	－	+
A₃	+	－	－	－	+／－

注：+. 阳性；－. 阴性；+／－. 阳性或阴性。

反应序号 A₁，典型反应判定为沙门菌。如尿素、氰化钾和赖氨酸脱羧酶三项中有一项异常，按照表 5－4 可判定为沙门菌。如有 2 项异常为非沙门菌。

表5－4　沙门菌属生化反应初步鉴定表

pH 7.2 尿素	氰化钾（KCN）	赖氨酸脱羧酶	判定结果
－	－	－	甲型副伤寒沙门菌（要求血清学鉴定结果）
－	+	+	沙门菌Ⅳ或Ⅴ（要求符合本群生化特征）
+	－	+	沙门菌个别变体（要求血清学鉴定结果）

注：+. 阳性；－. 阴性。

六、结果与报告

综合以上生化试验和血清学鉴定的结果，报告 25 g（mL）样品中检出或未检出沙门菌。

第二节　志贺菌检验技术

（参考 GB 4789.5—2012《食品安全国家标准 食品微生物学检验 志贺氏菌检验》）

一、生物学概述

（一）志贺菌简介

志贺菌是人类重要的肠道致病菌之一，食物源性的痢疾暴发（即志贺菌食物中毒），主要是食用了被污染该菌的食品和水所致，志贺菌属通称为痢疾杆菌，一般指Ⅰ型痢疾志贺菌，志贺杆菌是日本志贺洁在 1898 年首次分离得到的，因此而得名。根据志贺菌抗原构造的不同，可分为四个群 48 个血清型（包括亚型），A 群：又称痢疾志贺菌（*Sh. dysenteriae*），B 群：又称福氏志贺菌（*Sh. flexneri*），C 群：又称鲍志贺菌（*Sh. boydii*），D 群：又称宋内志贺菌（*Sh. sonnei*）。根据流行病学调查，我国主要以福氏志贺菌为主，但近年来，志贺菌Ⅰ型的细菌性痢疾已发展为世界性流行趋势，我国至少在 10 个省、区发生了不同规模流行。

扫码"学一学"

（二）培养特性

需氧或兼性厌氧，但厌氧时生长不很旺盛；对营养要求不高，在普通琼脂培养基上易于生长；在 10 ~ 40 ℃ 范围内可生长，最适温度为 37 ℃ 左右。最适 pH 为 7.2；在 HE、EMB、SS 等固体培养基上，培养 18 ~ 24 小时后，形成圆形、突起、透明，直径 2 ~ 3 mm、表面光滑、湿润、边缘整齐，不发酵乳糖的菌落。

（三）形态与染色

革兰阴性，两侧平行、末端钝圆的短杆菌，与其他肠道杆菌相似，无荚膜，无鞭毛，不形成芽孢。

（四）生化特性

氧化酶试验阴性，一般不发酵乳糖、蔗糖和棉子糖，发酵葡萄糖产酸不产气，无动力。发酵甘露醇，TSI 反应为 K/A 模式，甲基红和硝酸盐还原反应为阳性，V.P、柠檬酸盐、硫化氢、尿酶反应均为阴性。

（五）鉴定要点

1. 在鉴定平板上为无色透明或半透明菌落，TSI 反应为 K/A 模式，无动力，不产硫化氢，V.P、柠檬酸盐、硫化氢、尿酶反应均为阴性。

2. 符合上述步骤中所有特征者，用 4 种多价血清进行鉴定，若血清凝集，则采用单价血清进行诊断。

3. 注意四种志贺菌生化反应的区别（表 5 - 5）。

表 5 - 5　志贺菌属四个群的生化特征

种和群	β - 半乳糖苷酶	靛基质	甘露醇	棉子糖	甘油	葡萄糖铵	西蒙柠檬酸盐	黏液酸盐
A 群：痢疾志贺菌	-	-/+	-	-	（+）	-	-	-
B 群：福氏志贺菌	-	（+）	+	+	-	-	-	-
C 群：鲍氏志贺菌	-	-/+	+	-	（+）	-	-	-
D 群：宋内氏志贺菌	+	-	+	+	d	-	-	d
大肠埃希菌	+	+/-	+	+	d	+	d	+
A ~ D 菌	+	+	+	d	d	+	d	d

注：+. 阳性；-. 阴性；-/+. 多数阴性；+/-. 多数阳性；（+）. 迟缓阳性；d. 有不同生化型。

（六）志贺菌检测标准

志贺菌引起的细菌性痢疾是最常见的肠道传染病，夏、秋两季患者最多。传染源主要为患者和带菌者，通过污染了痢疾杆菌的食物、饮水等经口感染。1984 年我国就制定了国家标准，采用传统培养及生化反应和血清来鉴定的方法。随着生物技术的发展，建立了志贺菌的多重聚合酶链式反应 - 变性高效液相色谱法（multiplex polymerase chain reaction - denaturing high - performance liquid chromatography，MPCR - DHPLC）及环介导等温扩增技术（loop - mediated isothermal amplication，LAMP）检测方法，并分别与 2005 年和 2011 年写入进出口标准。目前在用的标准有：

（1）GB/T 4789.5—2012；

（2）GB/T 8381.2—2005《饲料中志贺氏菌的检测方法》；

（3）SN/T 2565—2010《食品中志贺氏菌分群检测 MPCR - DHPLC 法》；

（4）SN/T 2754.3—2011《出口食品中致病菌环介导恒温扩增（LAMP）检测方法 第3部分：志贺氏菌》。

（七）相关产品或卫生限量标准

目前，我国大部分食品卫生及产品标准规定了志贺菌限量为不得检出，包括：食糖、调味品、馒头、糕点、饮料、湿米粉、熟肉制品、月饼、发酵酒类、水、水产品、干货蜜饯类、油炸小食品等产品，而乳制品食品安全国家标准、速冻面米制品食品安全国家标准中未对志贺菌进行限量。

二、设备和材料

冰箱：（2~5 ℃）；恒温培养箱：（36±1）℃；均质器：8000~10 000 r/min；乳钵或拍打式均质器；天平：感量0.1 g；试管：15 mm×150 mm、18 mm×180 mm；吸管：1、10 mL；培养皿：90 mm；锥形瓶：500、250 mL。

三、培养基和试剂

GN 增菌液、HE 琼脂、SS 琼脂、麦康凯琼脂、伊红美蓝琼脂（EMB）、三糖铁琼脂（TSI）。

生化鉴定试剂、志贺菌诊断血清。

四、检验程序

志贺菌检验流程见图 5－2。

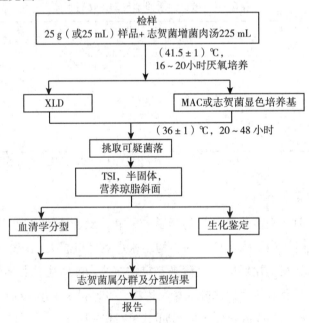

图 5－2　志贺菌检验程序

五、操作步骤

（一）增菌

以无菌操作取检样 25 g（mL），加入装有灭菌 225 mL 志贺菌增菌肉汤的均质杯，用旋转刀片式均质器以 8000~10 000 r/min 均质；或加入装有 225 mL 志贺菌增菌肉汤的均质袋中，用拍击式均质器连续均质 1~2 分钟，液体样品振荡混匀即可。于（41.5±1）℃，厌氧培养 16~20 小时。

（二）分离

取增菌后的志贺增菌液分别划线接种于 XLD 琼脂平板和 MAC 琼脂平板或志贺菌显色培养基平板上，于（36±1）℃ 培养 20~24 小时，观察各个平板上生长的菌落形态。宋内志贺菌的单个菌落直径大于其他志贺菌。若出现的菌落不典型或菌落较小不易观察，则继续培养至 48 小时再进行观察。志贺菌在不同选择性琼脂平板上的菌落特征见表 5-6。

表 5-6　志贺菌在不同选择性琼脂平板上的菌落特征

选择性琼脂平板	志贺菌的菌落特征
MAC 琼脂	无色至浅粉红色，半透明、光滑、湿润、圆形、边缘整齐或不齐
XLD 琼脂	粉红色至无色，半透明、光滑、湿润、圆形、边缘整齐或不齐
志贺菌显色培养基	按照显色培养基的说明进行判定

（三）初步生化试验

1. 自选择性琼脂平板上分别挑取 2 个以上典型或可疑菌落，分别接种三糖铁、半固体和营养琼脂斜面各一管，置（36±1）℃ 培养 20~24 小时，分别观察结果。

2. 凡是三糖铁琼脂中斜面产碱、底层产酸（发酵葡萄糖，不发酵乳糖，蔗糖）、不产气（福氏志贺菌 6 型可产生少量气体）、不产硫化氢、半固体管中无动力的菌株，挑取其上述已培养的营养琼脂斜面上生长的菌苔，进行生化试验和血清学分型。

（四）生化试验及附加生化试验

1. 生化试验　用上述已培养的营养琼脂斜面上生长的菌苔，进行生化试验，即 β-半乳糖苷酶、尿素、赖氨酸脱羧酶、鸟氨酸脱羧酶以及水杨苷和七叶苷的分解试验。除宋内志贺菌、鲍氏志贺菌 13 型的鸟氨酸阳性；宋内菌和痢疾志贺菌 1 型，鲍氏志贺菌 13 型的 β-半乳糖苷酶为阳性以外，其余生化试验志贺菌属的培养物均为阴性结果。另外由于福氏志贺菌 6 型的生化特性和痢疾志贺菌或鲍氏志贺菌相似，必要时还需加做靛基质、甘露醇、棉子糖、甘油试验，也可做革兰染色检查和氧化酶试验，应为氧化酶阴性的革兰阴性杆菌。生化反应不符合的菌株，即使能与某种志贺菌分型血清发生凝集，仍不得判定为志贺菌属。志贺菌属生化特性见表 5-7。

表 5-7　志贺菌属四个群的生化特征

生化反应	A 群：痢疾志贺菌	B 群：福氏志贺菌	C 群：鲍氏志贺菌	D 群：宋内志贺菌
β-半乳糖苷酶	-[a]	-	-[a]	+
尿素	-	-	-	-
赖氨酸脱羧酶	-	-	-	-
鸟氨酸脱羧酶	-	-	-[b]	+
水杨苷	-	-	-	-

生化反应	A 群：痢疾志贺菌	B 群：福氏志贺菌	C 群：鲍氏志贺菌	D 群：宋内志贺菌
七叶苷	−	−	−	−
靛基质	−／+	（+）	−／+	−
甘露醇	−	+[c]	+	+
棉子糖	−	+	−	+
甘油	（+）	−	（+）	d

注：+. 阳性；−. 阴性；−／+. 多数阴性；+／−. 多数阳性；（+）. 迟缓阳性；d. 有不同生化型。a. 痢疾志贺 1 型和鲍氏 13 型为阳性；b. 鲍氏 13 型为鸟氨酸阳性；c. 福氏 4 型和 6 型常见甘露醇阴性变种。

2. 附加生化试验 由于某些不活泼的大肠埃希菌、A – D（Alkalescens – D isparbio-types，碱性 – 异型）菌的部分生化特征与志贺菌相似，并能与某种志贺菌分型血清发生凝集；因此前面生化实验符合志贺菌属生化特性的培养物还需另加葡萄糖胺、西蒙柠檬酸盐、黏液酸盐试验（36 ℃培养 24 ~ 48 小时）。志贺菌属和不活泼的大肠埃希菌、A – D 菌的生化特性区别见表 5 – 8。

表 5 – 8 志贺菌属和不活泼大肠埃希菌、A – D 菌的生化特性区别

生化反应	A 群：痢疾志贺菌	B 群：福氏志贺菌	C 群：鲍氏志贺菌	D 群：宋内志贺菌	大肠埃希菌	A – D 菌
葡萄糖铵	−	−	−	−	+	+
西蒙柠檬酸盐	−	−	−	−	d	d
黏液酸盐	−	−	−	d	−	d

注 1：+. 阳性；−. 阴性；d. 有不同生化型。
注 2：在葡萄糖铵、西蒙柠檬酸盐、黏液酸盐试验三项反应中志贺菌一般为阴性，而不活泼的大肠埃希菌、A – D（碱性 – 异型）菌至少有一项反应为阳性。

3. 其他鉴定方法 如选择生化鉴定试剂盒或全自动微生物生化鉴定系统，可根据上述"（三）2."的初步判断结果，用上述"（三）1."中已培养的营养琼脂斜面上生长的菌苔，使用生化鉴定试剂盒或全自动微生物生化鉴定系统进行鉴定。

六、结果与报告

综合以上生化和血清学的试验结果，若生化试验和血清鉴定均符合志贺菌的特性，可报告 25 g（mL）样品中检出志贺菌，否则报告 25 g（mL）样品中未检出志贺菌。

七、注意事项

1. 志贺菌的 GN 增菌液培养时间不宜过长。

2. 注意观察志贺菌在选择性培养基上生长特性，区别一般肠道菌的菌落形态。

3. 利用生化试验中三糖铁和葡萄糖半固体的反应可排除志贺菌的可能性。

4. 注意志贺菌生化特性和大肠埃希菌的区别。

5. 志贺菌血清学反应鉴定。

第三节　金黄色葡萄球菌检验技术

（参考 GB 4789.10—2016《食品安全国家标准 食品微生物学检验 金黄色葡萄球菌检验》）

扫码"学一学"

一、生物学概述

葡萄球菌广泛分布于自然界中，在土壤、空气、水、物品及人和动物的皮肤、与外界相通的腔道中都有存在。大多数是非致病菌，少数有致病性，能引起人和动物各种化脓性疾病和葡萄球菌病。食品受到葡萄球菌的污染，在适宜条件下，能产生肠毒素，引发食物中毒。

（一）生物学特性

1. 形态及染色　典型的金黄色葡萄球菌为球型，直径 0.8 μm 左右，显微镜下排列成葡萄串状。金黄色葡萄球菌无芽孢、鞭毛，大多数无荚膜，革兰染色阳性。其衰老、死亡或被白细胞吞噬后，以及耐药的某些菌株可被染成革兰阴性。

2. 培养特性　金黄色葡萄球菌营养要求不高，在普通培养基上生长良好，需氧或兼性厌氧，最适生长温度 37 ℃，最适生长 pH 7.4。有高度的耐盐性，可在 10% ~ 15% NaCl 肉汤中生长。

在血琼脂平板上形成的菌落较大，大多数致病菌株菌落周围形成明显的全透明溶血环（β 溶血），也有不发生溶血者。凡溶血性菌株大多具有致病性。

在 Baird - Parker 平板上生长时，因将亚碲酸钾还原成碲酸钾使菌落呈灰黑色；因产生脂酶使菌落周围有一浑浊带，而在其外层因产生蛋白水解酶有一透明带。

3. 生化特性　分解葡萄糖、麦芽糖、乳糖、蔗糖，产酸不产气。致病菌株能液化明胶，在厌氧条件下分解甘露醇，产酸。不产生靛基质、甲基红反应阳性，V.P 反应弱阳性。许多菌株可分解精氨酸，水解尿素，还原硝酸盐，液化明胶。

4. 分类与分型　根据生化反应和产生色素不同，可分为金黄色葡萄球菌、表皮葡萄球菌和腐生葡萄球菌三种。其中金黄色葡萄球菌多为致病菌，表皮葡萄球菌偶尔致病，腐生葡萄球菌一般不致病。

5. 抗原结构　葡萄球菌抗原构造复杂，已发现的在 30 种以上，其化学组成及生物学活性了解的仅少数几种。

（二）流行病学

金黄色葡萄球菌肠毒素是个世界性公共卫生问题，在美国由金黄色葡萄球菌肠毒素引起的食物中毒占整个细菌性食物中毒的 33%，加拿大则更多，占 45%，我国每年发生的此类中毒事件也非常多。

金黄色葡萄球菌的流行病学一般有如下特点：季节分布，多见于春、夏季；中毒食品种类多，如乳、肉、蛋、鱼及其制品。此外，剩饭、油煎蛋、糯米糕及凉粉等引起的中毒事件也有报道。上呼吸道感染患者鼻腔带菌率 83%，所以人畜化脓性感染部位常成为污染源。

常通过以下途径污染食品：食品加工人员、炊事员或销售人员带菌，造成食品污染；食品在加工前本身带菌，或在加工过程中受到了污染，产生了肠毒素，引起食物中毒；熟食制品包装不严，运输过程受到污染；奶牛患化脓性乳腺炎或禽畜局部化脓时，对肉体其他部位的污染。

肠毒素形成条件：存放温度，在37℃内，温度越高，产毒时间越短；存放地点，通风不良氧分压低易形成肠毒素；食物种类，含蛋白质丰富，水分多，同时含一定量淀粉的食物，肠毒素易生成。

（三）致病性

金黄色葡萄球菌是人类化脓感染中最常见的病原菌，可引起局部化脓感染，也可引起肺炎、伪膜性肠炎、心包炎等，甚至败血症、脓毒症等全身感染。

金黄色葡萄球菌的致病力强弱主要取决于其产生的毒素和侵袭性酶，有如下几种。

1. 溶血毒素　外毒素，分 α、β、γ、δ 四种，能损伤血小板，破坏溶酶体，引起机体局部缺血和坏死。

2. 杀白细胞素　可破坏人的白细胞和巨噬细胞。

3. 血浆凝固酶　能使含有柠檬酸钠或肝素抗凝剂的兔或人血发生凝固。大多致病性葡萄球菌能产生此酶，是鉴别葡萄球菌有无致病性的重要指标。当金黄色葡萄球菌侵入人体时，该酶使血液或血浆中的纤维蛋白沉积于菌体表面或凝固，阻碍吞噬细胞的吞噬作用。

4. 脱氧核糖核酸酶　金黄色葡萄球菌产生的脱氧核糖核酸酶能耐受高温，可用来作为依据鉴定金黄色葡萄球菌。

5. 肠毒素　金黄色葡萄球菌能产生数种引起急性胃肠炎的蛋白质性肠毒素，目前已知的有 A、B、C、D、E、F 共六种血清型。肠毒素耐热，可耐受100℃煮沸30分钟而不被完全破坏。它引起的食物中毒症状是呕吐和腹泻。此外，金黄色葡萄球菌还产生溶表皮素、明胶酶、蛋白酶、脂肪酶、肽酶等。

（四）金黄色葡萄球菌的防控

1. 防止金黄色葡萄球菌污染食品　防止带菌人群对各种食物的污染：定期对生产加工人员进行健康检查，患局部化脓性感染（如疖疮、手指化脓等）、上呼吸道感染（如鼻窦炎、化脓性肺炎、口腔疾病等）的人员要暂时停止其工作或调换岗位。

防止金黄色葡萄球菌对乳及其制品的污染：如牛乳厂要定期检查奶牛的乳房，不能挤用患化脓性乳腺炎的牛乳；乳挤出后，要迅速冷至 −10℃以下，以防毒素生成、细菌繁殖。乳制品要以消毒牛乳为原料，注意低温保存。

对肉制品加工厂，患局部化脓感染的禽、畜尸体应除去病变部位，经高温或其他适当方式处理后进行加工生产。

2. 防止金黄色葡萄球菌肠毒素的生成　应在低温和通风良好的条件下贮藏食物，以防肠毒素形成；在气温高的春、夏季，食物置冷藏或通风阴凉地方也不应超过6小时，并且食用前要彻底加热。

二、设备和材料

恒温培养箱：（36±1）℃；冰箱：2~5℃；恒温水浴箱：36~56℃；天平：感量0.1 g；均质器；振荡器。

无菌吸管：1 mL（具0.01 mL刻度）、10 mL（具0.1 mL刻度）或微量移液器及吸头；无菌锥形瓶：容量100 mL、500 mL；无菌培养皿：直径90 mm；涂布棒；pH计或pH比色管或精密pH试纸。

三、培养基和试剂

7.5%氯化钠肉汤、血琼脂平板、Baird - Parker 琼脂平板、脑心浸出液肉汤（BHI）、营养琼脂小斜面。

兔血浆、磷酸盐缓冲液、革兰染色液、无菌生理盐水。

四、金黄色葡萄球菌定性检验

（一）基本原理

肉汤中培养时，菌体可生成血浆凝固酶并释放于培养基中，此酶类似凝血酶原物质，不直接作用到血浆纤维蛋白原上，而是被血浆中的致活剂激活后，变成耐热的凝血酶样物质，此物质可使血浆中的液态纤维蛋白原变成纤维蛋白，血浆因而成凝固状态。

金黄色葡萄球菌可产生多种毒素和酶。在血平板上生成金黄色色素使菌落呈现金黄色；由于产生溶血素使菌落周围形成大而透明的溶血圈，金黄色葡萄球菌能产生凝固酶，使血浆凝固，多数致病菌株能产生溶血毒素，使血琼脂平板菌落周围出现溶血环，在试管中出现溶血反应。这些是鉴定致病性金黄色葡萄球菌的重要指标。在 Baird - Parker 琼脂平板上生长时，因将亚碲酸钾还原成碲酸钾使菌落呈灰黑色；因产生脂酶使菌落周围有一浑浊带，而在其外层因产生蛋白水解酶有一透明带。

（二）检验程序

金黄色葡萄球菌的定性检验程序见图 5 - 3。

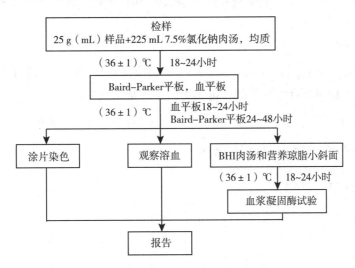

图 5 - 3　金黄色葡萄球菌定性检验程序

（三）操作步骤

1. 样品处理　称取 25 g 样品至盛有 225 mL 7.5%氯化钠肉汤的无菌均质杯内，8000 ～ 10 000 r/min 均质 1 ～ 2 分钟，或放入盛有 225 mL 7.5%氯化钠肉汤的无菌均质袋中，用拍击式均质器拍打 1 ～ 2 分钟。若样品为液态，吸取 25 mL 样品至盛有 225 mL 7.5%氯化钠肉汤的无菌锥形瓶（瓶内可预置适当数量的无菌玻璃珠）中，振荡混匀。

2. 增菌和分离培养　将上述样品匀液于（36±1）℃培养 18 ～ 24 小时。金黄色葡萄球菌在 7.5%氯化钠肉汤中呈浑浊生长，污染严重时在 10%氯化钠胰酪胨大豆肉汤内呈浑浊生长。

将上述培养物，分别划线接种到 Baird – Parker 平板和血平板，血平板（36 ±1）℃培养
18 ~ 24 小时。Baird – Parker 平板（36 ±1）℃培养 24 ~ 48 小时。

金黄色葡萄球菌在 Baird – Parker 平板上，菌落直径为 2 ~ 3 mm，颜色呈灰色到黑色，
边缘为淡色，周围为一浑浊带，在其外层有一透明圈。用接种针接触菌落有似奶油至树胶
样的硬度，偶然会遇到非脂肪溶解的类似菌落；但无浑浊带及透明圈。长期保存的冷冻或
干燥食品中所分离的菌落比典型菌落所产生的黑色较淡些，外观可能粗糙并干燥。在血平
板上，形成菌落较大、圆形、光滑凸起、湿润、金黄色（有时为白色），菌落周围可见完全
透明溶血圈。挑取上述菌落进行革兰染色镜检及血浆凝固酶试验。

3. 鉴定

（1）染色镜检 金黄色葡萄球菌为革兰阳性球菌，排列呈葡萄球状，无芽孢，无荚膜，
直径约为 0.5 ~ 1 μm。

（2）血浆凝固酶试验 挑取、Baird – Parker 平板或血平板上可疑菌落 1 个或以上，分
别接种到 5 mL BHI 和营养琼脂小斜面，（36 ±1）℃培养 18 ~ 24 小时。

取新鲜配制兔血浆 0.5 mL，放入小试管中，再加入 BHI 培养物 0.2 ~ 0.3 mL，振荡摇
匀，置（36 ±1）℃温箱或水浴箱内，每半小时观察一次，观察 6 小时，如呈现凝固（即将
试管倾斜或倒置时，呈现凝块）或凝固体积大于原体积的一半，被判定为阳性结果。同时
以血浆凝固酶试验阳性和阴性葡萄球菌菌株的肉汤培养物作为对照。也可用商品化的试剂，
按说明书操作，进行血浆凝固酶试验。

结果如可疑，挑取营养琼脂小斜面的菌落到 5 mL BHI，（36 ±1）℃培养 18 ~ 48 小时，
重复试验。

4. 结果与报告

（1）结果判定 在血平板、Baird – Parker 平板的菌落特征、镜检结果符合金黄色葡萄
球菌的特征及血浆凝固酶试验阳性的，可判为金黄色葡萄球菌阳性。

（2）结果报告 在 25 g（mL）样品中检出或未检出金黄色葡萄球菌。

五、金黄色葡萄球菌平板计数法

（一）检验程序

金黄色葡萄球菌平板计数法检验程序见图 5 – 4。

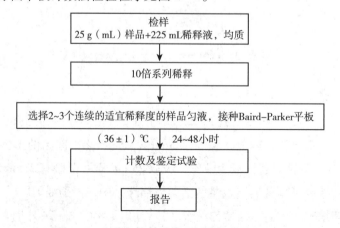

图 5 – 4　金黄色葡萄球菌平板计数法检验程序

（二）操作步骤

1. 样品的稀释

（1）固体和半固体样品　称取 25 g 样品置盛有 225 mL 磷酸盐缓冲液或生理盐水的无菌均质杯内，8000～10 000 r/min 均质 1～2 分钟，或置盛有 225 mL 稀释液的无菌均质袋中，用拍击式均质器拍打 1～2 分钟，制成 1∶10 的样品匀液。

（2）液体样品　以无菌吸管吸取 25 mL 样品置盛有 225 mL 磷酸盐缓冲液或生理盐水的无菌锥形瓶（瓶内预置适当数量的无菌玻璃珠）中，充分混匀，制成 1∶10 的样品匀液。

（3）用 1 mL 无菌吸管或微量移液器吸取 1∶10 样品匀液 1 mL，沿管壁缓慢注于盛有 9 mL 稀释液的无菌试管中（注意吸管或吸头尖端不要触及稀释液面），振摇试管或换用 1 支 1 mL 无菌吸管反复吹打使其混合均匀，制成 1∶100 的样品匀液。

（4）按上一步操作程序，制备 10 倍系列稀释样品匀液。每递增稀释一次，换用 1 次 1 mL 无菌吸管或吸头。

2. 样品的接种　根据对样品污染状况的估计，选择 2～3 个适宜稀释度的样品匀液（液体样品可包括原液），在进行 10 倍递增稀释时，每个稀释度分别吸取 1 mL 样品匀液以 0.3、0.3、0.4 mL 接种量分别加入三块 Baird–Parker 平板，然后用无菌 L 棒涂布整个平板，注意不要触及平板边缘。使用前，如 Baird–Parker 平板表面有水珠，可放在 25～50 ℃的培养箱里干燥，直到平板表面的水珠消失。

3. 培养　在通常情况下，涂布后，将平板静置 10 分钟，如样液不易吸收，可将平板放在培养箱（36±1）℃培养 1 小时；等样品匀液吸收后翻转平皿，倒置于培养箱，（36±1）℃培养 24～48 小时。

4. 典型菌落计数和确认

（1）金黄色葡萄球菌在 Baird–Parker 平板上，菌落直径为 2～3 mm，颜色呈灰色到黑色，边缘为淡色，周围为一浑浊带，在其外层有一透明圈。用接种针接触菌落有似奶油至树胶样的硬度，偶然会遇到非脂肪溶解的类似菌落；但无浑浊带及透明圈。长期保存的冷冻或干燥食品中所分离的菌落比典型菌落所产生的黑色较淡些，外观可能粗糙并干燥。

（2）选择有典型的金黄色葡萄球菌菌落的平板，且同一稀释度 3 个平板所有菌落数合计在 20～200 CFU 之间的平板，计数典型菌落数。

（3）从典型菌落中任选 5 个菌落（小于 5 个全选）进行鉴定试验，按定性检验方法分别做染色镜检、血浆凝固酶试验，同时划线接种到血平板（36±1）℃培养 18～24 小时后观察菌落形态，金黄色葡萄球菌菌落较大，圆形、光滑凸起、湿润、金黄色（有时为白色），菌落周围可见完全透明溶血圈。

（三）结果计算

如果只有一个稀释度平板的菌落数在 20～200 CFU 之间且有典型菌落，计数该稀释度平板上的典型菌落，按式 5–1 计算。

若最低稀释度平板的菌落数小于 20 CFU 且有典型菌落，计数该稀释度平板上的典型菌落，按式 5–1 计算。

若某一稀释度平板的菌落数大于 200 CFU 且有典型菌落，但下一稀释度平板上没有典型菌落，计数该稀释度平板上的典型菌落，按式 5 - 1 计算。

若某一稀释度平板的菌落数大于 200 CFU，而下一稀释度平板上虽有典型菌落，但不在 20 ~ 200 CFU 之间，应计数该稀释度平板上的典型菌落，以上按式 5 - 1 计算；若 2 个连续稀释度的平板菌落数均在 20 ~ 200 CFU 之间，则按式 5 - 2 计算。

$$T = AB/Cd \tag{5-1}$$

式中，T 为样品中金黄色葡萄球菌菌落数；A 为某一稀释度典型菌落的总数；B 为某一稀释度血浆凝固酶阳性的菌落数；C 为某一稀释度用于血浆凝固酶试验的菌落数；d 为稀释因子。

$$T = (A_1 B_1/C_1 + A_2 B_2/C_2)/1.1d \tag{5-2}$$

式中，T 为样品中金黄色葡萄球菌菌落数；A_1 为第一稀释度（低稀释倍数）典型菌落的总数；A_2 为第二稀释度（高稀释倍数）典型菌落的总数；B_1 为第一稀释度（低稀释倍数）血浆凝固酶阳性的菌落数；B_2 为第二稀释度（高稀释倍数）血浆凝固酶阳性的菌落数；C_1 为第一稀释度（低稀释倍数）用于血浆凝固酶试验的菌落数；C_2 为第二稀释度（高稀释倍数）用于血浆凝固酶试验的菌落数；1.1 为计算系数；d 为稀释因子（第一稀释度）。

（四）结果与报告

根据 Baird - Parker 平板上金黄色葡萄球菌的典型菌落数，按上述公式计算，报告每 g（mL）样品中金黄色葡萄球菌数，以 CFU/g（mL）表示；如 T 值为 0，则以小于 1 乘以最低稀释倍数报告。

扫码"学一学"

第四节 肉毒梭状芽孢杆菌检验技术

（参考 GB 4789.12—2016《食品安全国家标准 食品微生物学检验
肉毒梭菌及肉毒毒素检验》）

一、生物学概述

肉毒梭菌是革兰阳性粗短杆菌，有鞭毛、无荚膜，产生芽孢，芽孢为卵圆形，位于菌体的次极端或中央，芽孢大于菌体的横径，所以产生芽孢的细菌呈现梭状。适宜的生长温度为 35 ℃ 左右，严格厌氧。在中性或弱碱性的基质中生长良好其繁殖体对热的抵抗力与其他不产生芽孢的细菌相似，易于杀灭。但其芽孢耐热，一般煮沸需经 1 ~ 6 小时，或 121 ℃ 高压蒸汽 4 ~ 10 分钟才能杀死。它是引起食物中毒病原菌中对热抵抗力最强的细菌之一。所以，罐头的杀菌效果一般以肉毒梭菌为指示细菌。

肉毒梭菌产生的肉毒毒素本质是蛋白质，为神经毒素，共产生六种毒素：A、B、C、D、E、F，其中的 A、B、E、F 与人类的食物中毒有关。肉毒毒素毒性剧烈，少量毒素即可产生症状甚至致死，对人的致死量为 0.1 μg。毒素摄入后经肠道吸收进入血液循环，输送到外围神经，毒素与神经有强的亲和力，阻止乙酰胆碱的释放，导致肌肉麻痹和神经功能不全。

肉毒梭菌中毒是由摄入含有肉毒毒素污染的食物而引起的。潜伏期可短至数小时，通常 24 小时以内发生中毒症状，也有两三天后才发病的。先有一般不典型的乏力、头痛等症状，接着出现斜视、眼睑下垂等眼肌麻痹症状，再是吞咽和咀嚼困难、口干、口齿不清等咽部肌肉麻痹症状，进而膈肌麻痹、呼吸困难，直至呼吸停止导致死亡。死亡率较高，可达 30% ～50%，存活患者恢复十分缓慢，从几个月到几年不等。

引起中毒的食品因地区和饮食习惯不同而异。国内主要是植物性食品，多见于家庭自制发酵食品如豆酱、面酱、臭豆腐，其次为肉类、罐头、酱菜、鱼制品、蜂蜜等。新疆是我国肉毒梭状芽孢杆菌食物中毒较多的地区，引起中毒的食品有 30 多种，常见的有臭豆腐、豆酱、豆豉和谷类食品。在青海主要是越冬保藏的肉制品加热不够所致。

通过热处理减少食品中肉毒梭菌繁殖体和芽孢的数量是最有效方法，采用高压蒸汽灭菌方法制造罐头可以获得"商业无菌"的食品，其他加热处理包括巴氏消毒法对繁殖体是有效的措施。由于这种毒素有不耐热的性质，高温处理（90 ℃ 15 分钟或煮沸 5 分钟）可以破坏可疑食物中的毒素，使食品处于在理论上的安全状态，当然，对可疑有肉毒毒素存在的食品应不得食用。将亚硝酸盐和食盐加进低酸性食品也是有效的控制措施，在腌制肉制品时使用亚硝酸盐有非常好的效果。但在肉制品腌制过程中起作用的不单单是亚硝酸盐，许多因素以及它们和亚硝酸盐的相互反应抑制了肉毒梭菌生长和毒素的产生。冷藏和冻藏是控制肉毒梭菌生长和毒素产生的重要措施。低 pH、产酸处理以及降低水分活性可以抑制一些食品中肉毒梭菌的生长。

二、设备和材料

小鼠：15～20 g，每一批次试验应使用同一品系的 KM 或 ICR 小鼠。

冰箱：2～5 ℃、－20 ℃；天平：感量 0.1 g；均质器或无菌乳钵；离心机：3000、14 000 r/min；厌氧培养装置；恒温培养箱：（35±1）、（28±1）℃；恒温水浴箱：（37±1）、（60±1）、（80±1）℃；显微镜：10～100 倍；PCR 仪；电泳仪或毛细管电泳仪；凝胶成像系统或紫外检测仪；核酸蛋白分析仪或紫外分光光度计。

无菌手术剪、镊子、试剂勺；可调微量移液器：0.2～2、2～20、20～200、100～1000 μL；无菌吸管：1.0、10.0、25.0 mL；无菌锥形瓶：100 mL；培养皿：直径 90 mm；离心管：50、1.5 mL；PCR 反应管；无菌注射器：1.0 mL。

三、培养基和试剂

庖肉培养基、胰蛋白酶胰蛋白胨葡萄糖酵母膏肉汤（TPGYT）、卵黄琼脂培养基。

革兰染色液；10% 胰蛋白酶溶液；明胶磷酸盐缓冲液；磷酸盐缓冲液（PBS）；1 mol/L 氢氧化钠溶液；1 mol/L 盐酸溶液；肉毒毒素诊断血清；无水乙醇和 95% 乙醇；10 mg/mL 溶菌酶溶液；10 mg/mL 蛋白酶 K 溶液；3 mol/L 乙酸钠溶液（pH 5.2）；TE 缓冲液；引物：根据表 5-8 中序列合成，临用时用超纯水配制引物浓度为 10 μmol/L；10×PCR 缓冲液；25 mmol/L MgCl$_2$；dNTPs：dATP、dTTP、dCTP、dGTP；Taq 酶；琼脂糖：电泳级；溴化乙锭或 Goldview；5 × TBE 缓冲液；6 × 加样缓冲液；DNA 分子质量标准。

四、检验程序

肉毒梭菌及肉毒毒素检验程序见图 5 – 5。

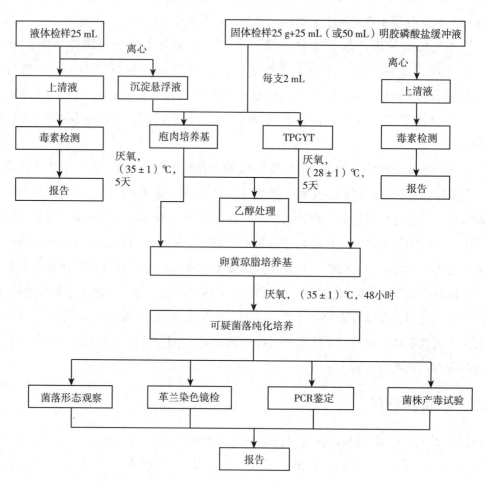

图 5 – 5　肉毒梭菌及肉毒毒素检验程序

五、操作步骤

（一）样品制备

1. 样品保存　待检样品应放置 2～5 ℃冰箱冷藏。

2. 固态与半固态食品　固体或游离液体很少的半固态食品，以无菌操作称取样品 25 g，放入无菌均质袋或无菌乳钵，块状食品以无菌操作切碎，含水量较高的固态食品加入 25 mL 明胶磷酸盐缓冲液，乳粉、牛肉干等含水量低的食品加入 50 mL 明胶磷酸盐缓冲液，浸泡 30 分钟，用拍击式均质器拍打 2 分钟或用无菌研杵研磨制备样品匀液，收集备用。

3. 液态食品　液态食品摇匀，以无菌操作量取 25 mL 检验。

4. 剩余样品处理　取样后的剩余样品 2～5 ℃冰箱冷藏，直至检验结果报告发出后，按感染性废弃物要求进行无害化处理，检出阳性的样品应采用高压蒸汽灭菌方式进行无害化处理。

（二）肉毒毒素检测

1. 毒素液制备　取样品匀液约40 mL或均匀液体样品25 mL放入离心管，3000 r/min离心10~20分钟，收集上清液分为两份放入无菌试管中，一份直接用于毒素检测，一份用于胰酶处理后进行毒素检测。液体样品保留底部沉淀及液体约12 mL，重悬，制备沉淀悬浮液备用。胰酶处理：用1 mol/L氢氧化钠或1 mol/L盐酸溶液调节上清液pH至6.2，按9份上清液加1份10%胰酶（酶活力1:250）水溶液，混匀，37 ℃孵育60分钟，期间间或轻轻摇动反应液。

2. 检出试验　用5号针头注射器分别取离心上清液和胰酶处理上清液腹腔注射小鼠3只，每只0.5 mL，观察和记录小鼠48小时内的中毒表现。典型肉毒毒素中毒症状多在24小时内出现，通常在6小时内发病和死亡，其主要表现为竖毛、四肢瘫软，呼吸困难，呈现风箱式呼吸、腰腹部凹陷、宛如蜂腰，多因呼吸衰竭而死亡，可初步判定为肉毒毒素所致。若小鼠在24小时后发病或死亡，应仔细观察小鼠症状，必要时浓缩上清液重复试验，以排除肉毒毒素中毒。若小鼠出现猝死（30分钟内）导致症状不明显时，应将毒素上清液进行适当稀释，重复试验。

注：毒素检测动物试验应遵循GB 15193.2—2014《食品安全国家标准 食品毒理学实验室操作规范》的规定。

3. 确证试验　上清液或（和）胰酶处理上清液的毒素试验阳性者，取相应试验液3份，每份0.5 mL，其中第一份加等量多型混合肉毒毒素诊断血清，混匀，37 ℃孵育30分钟；第二份加等量明胶磷酸盐缓冲液，混匀后煮沸10分钟；第三份加等量明胶磷酸盐缓冲液，混匀。将三份混合液分别腹腔注射小鼠各两只，每只0.5 mL，观察96小时内小鼠的中毒和死亡情况。结果判定：若注射第一份和第二份混合液的小鼠未死亡，而第三份混合液小鼠发病死亡，并出现肉毒毒素中毒的特有症状，则判定检测样品中检出肉毒毒素。

4. 毒力测定　取确证试验阳性的试验液，用明胶磷酸盐缓冲液稀释制备一定倍数稀释液，如10、50、100、500倍等，分别腹腔注射小鼠各两只，每只0.5 mL，观察和记录小鼠发病与死亡情况至96小时，计算最低致死剂量（mLD/mL或mLD/g），评估样品中肉毒毒素毒力，mLD等于小鼠全部死亡的最高稀释倍数乘以样品试验液稀释倍数。例如，样品稀释两倍制备的上清液，再稀释100倍试验液使小鼠全部死亡，而500倍稀释液组存活，则该样品毒力为200 mLD/g。此项可作为选做项目。

5. 定型试验　根据毒力测定结果，用明胶磷酸盐缓冲液将上清液稀释至10~1000 mLD/mL作为定型试验液，分别与各单型肉毒毒素诊断血清等量混合（国产诊断血清一般为冻干血清，用1 mL生理盐水溶解），37 ℃孵育30分钟，分别腹腔注射小鼠两只，每只0.5 mL，观察和记录小鼠发病与死亡情况至96小时。同时，用明胶磷酸盐缓冲液代替诊断血清，与试验液等量混合作为小鼠试验对照。此项可作为选做项目。

结果判定：某一单型诊断血清组动物未发病且正常存活，而对照组和其他单型诊断血清组动物发病死亡，则判定样品中所含肉毒毒素为该型肉毒毒素。

注：未经胰酶激活处理的样品上清液的毒素检出试验或确证试验为阳性者，则毒力测定和定型试验可省略胰酶激活处理试验。

（三）肉毒梭菌检验

1. 增菌培养与检出试验

（1）取出庖肉培养基4支和TPGY肉汤管2支，隔水煮沸10～15分钟，排除溶解氧，迅速冷却，切勿摇动，在TPGY肉汤管中缓慢加入胰酶液至液体石蜡液面下肉汤中，每支1 mL，制备成TPGYT。

（2）吸取样品匀液或毒素制备过程中的离心沉淀悬浮液2 mL接种至庖肉培养基中，每份样品接种4支，2支直接放置（35±1）℃厌氧培养至5天，另2支放置80℃保温10分钟，再放置（35±1）℃厌氧培养至5天；同样方法接种2支TPGYT肉汤管，（28±1）℃厌氧培养至5天。

注：接种时，用无菌吸管轻轻吸取样品匀液或离心沉淀悬浮液，将吸管口小心插入肉汤管底部，缓缓放出样液至肉汤中，切勿搅动或吹气。

（3）检查记录增菌培养物的浊度、产气、肉渣颗粒消化情况，并注意气味。肉毒梭菌培养物为产气、肉汤浑浊（庖肉培养基中A型和B型肉毒梭菌肉汤变黑）、消化或不消化肉粒、有异臭味。

（4）取增菌培养物进行革兰染色镜检，观察菌体形态，注意是否有芽孢、芽孢的相对比例、芽孢在细胞内的位置。

（5）若增菌培养物5天内无菌生长，应延长培养至10天，观察生长情况。

（6）取增菌培养物阳性管的上清液，按"（二）"方法进行毒素检出和确证试验，必要时进行定型试验，阳性结果可证明样品中有肉毒梭菌存在。

注：TPGYT增菌液的毒素试验无需添加胰酶处理。

2. 分离与纯化培养

（1）增菌液前处理，吸取1 mL增菌液至无菌螺旋帽试管中，加入等体积过滤除菌的无水乙醇，混匀，在室温下放置1小时。

（2）取增菌培养物和经乙醇处理的增菌液分别划线接种至卵黄琼脂平板，（35±1）℃厌氧培养48小时。

（3）观察平板培养物菌落形态，肉毒梭菌菌落隆起或扁平、光滑或粗糙，易成蔓延生长，边缘不规则，在菌落周围形成乳色沉淀晕圈（E型较宽，A型和B型较窄），在斜视光下观察，菌落表面呈现珍珠样虹彩，这种光泽区可随蔓延生长扩散到不规则边缘区外的晕圈。

（4）菌株纯化培养，在分离培养平板上选择5个肉毒梭菌可疑菌落，分别接种卵黄琼脂平板，（35±1）℃，厌氧培养48小时，按上述步骤观察菌落形态及其纯度。

3. 鉴定试验

（1）染色镜检　挑取可疑菌落进行涂片、革兰染色和镜检，肉毒梭菌菌体形态为革兰阳性粗大杆菌、芽孢卵圆形、大于菌体、位于次端，菌体呈网球拍状。

（2）毒素基因检测

①菌株活化。挑取可疑菌落或待鉴定菌株接种TPGY，（35±1）℃厌氧培养24小时。

②DNA模板制备。吸取TPGY培养液1.4 mL至无菌离心管中，14 000×g离心2分钟，弃上清，加入1.0 mL PBS悬浮菌体，14 000×g离心2分钟，弃上清，用400 μL PBS重悬

沉淀，加入 10 mg/mL 溶菌酶溶液 100 μL，摇匀，37 ℃水浴 15 分钟，加入 10 mg/mL 蛋白酶 K 溶液 10 μL，摇匀，60 ℃水浴 1 小时，再沸水浴 10 分钟，14 000 ×g 离心 2 分钟，上清液转移至无菌小离心管中，加入 3 mol/L NaAc 溶液 50 μL 和 95% 乙醇 1.0 mL，摇匀，−70 ℃或 −20 ℃放置 30 分钟，14 000 ×g 离心 10 分钟，弃去上清液，沉淀干燥后溶于 200 μL TE 缓冲液，置于 −20 ℃保存备用。

注：根据实验室实际情况，也可采用常规水煮沸法或商品化试剂盒制备 DNA 模板。

③核酸浓度测定（必要时）。取 5 μL DNA 模板溶液，加超纯水稀释至 1 mL，用核酸蛋白分析仪或紫外分光光度计分别检测 260 nm 和 280 nm 波长处的吸光度值 $A_{260\,nm}$ 和 $A_{280\,nm}$。按式 5−3 计算 DNA 浓度。当浓度在 0.34～340 μg/mL 或 $A_{260\,nm}/A_{280\,nm}$ 比值在 1.7～1.9 之间时，适宜于 PCR 扩增。

$$C = A_{260\,nm} \times N \times 50 \tag{5−3}$$

式中，C 为 DNA 浓度，μg/mL；$A_{260\,nm}$ 为 260 nm 处的吸光度值；N 为核酸稀释倍数。

④PCR 扩增。分别采用针对各型肉毒梭菌毒素基因设计的特异性引物（表 5−9）进行 PCR 扩增，包括 A 型肉毒毒素（botulinum neurotoxin A，bont/A）、B 型肉毒毒素（botulinum neurotoxin B，bont/B）、E 型肉毒毒素（botulinum neurotoxin E，bont/E）和 F 型肉毒毒素（botulinumneurotoxin F，bont/F），每个 PCR 反应管检测一种型别的肉毒梭菌。

表 5−9　肉毒梭菌毒素基因 PCR 检测的引物序列及其产物

检测肉毒梭菌类型	引物序列	扩增长度（bp）
A 型	正向：5′−GTG ATA CAA CCA GAT GGT AGT TAT AG−3′ 反向：5′−AAA AAA CAA GTC CCA ATT ATT AAC TTT−3′	983
B 型	正向：5′−GAG ATG TTT GTG AAT ATT ATG ATC CAG−3′ 反向：5′−GTT CAT GCA TTA ATA TCA AGG CTG G−3′	492
E 型	正向：5′−CCA GGC GGT TGT CAA GAA TTT TAT−3′ 反向：5′−TCA AAT AAA TCA GGC TCT GCT CCC−3′	410
F 型	正向：5′−GCT TCA TTA AAG AAC GGA AGC AGT GCT−3′ 反向：5′−GTG GCG CCT TTG TAC CTT TTC TAG G−3′	1137

反应体系：10 ×PCR 缓冲液（1 ×）5.0 μL，25 mmol/L MgCl₂（终浓度 2.5 mmol/L）5.0 μL，10 mmol/L dNTPs（0.2 mmol/L）1.0 μL，10 μmol/L 正、反向引物（0.5 μmol/L）各 2.5 μL，5 U/μL *Taq* 酶（0.05 U/μL）0.5 μL，DNA 模板 1.0 μL，ddH₂O 32.5 μL，总体积 50.0 μL。反应体系中各试剂的量可根据具体情况或不同的反应总体积进行相应调整。

反应程序：预变性 95 ℃、5 分钟；循环参数 94 ℃、1 分钟，60 ℃、1 分钟，72 ℃、1 分钟；循环 40 次；后延伸 72 ℃、10 分钟；4 ℃保存备用。

PCR 扩增体系应设置阳性对照、阴性对照和空白对照。用含有已知肉毒梭菌菌株或含肉毒毒素基因的质控品作阳性对照、非肉毒梭菌基因组 DNA 作阴性对照、无菌水作空白对照。

⑤凝胶电泳检测 PCR 扩增产物，用 0.5 ×TBE 缓冲液配制 1.2%～1.5% 的琼脂糖凝胶，凝胶加热溶化后冷却至 60 ℃左右加入溴化乙锭至 0.5 μg/mL 或 Goldview 5 μL/100 mL 制备胶块，取 10 μL PCR 扩增产物与 2.0 μL 6 ×加样缓冲液混合，点样，其中一孔加入 DNA 分

子质量标准。0.5×TBE 电泳缓冲液，10 V/cm 恒压电泳，根据溴酚蓝的移动位置确定电泳时间，用紫外检测仪或凝胶成像系统观察和记录结果。PCR 扩增产物也可采用毛细管电泳仪进行检测。

⑥结果判定，阴性对照和空白对照均未出现条带，阳性对照出现预期大小的扩增条带（表 5-8），判定本次 PCR 检测成立；待测样品出现预期大小的扩增条带，判定为 PCR 结果阳性，根据表 5-8 判定肉毒梭菌菌株型别，待测样品未出现预期大小的扩增条带，判定PCR 结果为阴性。

注：PCR 试验环境条件和过程控制应参照 GB/T 27403《实验室质量控制规范 食品分子生物学检测》规定执行。

（3）菌株产毒试验　将 PCR 阳性菌株或可疑肉毒梭菌菌株接种庖肉培养基或 TPGYT 肉汤（用于 E 型肉毒梭菌），按"增菌培养与检出试验第（2）步骤"的条件厌氧培养 5 天，按"肉毒毒素检测"方法进行毒素检测和（或）定型试验，毒素确证试验阳性者，判定为肉毒梭菌，根据定型试验结果判定肉毒梭菌型别。

注：根据 PCR 阳性菌株型别，可直接用相应型别的肉毒毒素诊断血清进行确证试验。

六、结果与报告

1. 肉毒毒素检测结果报告　根据"检出试验"和"确证试验"试验结果，报告 25 g（mL）样品中检出或未检出肉毒毒素。

根据"定型试验"结果，报告 25 g（mL）样品中检出某型肉毒毒素。

2. 肉毒梭菌检验结果报告　根据各项试验结果，报告样品中检出或未检出肉毒梭菌或检出某型肉毒梭菌。

扫码"学一学"

第五节　单核细胞增生李斯特菌检验技术

（参考 GB 4789.30—2016《食品安全国家标准 食品微生物学检验
单核细胞增生李斯特氏菌检验》）

一、生物学概述

单核细胞增生李斯特菌（*Listeria monocytogenes*，LM）简称单增李斯特菌，归属李斯特菌菌属。依据《伯杰氏系统细菌学手册》（第九版）李斯特菌属（*Listeria*）含有 6 个菌种，分别为单核细胞增生李斯特菌（*L. monocytogenes*）、格氏李斯特菌（*L. grayi*）、斯氏李斯特菌（*L. seeligeri*）、威氏李斯特菌（*L. welshimeri*）、伊氏李斯特菌（*L. ivanovii*）、英诺克李斯特菌（*L. innocua*）。李斯特菌菌属中，仅有单核细胞增生李斯特菌（*L. monocytogenes*）和伊氏李斯特菌（*L. ivanovii*）（又称绵羊李斯特菌）具有致病性，其余菌种均为非致病菌。单核细胞增生李斯特菌能引起新生儿败血症、脑膜炎以及孕妇流产等疾病，并且具有较高的临床死亡率（20%～70%），被 WHO 列为 20 世纪 90 年代食品中 4 大致病菌之一，污染该菌的食品是李斯特菌病患者呈上升趋势的主要感染源，尽管我国鲜有感染单核细胞增生李斯特菌引起暴发性流行的报告，但是单核细胞增生李斯特菌在食品中普遍存在，检出率较高。

单核细胞增生李斯特菌是李斯特菌属的代表种，是李斯特菌属中唯一能引起人类疾病的菌种。单核细胞增生李斯特菌为规则的短杆状，两端纯圆，大小为（0.4～0.5）μm×（0.5～2.0）μm，多单生，偶有排列为 V 型或短链。G^+，无芽孢，一般不形成荚膜，但在营养丰富的生境中也可形成荚膜。该菌为需氧或兼性厌氧菌，生长温度范围 1～45 ℃，最适生长温度 30～37 ℃，4 ℃或以下温度能缓慢增殖，适宜中性或弱碱性条件下生长。20～25 ℃培养可产生 4 根周生鞭毛，有动力，穿刺培养 2～5 天可见"倒伞状"生长，肉汤培养物在显微镜下可见翻跟斗运动。37 ℃时培养鞭毛减少或缺失，运动性减弱或丧失。

单核细胞增生李斯特菌对营养要求不高，在一般培养基上均能良好的生长，在血清或全血琼脂培养基上生长良好，加入 0.2%～1% 葡萄糖和 2%～3% 甘油更利于其生长。单核细胞增生李斯特菌在普通营养琼脂平板上呈现细小，半透明、边缘整齐、微带珠光的露水样菌落，培养 3～7 天直径可达 3～5 mm，45°斜射光下，菌落呈特征性蓝绿光泽。在血平板上培养，菌落呈灰白色、圆润，直径为 1～1.5 mm，呈现 β 型溶血，溶血环直径达 3 mm，4 ℃放置 4 天后，菌落和溶血环直径均增至 5 mm，呈典型的奶油滴状。液体培养基培养 18～24 小时后，呈轻度浑浊，数天后有黏稠的沉淀产生，振荡时呈螺旋状上升，继续培养可形成颗粒状沉淀，但不形成菌环、菌膜。半固体培养基中 37 ℃、24 小时穿刺培养，沿穿刺线呈云雾状，随后缓慢扩散，在培养基表面下 3～5 mm 处呈伞状。单核细胞增生李斯特菌 37 ℃、24 小时培养可以分解葡萄糖、果糖、海藻糖、水杨苷、鼠李糖，产酸不产气；不分解棉子糖、肌醇、菊淀粉、卫茅醇、侧金盏花醇、木糖和甘露醇。MR 和 V.P 试验阳性，不产生靛基质，硫化氢阴性。该菌敏感抗生素有对氨苄青霉素、先锋霉素、氯霉素、红霉素等；较敏感抗生素为金霉素、土霉素、四环素、庆大霉素、卡那霉素、青霉素、链霉素等；而对枯草菌素、多黏菌素、磺胺等有抵抗力。

单核细胞增生李斯特菌的血清型是由 O 抗原（菌体抗原）和 H 抗原（鞭毛抗原）的特异性组合决定，共有 13 种血清型：1/2a、1/2b、1/2c、3a、3b、3c、4a、4ab、4b、4c、4d、4e 和 7，O 抗原用阿拉伯数字表示，H 抗原用英文字母表示。不同地区的暴发事件中检出的单核细胞增生李斯特菌具有血清型的特异性，北欧地区（包括芬兰和瑞典）导致暴发的菌株以 1/2a 型为主，而在美国暴发事件中发现的菌株则以谱系 I 型（1/2b 型、3b 型、3c 型、4b 型）为主；菌株的血清型别与患者的身体状况也有密切联系，基础性疾病严重的患者体内的菌株以 1/2b 型为主，而孕妇体内的菌株则多为 4b 型。

单核细胞增生李斯特菌广泛存在于自然界中，耐低温，4 ℃的环境中仍可生长繁殖，故是冷藏食品威胁人类健康的主要病原菌之一。单核细胞增生李斯特菌主要污染乳及乳制品、肉及肉制品、生的蔬菜、冰淇淋以及水产品等，其被膜态菌株能持续污染食品加工设备和设施，进而污染食品导致消费者李斯特菌病的发生。WHO 关于单增李斯特菌引起的食物中毒报告中指出：4%～8% 水产品，5%～10% 的乳及乳制品，30% 以上的肉及肉制品，15% 以上的禽肉制品均被该菌污染。

二、设备和材料

单核细胞增生李斯特菌 ATCC 19111 或 CMCC 54004，或其他等效标准菌株；英诺克李斯特菌 ATCC 33090，或其他等效标准菌株；伊氏李斯特菌 ATCC 19119，或其他等效标准菌株；斯氏李斯特菌 ATCC 35967，或其他等效标准菌株；金黄色葡萄球菌 ATCC 25923 或其

他产 β 溶血环的金黄色葡萄球菌，或其他等效标准菌株；马红球菌（*Rhodococcus equi*）ATCC 6939 或 NCTC 1621，或其他等效标准菌株。

小白鼠，ICR 体重 18~22 g。

冰箱：2~5 ℃，恒温培养箱：（30±1）、（36±1）℃，均质器，生物显微镜或相差显微镜：10~100 倍（油镜），电子天平：感量 0.1 g，锥形瓶：100、500 mL，无菌吸管：1 mL（具 0.01 mL 刻度）、10 mL（具 0.1 mL 刻度）或微量移液器及吸头，无菌平皿：直径 90 mm，无菌试管：16 mm×160 mm，离心管：30 mm×100 mm，无菌注射器：1 mL，糖发酵管。

三、培养基和试剂

含 0.6% 酵母浸膏的胰酪胨大豆肉汤（TSB－YE），含 0.6% 酵母浸膏的胰酪胨大豆琼脂（TSA－YE），李氏增菌肉汤 LB（LB₁、LB₂），PALCAM 琼脂，半固体琼脂或 SIM 动力培养基缓冲葡萄糖蛋白胨水，5%~8% 羊血琼脂，李斯特菌显色培养基，缓冲蛋白胨水。

1% 盐酸吖啶黄溶液，1% 萘啶酮酸钠盐溶液，革兰染液（M.R 和 V.P 试验用），生化鉴定试剂盒，过氧化氢试剂，无菌生理盐水。

四、单核细胞增生李斯特菌定性检验（第一法）

适用于食品中单核细胞增生李斯特菌的定性检验。

（一）检验程序

单核细胞增生李斯特菌定性检验程序见图 5－6。

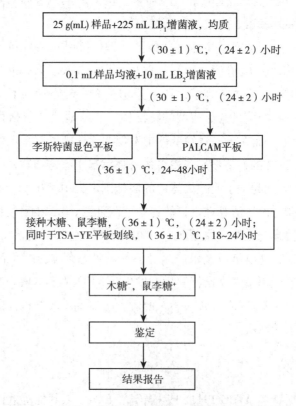

图 5－6　单核细胞增生李斯特菌定性检验程序流程图

（二）操作步骤

1. 增菌 以无菌操作取样品 25 g（mL）加入到含有 225 mL LB$_1$ 增菌液的均质袋中，在拍击式均质器上连续均质 1～2 分钟；或放入盛有 225 mL LB$_1$ 增菌液的均质杯中，以 8000～10 000 r/min 均质 1～2 分钟。于（30±1）℃ 培养（24±2）小时，移取 0.1 mL，转种于 10 mL LB$_2$ 增菌液内，于（30±1）℃ 培养（24±2）小时。

2. 分离 取 LB$_2$ 二次增菌液划线接种于李斯特菌显色平板和 PALCAM 琼脂平板，于（36±1）℃ 培养 24～48 小时，观察各个平板上生长的菌落。典型菌落在 PALCAM 琼脂平板上为小的圆形灰绿色菌落，周围有棕黑色水解圈，有些菌落有黑色凹陷；在李斯特菌显色平板上的菌落特征，参照产品说明进行判定。

3. 初筛 自选择性琼脂平板上分别挑取 3～5 个典型或可疑菌落，分别接种木糖、鼠李糖发酵管，于（36±1）℃ 培养（24±2）小时，同时在 TSA－YE 平板上划线，于（36±1）℃ 培养 18～24 小时，然后选择木糖阴性、鼠李糖阳性的纯培养物继续进行鉴定。

4. 鉴定

（1）染色镜检 李斯特菌为革兰阳性短杆菌，大小为（0.4～0.5）μm×（0.5～2.0）μm；用生理盐水制成菌悬液，在油镜或相差显微镜下观察，该菌出现轻微旋转或翻滚样的运动。

（2）动力试验 挑取纯培养的单个可疑菌落穿刺半固体琼脂或 SIM 动力培养基，于 25～30 ℃ 培养 48 小时，李斯特菌有动力，在半固体琼脂或 SIM 培养基上方呈伞状生长，如伞状生长不明显，可继续培养 5 天，再观察结果。

（3）生化鉴定 挑取纯培养的单个可疑菌落，进行过氧化氢酶试验，过氧化氢酶阳性反应的菌落继续进行糖发酵试验和 M. R－V. P 试验。单核细胞增生李斯特菌的主要生化特征见表 5－10。

表 5－10 单核细胞增生李斯特菌生化特征与其他李斯特菌的区别

菌种	溶血反应	葡萄糖	麦芽糖	M. R－V. P	甘露醇	鼠李糖	木糖	七叶苷
单核细胞增生李斯特菌（L. monocytogenes）	+	+	+	+/+	－	+	－	+
格氏李斯特菌（L. grayi）	－	+	+	+/+	+	－	－	+
斯氏李斯特菌（L. seeligeri）	+	+	+	+/+	－	－	+	+
威氏李斯特菌（L. welshimeri）	－	+	+	+/+	－	V	+	+
伊氏李斯特菌（L. ivanovii）	+	+	+	+/+	－	－	+	+
英诺克李斯特菌（L. innocua）	－	+	+	+/+	－	V	－	+

注：+. 阳性；－. 阴性；V. 反应不定。

（4）溶血试验 将新鲜的 5%～8% 羊血琼脂平板底面划分为 20～25 个小格，挑取纯培养的单个可疑菌落刺种到血平板上，每格刺种一个菌落，并刺种阳性对照菌（单增李斯特菌、伊氏李斯特菌和斯氏李斯特菌）和阴性对照菌（英诺克李斯特菌），穿刺时尽量接近底部，但不要触到底面，同时避免琼脂破裂，（36±1）℃ 培养 24～48 小时，于明亮处观察，单增李斯特菌呈现狭窄、清晰、明亮的溶血圈，斯氏李斯特菌在刺种点周围产生弱的透明溶血圈，英诺克李斯特菌无溶血圈，伊氏李斯特菌产生宽的、轮廓清晰的 β 溶血区域，若结果不明显，可置 2~5 ℃冰箱 24~48 小时再观察。

注：也可用划线接种法。

（5）协同溶血试验 cAMP　在 5%~8% 羊血琼脂平板上平行划线接种金黄色葡萄球菌和马红球菌，挑取纯培养的单个可疑菌落垂直划线接种于平行线之间，垂直线两端不要触及平行线，距离 1~2 mm，同时接种单核细胞增生李斯特菌、英诺克李斯特菌、伊氏李斯特菌和斯氏李斯特菌，于（36±1）℃培养 24~48 小时。单核细胞增生李斯特菌在靠近金黄色葡萄球菌处出现约 2 mm 的 β 溶血增强区域，斯氏李斯特菌也出现微弱的溶血增强区域，伊氏李斯特菌在靠近马红球菌处出现约 5~10 mm 的"箭头状" β 溶血增强区域，英诺克李斯特菌不产生溶血现象。若结果不明显，可置 2~5 ℃冰箱 24~48 小时再观察。提示：此项目可选做。

注：5%~8% 的单核细胞增生李斯特菌在马红球菌一端有溶血增强现象。

（三）小鼠毒力试验

将符合上述特性的纯培养物接种于 TSB – YE 中，于（36±1）℃培养 24 小时，4000 r/min 离心 5 分钟，弃上清液，用无菌生理盐水制备成浓度为 10^{10} CFU/mL 的菌悬液，取此菌悬液对 3~5 只小鼠进行腹腔注射，每只 0.5 mL，同时观察小鼠死亡情况。接种致病株的小鼠于 2~5 天内死亡。试验设单增李斯特菌致病株和无菌生理盐水对照组。单核细胞增生李斯特菌、伊氏李斯特菌对小鼠有致病性。提示：此项目可选做。

（四）结果与报告

综合以上生化试验和溶血试验的结果，报告 25 g（mL）样品中检出或未检出单核细胞增生李斯特菌。

五、单核细胞增生李斯特菌平板计数法（第二法）

适用于单核细胞增生李斯特菌含量较高的食品中单核细胞增生李斯特菌的计数。

（一）检验程序

单核细胞增生李斯特菌平板计数程序见图 5-7。

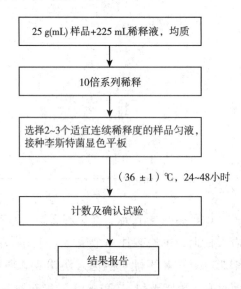

图 5-7　单核细胞增生李斯特菌平板计数程序流程图

（二）操作步骤

1. 样品的稀释

（1）以无菌操作取样品25 g（mL），放入盛有225 mL缓冲蛋白胨水或无添加剂的LB肉汤的无菌均质袋内（或均质杯）内，在拍击式均质器上连续均质1~2分钟或以8000~10 000 r/min均质1~2分钟。液体样品，振荡混匀，制成1∶10的样品匀液。

（2）用1 mL无菌吸管或微量移液器吸取1∶10样品匀液1 mL，沿管壁缓慢注于盛有9 mL缓冲蛋白胨水或无添加剂的LB肉汤的无菌试管中（注意吸管或吸头尖端不要触及稀释液面），振摇试管，制成1∶100的样品匀液。依次制备10倍系列稀释样品匀液。每递增稀释1次，换用1支1 mL无菌吸管或吸头。

2. 样品的接种 根据对样品污染状况的估计，选择2~3个适宜连续稀释度的样品匀液（液体样品可包括原液），每个稀释度的样品匀液分别吸取1 mL以0.3、0.3、0.4 mL的接种量分别加入3块李斯特菌显色平板，用无菌L棒涂布整个平板，注意不要触及平板边缘。使用前，如琼脂平板表面有水珠，可放在25~50 ℃的培养箱里干燥，直到平板表面的水珠消失。

3. 培养 在通常情况下，涂布后，将平板静置10分钟，如样液不易吸收，可将平板放在培养箱（36±1）℃培养1小时；等样品匀液被吸收后翻转平皿，倒置于培养箱，（36±1）℃培养24~48小时。

4. 典型菌落计数

（1）单核细胞增生李斯特菌在李斯特菌显色平板上的菌落特征以产品说明为准。

（2）选择有典型单核细胞增生李斯特菌菌落的平板，且同一稀释度3块平板所有菌落数合计在15~150 CFU之间的平板，计数典型菌落数。如果：①只有一个稀释度的平板菌落数在15~150 CFU之间且有典型菌落，计数该稀释度平板上的典型菌落。②所有稀释度的平板菌落数均小于15 CFU且有典型菌落，应计数最低稀释度平板上的典型菌落。③某一稀释度的平板菌落数大于150 CFU且有典型菌落，但下一稀释度平板上没有典型菌落，应计数该稀释度平板上的典型菌落。④所有稀释度的平板菌落数大于150 CFU且有典型菌落，应计数最高稀释度平板上的典型菌落。⑤所有稀释度的平板菌落数均不在15~150 CFU之间且有典型菌落，其中一部分小于15 CFU或大于150 CFU时，应计数最接近15 CFU或150 CFU的稀释度平板上的典型菌落。则①~⑤的计数按式5-4计算。⑥2个连续稀释度的平板菌落数均在15~150 CFU之间且均有典型菌落，按式5-5计算。

5. 确认试验 从典型菌落中任选5个菌落（小于5个全选），按第一法中初筛和鉴定进行。

（三）结果计数

$$T = \frac{AB}{Cd} \tag{5-4}$$

式中，T为样品中单核细胞增生李斯特菌菌落数；A为某一稀释度典型菌落的总数；B为某一稀释度确证为单核细胞增生李斯特菌的菌落数；C为某一稀释度用于单核细胞增生李斯特菌确证试验的菌落数；d为稀释因子。

$$T = \frac{\dfrac{A_1 B_1}{C_1} \times \dfrac{A_2 B_2}{C_2}}{1.1 d}$$

$$(5-5)$$

式中，T 为样品中单核细胞增生李斯特菌菌落数；A_1 为第一稀释度（低稀释倍数）典型菌落的总数；B_1 为第一稀释度（低稀释倍数）确证为单核细胞增生李斯特菌的菌落数；C_1 为第一稀释度（低稀释倍数）用于单核细胞增生李斯特菌确证试验的菌落数；A_2 为第二稀释度（高稀释倍数）典型菌落的总数；B_2 为第二稀释度（高稀释倍数）确证为单核细胞增生李斯特菌的菌落数；C_2 为第二稀释度（高稀释倍数）用于单核细胞增生李斯特菌确证试验的菌落数；1.1 为计算系数；d 为稀释因子（第一稀释度）。

（四）结果报告

报告每 g（mL）样品中单核细胞增生李斯特菌菌数，以 CFU/g（mL）表示；如 T 值为 0，则以小于 1 乘以最低稀释倍数报告。

六、单核细胞增生李斯特菌 MPN 计数法（第三法）

适用于单核细胞增生李斯特菌含量较低（<100 CFU/g）而杂菌含量较高的食品中单核细胞增生李斯特菌的计数，特别是牛乳、水以及含干扰菌落计数的颗粒物质的食品。

（一）检验程序

单核细胞增生李斯特菌 MPN 计数法检验程序见图 5-8。

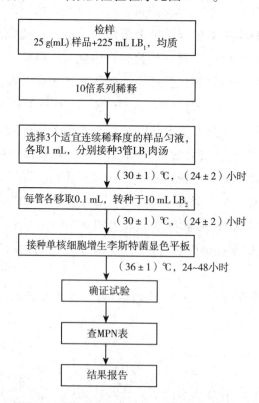

图 5-8　单核细胞增生李斯特菌 MPN 计数法检验程序流程图

（二）操作步骤

1. 样品的稀释　同第二法样品的稀释。

2. 接种和培养

（1）根据对样品污染状况的估计，选取 3 个适宜连续稀释度的样品匀液（液体样品可包括原液），接种于 10 mL LB₁ 肉汤，每一稀释度接种 3 管，每管接种 1 mL（如果接种量需要超过 1 mL，则用双料 LB₁ 增菌液）于（30 ±1）℃ 培养（24 ±2）小时。每管各移取 0.1 mL，转种于 10 mL LB₂ 增菌液内，于（30 ±1）℃ 培养（24 ±2）小时。

（2）用接种环从各管中移取 1 环，接种单核细胞增生李斯特菌显色平板，（36 ±1）℃ 培养 24 ~ 48 小时。

3. 确证试验　自每块平板上挑取 5 个典型菌落（5 个以下全选），按照第一法中初筛、鉴定进行。

（三）结果与报告

根据证实为单核细胞增生李斯特菌阳性的试管管数，查 MPN 检索表（附录一），报告每 g（mL）样品中单核细胞增生李斯特菌的最可能数，以 MPN/g（mL）表示。

第六节　副溶血性弧菌检验技术

（参考 GB 4789.7—2013《食品安全国家标准 食品微生物学检验 副溶血性弧菌检验》）

扫码"学一学"

一、生物学概述

副溶血性弧菌（*Vibrio parahaemolyticus*，简称 VP），具有嗜盐性（halophilic），常见于河海交汇处及近海的海水、海底沉积物、海产品和盐渍食品中。人们往往通过生食或食用了未充分煮熟的海产品导致疾病发生，其潜伏期 8 ~ 40 小时，最高达 96 小时；典型症状是腹泻（水样便或血样便）、上腹部痉挛、恶心、呕吐、发热。目前，副溶血性弧菌已成为世界上多个沿海国家和地区急性胃肠炎的重要病原菌之一，在我国副溶血性弧菌引起的食物中毒已高居微生物性食物中毒的第二位。

副溶血性弧菌是 G⁻，菌体为棒状、弧状、卵圆状，无芽孢，兼性厌氧，嗜盐、不耐热，50 ℃、20 分钟，65 ℃、5 分钟或 80 ℃、1 分钟即可被杀死。其生长温度范围 10 ~ 44 ℃，最适生长温度 30 ~ 35 ℃；生长 pH 4.8 ~ 11.0，最适生长 pH 7.6 ~ 8.6。副溶血性弧菌能够在 1% ~ 8% 的 NaCl 生境中存活，最适 NaCl 浓度范围 2% ~ 4%，在低 NaCl 或无 NaCl 生境中停止生长或死亡。副溶血性弧菌在嗜盐性固体培养基上，菌落较大，隆起，圆形，透明或透明、表面光滑，湿润，无黏性。在 3% ~ 3.5% 含盐水中繁殖迅速，每 8 ~ 9 分钟为一代时。发酵葡萄糖、甘露醇，麦芽糖产酸不产气，不发酵乳糖、蔗糖；氧化酶阳性，V.P 阴性。在不含 NaCl 和含 10% NaCl 蛋白胨水中不生长，能在 3% 和 6% NaCl 蛋白胨水中生长。

副溶血性弧菌的鞭毛抗原（H 抗原）特异性低，不适合菌种的血清学分型；而菌体抗原（O抗原）和荚膜抗原（K抗原）呈现多样性，是副溶血性弧菌血清分型、识别副溶血性弧菌非常有效和经典的分型方法。目前，血清型覆盖率是13种O抗原（O1～O13）和71K抗原（K1～K71），其中与人类胃肠炎有关的O型与K型的组合有75种。我国分离的大多数菌株对氨苄西林耐药最严重，其次为链霉素和头孢唑啉，还有部分菌株对利福平有耐药；大多数菌株对喹诺酮类、大环内酯类、酰胺醇类等敏感。副溶血性弧菌的致病因子主要包括溶血素类、尿素酶和侵袭因子等，耐热直接溶血毒素（thermostabile direct hemolysin，TDH）、耐热直接相关溶血毒素（TDH - related hemolysin，TRH）、不耐热溶血毒素（thermolabile hemolysin，TLH）为其主要的致病因子，分别由 *tdh*、*trh* 和 *tlh* 3个基因编码翻译生成。临床上分离的副溶血性弧菌菌株95%以上在我妻血琼脂（Wagatsuma Agar Base）琼脂（人血琼脂）产生β溶血特性命名为Kanagawa现象，简称KP，就是神奈川现象。

副溶血性弧菌主要污染海产品，鱼类、贝类、甲壳类、软体类海产品检出率较高，污染程度与海产品的类别、海域环境条件相关联。从食品类别来看，动物性水产品中副溶血性弧菌检出率一直维持在较高水平，并呈上升趋势，已连续多年成为我国最主要的食源性水产品致病菌。但是，近年来的副溶血性弧菌监测结果表明，淡水产品中副溶血性弧菌污染率一直维持在较高的水平，呈上升趋势。流通环节、餐饮环节淡水产品中副溶血性弧菌污染较高，污染率数值范围1.39%～80.07%。

二、设备和材料

恒温培养箱：（36±1）℃，冰箱：2～5、7～10℃，恒温水浴箱：（36±1）℃，天平：感量0.1 g。

无菌试管：18 mm×180 mm、15 mm×100 mm，无菌吸管：1 mL（具0.01 mL刻度）、10 mL（具0.1 mL刻度）或微量移液器及吸头，无菌锥形瓶：容量250、500、1000 mL，无菌培养皿：直径90 mm，均质器或无菌乳钵，无菌手术剪刀，镊子，全自动微生物生化鉴定系统，其他微生物实验室常规灭菌及培养设备。

三、培养基和试剂

3%氯化钠碱性蛋白胨水、硫代硫酸盐 - 柠檬酸盐 - 胆盐 - 蔗糖（TCBS）琼脂、3%氯化钠胰蛋白胨大豆琼脂、3%氯化钠三糖铁琼脂、嗜盐性试验培养基、3%氯化钠甘露醇试验培养基、3%氯化钠赖氨酸脱羧酶试验培养基、我妻血琼脂、3%氯化钠 M. R - V. P 培养基、弧菌显色培养基。

3%氯化钠溶液、氧化酶试剂、革兰染色液、ONPG 试剂、Voges - Proskauer（V. P）试剂、生化鉴定试剂盒。

四、检验程序

副溶血性弧菌检验程序见图 5 - 9。

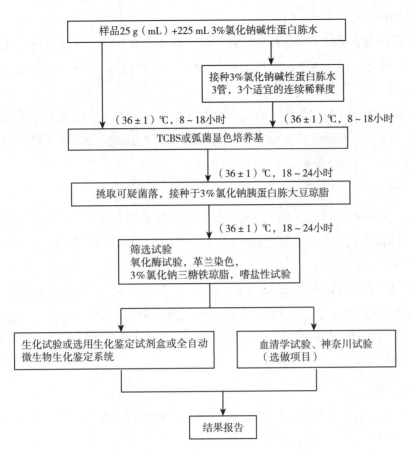

图 5 - 9　副溶血性弧菌检验程序流程

五、操作步骤

(一) 样品制备

1. 样品前处理　非冷冻样品采集后应立即置 7 ～ 10 ℃ 冰箱保存，4 ～ 8 小时内检验尽可能及早检验；冷冻样品应在 45 ℃ 以下不超过 15 分钟或在 2 ～ 5 ℃ 不超过 18 小时解冻。

2. 样品取样部位

(1) 鱼类和头足类动物取表面组织、肠或鳃。

(2) 贝类取全部内容物，包括贝肉和体液；甲壳类取整个动物，或者动物的中心部分，包括肠和鳃。如为带壳贝类或甲壳类，则应先在自来水中洗刷外壳并甩干表面水分，然后以无菌操作打开外壳，按上述要求取相应部分。

3. 样品匀液制备　以无菌操作取样品 25 g (mL)，加入 3% 氯化钠碱性蛋白胨水 225 mL，用旋转刀片式均质器以 8000 r/min 均质 1 分钟，或拍击式均质器拍击 2 分钟，制备成 1∶10 的样品匀液。如无均质器，则将样品放入无菌乳钵，自 225 mL 3% 氯化钠碱性蛋白胨水中取少量稀释液加入无菌乳钵，样品磨碎后放入 500 mL 无菌锥形瓶，再用少量稀释液冲洗乳钵中的残留样品 1 ～ 2 次，洗液放入锥形瓶，最后将剩余稀释液全部放入锥形瓶，充分振荡，制备 1∶10 的样品匀液。

(二) 增菌

1. 定性检测　将制备的 1∶10 样品匀液于恒温培养箱，(36 ± 1) ℃ 培养 8 ～ 18 小时。

2. 定量检测

（1）用无菌吸管吸取 1∶10 样品匀液 1 mL，注入含有 9 mL 3% 氯化钠碱性蛋白胨水的试管内，振摇试管混匀，制备 1∶100 的样品匀液。依次制备 10 倍系列稀释样品匀液，每递增稀释一次，换用一支 1 mL 无菌吸管。

（2）根据对检测样品污染情况的估计或文献报道污染情况，选择 3 个适宜的连续稀释度，每个稀释度接种 3 支含有 9 mL 3% 氯化钠碱性蛋白胨水的试管，每管接种 1 mL。置（36 ±1）℃恒温箱内，培养 8 ~ 18 小时。

（三）分离

1. 对所有显示生长的增菌液，用接种环在距离液面以下 1 cm 内沾取一环增菌液，于 TCBS 平板或弧菌显色培养基平板上划线分离。一支试管划线一块平板。于（36 ±1）℃培养 18 ~ 24 小时。

2. 典型的副溶血性弧菌在 TCBS 上呈圆形、半透明、表面光滑的绿色菌落，用接种环轻触，有类似口香糖的质感，直径 2 ~ 3 mm。从培养箱取出 TCBS 平板后，应尽快（不超过 1 小时）挑取菌落或标记要挑取的菌落。典型的副溶血性弧菌在弧菌显色培养基上的特征按照产品说明进行判定。

（四）纯培养

挑取 3 个或以上可疑菌落，划线接种 3% 氯化钠胰蛋白胨大豆琼脂平板，（36 ±1）℃培养 18 ~ 24 小时。

（五）初步鉴定

1. 氧化酶试验　挑选纯培养的单个菌落进行氧化酶试验，副溶血性弧菌为氧化酶阳性。

2. 涂片镜检　将可疑菌落涂片，进行革兰染色，镜检观察形态。副溶血性弧菌为革兰阴性，呈棒状、弧状、卵圆状等多形态，无芽孢，有鞭毛。

3. 转种 3% 氯化钠三糖铁琼脂斜面　挑取纯培养的单个可疑菌落，转种 3% 氯化钠三糖铁琼脂斜面并穿刺底层，（36 ±1）℃培养 24 小时观察结果。副溶血性弧菌在 3% 氯化钠三糖铁琼脂中的反应为底层变黄不变黑，无气泡，斜面颜色不变或红色加深，有动力。

4. 嗜盐性试验　挑取纯培养的单个可疑菌落，分别接种 0%、3%、6%、8% 和 10% 不同氯化钠浓度的胰胨水，（36 ±1）℃培养 24 小时，观察液体浑浊情况。副溶血性弧菌在无氯化钠和 10% 氯化钠的胰胨水中不生长或微弱生长，在 6% 氯化钠和 8% 氯化钠的胰胨水中生长旺盛。

（六）确定鉴定

取纯培养物分别接种含 3% 氯化钠的甘露醇试验培养基、赖氨酸脱羧酶试验培养基、M. R - V. P 培养基，（36 ±1）℃培养 24 ~ 48 小时后观察结果；3% 氯化钠三糖铁琼脂隔夜培养物进行 ONPG 试验。可选择生化鉴定试剂盒或全自动微生物生化鉴定系统。

六、血清学分型

1. 制备　接种两管 3% 氯化钠胰蛋白胨大豆琼脂试管斜面，（36 ±1）℃培养 18 ~ 24 小时。用含 3% 氯化钠的 5% 甘油溶液冲洗 3% 氯化钠胰蛋白胨大豆琼脂斜面培养物，获得浓厚的菌悬液。

2. K 抗原的鉴定　取一管制备好的菌悬液，首先用多价 K 抗血清进行检测，出现凝集反应时再用单个的抗血清进行检测。用蜡笔在一张玻片上划出适当数量的间隔和一个对照间隔。在每个间隔内各滴加一滴菌悬液，并对应加入一滴 K 抗血清。在对照间隔内加一滴 3% 氯化钠溶液。轻微倾斜玻片，使各成分相混合，再前后倾动玻片 1 分钟。阳性凝集反应可以立即观察到。

3. O 抗原的鉴定　将另外一管的菌悬液转移到离心管内，121 ℃灭菌 1 小时。灭菌后 4000 r/min 离心 15 分钟，弃去上层液体，沉淀用生理盐水洗三次，每次 4000 r/min 离心 15 分钟，最后一次离心后留少许上层液体，混匀制成菌悬液。用蜡笔将玻片划分成相等的间隔。在每个间隔内加入一滴菌悬液，将 O 群血清分别加一滴到间隔内，最后一个间隔加一滴生理盐水作为自凝对照。轻微倾斜玻片，使各成分相混合，再前后倾动玻片 1 分钟。阳性凝集反应可以立即观察到。如果未见到与 O 群血清的凝集反应，将菌悬液 121 ℃再次高压 1 小时后，重新检测。如果仍为阴性，则培养物的 O 抗原属于未知。根据表 5 – 11 报告血清学分型结果。

表 5 – 11　副溶血性弧菌的抗原

O 群	K 型
1	1, 5, 20, 25, 26, 32, 38, 41, 56, 58, 60, 64, 69
2	3, 28
3	4, 5, 6, 7, 25, 29, 30, 31, 33, 37, 43, 45, 48, 54, 56, 57, 58, 59, 72, 75
4	4, 8, 9, 10, 11, 12, 13, 34, 42, 49, 53, 55, 63, 67, 68, 73
5	15, 17, 30, 47, 60, 61, 68
6	18, 46
7	19
8	20, 21, 22, 39, 41, 70, 74
9	23, 44
10	24, 71
11	19, 36, 40, 46, 50, 51, 61
12	19, 52, 61, 66
13	65

七、神奈川试验

神奈川试验是在我妻血琼脂上测试是否存在特定溶血素。神奈川试验阳性结果与副溶血性弧菌分离株的致病性显著相关。

用接种环将测试菌株的 3% 氯化钠胰蛋白胨大豆琼脂 18 小时培养物点种于表面干燥的我妻血琼脂平板。每个平板上可以环状点种几个菌。(36 ± 1) ℃培养不超过 24 小时，并立即观察。阳性结果为菌落周围呈半透明环的 β 溶血。

八、结果与报告

1. 定性检验结果报告　根据生化试验的结果，报告 25 g（mL）样品中检出或未检出副溶血性弧菌。

2. 定量检验结果报告　根据证实为副溶血性弧菌阳性的试管管数，查最可能数

（MPN）检索表（附录一），每 g（mL）检样中副溶血性弧菌最可能数（MPN）的检索（附录一）。报告每 g（mL）副溶血性弧菌的 MPN 值。副溶血性弧菌菌落生化性状和与其他弧菌的鉴别情况分别见表 5 – 12 和表 5 – 13。

表 5 – 12　副溶血性弧菌的生化性状

试验项目	革兰染色镜检	氧化酶	动力	蔗糖	葡萄糖	甘露醇	分解葡萄糖产气	乳糖	硫化氢	赖氨酸脱羧酶	V. P	ONPG
结果	阴性，无芽孢	+	+	–	+	+	–	–	–	+	–	–

注：+. 阳性；–. 阴性。

表 5 – 13　副溶血性弧菌主要性状与其他弧菌的鉴别

名称	氧化酶	赖氨酸	精氨酸	鸟氨酸	明胶	脲酶	V. P	42℃生长	蔗糖	D-纤维二糖	乳糖	阿拉伯糖	D-甘露糖	D-甘露醇	ONPG	嗜盐性试验 氯化钠含量（%）				
																0	3	6	8	10
副溶血性弧菌 (*V. parahaemolyticus*)	+	+	–	+	+	V	–	+	–	V	–	+	+	+	–	–	+	+	+	–
创伤弧菌 (*V. vulnificus*)	+	+	–	+	+	–	–	+	–	+	+	–	+	V	+	–	+	+	–	–
溶藻弧菌 (*V. alginolyticus*)	+	+	–	+	+	+	+	+	+	–	–	–	+	+	–	–	+	+	+	+
霍乱弧菌 (*V. cholerae*)	+	+	–	+	+	–	V	+	+	–	–	–	+	+	+	+	+	–	–	–
拟态弧菌 (*V. mimicus*)	+	+	–	+	+	–	–	+	–	–	+	–	+	+	+	+	+	–	–	–
河弧菌 (*V. fluvialis*)	+	–	+	–	+	–	–	V	+	+	–	+	+	+	+	–	+	+	+	V
弗氏弧菌 (*V. furnissii*)	+	–	+	–	+	–	–	+	+	+	–	+	+	+	+	–	+	+	+	–
梅氏弧菌 (*V. metschnikovii*)	–	+	–	+	+	–	V	+	+	–	–	–	+	+	–	+	+	+	V	–
霍利斯弧菌 (*V. hollisae*)	+	–	–	–	–	–	nd	–	–	+	–	+	–	–	–	–	+	+	+	–

注：+. 阳性；–. 阴性；nd. 未试验；V. 可变。

扫码"学一学"

第七节　克罗诺杆菌属（阪崎肠杆菌）检验

（参考 GB 4789.40—2016《食品安全国家标准 食品微生物学检验
克罗诺杆菌属（阪崎肠杆菌）检验》）

一、生物学概述

克罗诺杆菌（*Cronobacter*）属于肠杆菌科，主要感染免疫力低下人群，特别是婴幼儿，可以引起新生儿脑膜炎、坏死性小肠结肠炎和菌血症等病症，病死率高达 50% 以上，是一种重要的食源性条件致病菌，其致病剂量较低。1929 年 PANGALOSG 发现并命名为黄色阴沟肠杆菌（*Enterobacter cloacae*），1980 年 FAMER JJIII 等将其归为肠杆菌科，更名为阪崎肠杆菌（*E. sakazakii*）后被广泛采用。2008 年 Iversen 等根据分子生物学研究结果，将阪崎肠杆菌由种扩大为属，命名为克罗诺杆菌属（*Cronobacter*）。2012 年，Joseph 等依据分子生物学技术将其划分为 7 个种，分别是阪崎克罗诺杆菌（*C. sakazakii*）、苏黎世克罗诺杆菌（*C. turicensis*）、丙二酸盐克罗诺杆菌（*C. malonaticus*）、莫金斯克罗诺杆菌（*C. muytjensii*）、康帝蒙提克罗诺杆菌（*C. condimenti*）、尤尼沃斯克罗诺杆菌（*C. universalis*）和都柏林克罗诺杆菌（*C. dublinensis*）。其中，都柏林克罗诺杆菌包括 3 个亚种，分别是都柏林克罗诺杆菌都柏林亚种（*C. dublinensis* subsp. *dublinensis*），都柏林克罗诺杆菌奶粉亚种（*C. dublinensis* subsp. *lactaridi*）和都柏林克罗诺杆菌洛桑亚种（*C. dublinensis* subsp. *lausannensis*）。目前，报道与新生儿的感染有关的菌种仅有阪崎克罗诺杆菌（*C. sakazakii*）、苏黎世克罗诺杆菌（*C. turicensis*）、丙二酸盐克罗诺杆菌（*C. malonaticus*）菌株居于首位。

克罗诺杆菌（*Cronobacter* ssp.）呈直杆状，有周鞭毛，能运动，无芽孢，兼性厌氧，发酵葡萄糖产酸产气，V.P 试验阳性、柠檬酸同化反应、β-糖苷酶反应阳性、α-葡萄糖苷酶阳性，甲基红试验阴性，发酵 D-山梨糖醇反应阴性，胞外脱氧核糖核酸酶反应阳性。

克罗诺杆菌（*Cronobacter* ssp.）生长的营养要求不高，在营养琼脂（NA）、血平板、伊红美蓝琼脂（EMB）、麦康凯琼脂（MAC）、结晶紫中性红胆盐琼脂（VRBA）等培养基上均能生长。克罗诺杆菌在胰蛋白胨大豆琼脂上培养 24 小时后形成 1.5~2.5 mm 的黄色菌落，并能在 25~36 ℃条件下形成 2 种以上的菌落形态，第一种菌落呈干燥或黏稠状、边缘粗糙，用接种环触碰有弹性；第二种菌落是典型的光滑菌落，用接种环很容易挑起。通过传代培养，具有粗糙边缘的弹性菌落能转化为典型的光滑菌落。克罗诺杆菌在山梨醇 MAC 平板上，能形成圆形突起的淡黄色菌落，产生黄色素是克罗诺杆菌的重要特征之一，FDA 方法和 ISO-IDF 方法都将其作为克罗诺杆菌鉴定的依据之一。胰胨大豆液体培养基中培养 24 小时后，所有的克罗诺杆菌株均产生大量沉淀。

克罗诺杆菌是高耐受菌，耐热、耐酸、耐高渗透压、抗干燥。生长温度范围 6~47 ℃条件下生长，最适生长温度为 39 ℃，pH 和 A_w 都会影响其耐热性，克罗诺杆菌在 pH 为 7 的条件下的耐热性是 pH 4 的条件下的 10 倍，在 4 ℃、pH 4 的情况下，将 A_w 从 0.99 降到 0.96，该菌耐热性增加了 32 倍。克罗诺杆菌耐酸，pH 3.5 的条件下能够存活超过 5 小时，耐酸能力与菌株种类相关。能够在 A_w 为 0.3~0.69 的婴幼儿米粉中存活，低温条件下抗干燥能力增强，干燥环境下存活 2 年，水化后能立刻繁殖。另外，克罗诺杆菌对紫外光也有很好的耐受性，在 60~70 ℃紫外光照射下能存活 120 分钟。

克罗诺杆菌广泛分布在水、土壤、食品厂生产线（如婴幼儿配方乳粉加工设备）、工厂和家庭等环境，新鲜食品原料及加工产品中均能检出，因其主要感染途径是被该菌污染的婴幼儿配方乳粉，所以婴幼儿配方乳粉是主要关注对象，从 2006 年起针对婴幼儿配方乳粉受克罗诺杆菌污染的高风险性和污染后的巨大危害性，作出了婴幼儿配方乳粉中克罗诺杆菌每批必检的市场准入要求。另外，乳粉、牛乳、乳酪、谷物、大米、肉、水果、草药、香料及其制品、坚果、点心，辣椒制品、腌制品、茶饮料生产原料中都存在某些克罗诺杆菌污染，研究表明在我国克罗诺杆菌已经存在一定程度的污染且污染食品范围较广。

二、设备和材料

恒温培养箱：（25±1）、（36±1）、（44±0.5）℃，冰箱：2～5℃，恒温水浴箱：（44±0.5）℃，天平：感量0.1 g，均质器，振荡器。

无菌吸管：1 mL（具0.01 mL刻度）、10 mL（具0.1 mL刻度）或微量移液器及吸头，无菌锥形瓶：100、200、2000 mL，无菌培养皿：直径90 mm，pH计或pH比色管或精密pH试纸，全自动微生物生化鉴定系统。

三、培养基和试剂

缓冲蛋白胨水、改良月桂基硫酸盐胰蛋白胨肉汤－万古霉素、阪崎肠杆菌显色培养基、胰蛋白胨大豆琼脂、L－赖氨酸脱羧酶培养基、L－鸟氨酸脱羧酶培养基、L－精氨酸双水解酶培养基、糖类发酵培养基、西蒙柠檬酸盐培养基。

生化鉴定试剂盒、氧化酶试剂。

四、克罗诺杆菌属定性检验（第一法）

（一）检验程序

克罗诺杆菌属定性检验程序见图5－10。

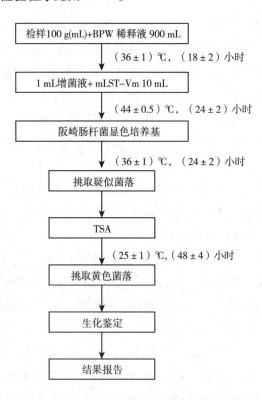

图5－10　克罗诺杆菌属定性检验程序流程图

（二）操作步骤

1. 前增菌和增菌　取检样100 g（mL）置灭菌锥形瓶中，加入900 mL已预热至44℃的缓冲蛋白胨水，用手缓缓地摇动至充分溶解，（36±1）℃培养（18±2）小时。移取1 mL转种于 10 mL mLST – Vm 肉汤，（44 ±0.5）℃ 培养（24 ±2）小时。

2. 分离

（1）轻轻混匀 mLST – Vm 肉汤培养物，各取增菌培养物 1 环，分别划线接种于两个阪崎肠杆菌显色培养基平板，显色培养基须符合 GB 4789.28—2013 的要求，（36 ±1）℃ 培养（24 ±2）小时，或按培养基要求条件培养。

（2）挑取至少 5 个可疑菌落，不足 5 个时挑取全部可疑菌落，划线接种于 TSA 平板，可疑菌落参照显色培养基的产品说明进行判定，（25 ±1）℃ 培养（48 ±4）小时。

3. 鉴定 自 TSA 平板上直接挑取黄色可疑菌落，进行生化鉴定。克罗诺杆菌属的主要生化特征见表 5 – 14。可选择生化鉴定试剂盒或全自动微生物生化鉴定系统。

表 5 – 14 克罗诺杆菌属的主要生化特征

生化试验		特征
黄色素产生		+
氧化酶		–
L – 赖氨酸脱羧酶		–
L – 鸟氨酸脱羧酶		（+）
L – 精氨酸双水解酶		+
柠檬酸水解		（+）
发酵	山梨醇	（–）
	L – 鼠李糖	+
	D – 蔗糖	+
	D – 蜜二糖	+
	苦杏仁苷	+

注：+. >99% 阳性；–. >99% 阴性；（+）.90% ~99% 阳性；（–）.90% ~99% 阴性。

（三）结果与报告

综合菌落形态和生化特征报告每 100 g（mL）样品中检出或未检出克罗诺杆菌属。

五、克罗诺杆菌属计数方法（第二法）

（一）操作步骤

1. 样品的稀释

（1）固体和半固体样品 无菌称取样品 100、10、1 g 各三份，分别加入 900、90、9 mL 已预热至 44 ℃ 的 BPW，轻轻振摇使充分溶解，置（36 ±1）℃ 培养（18 ±2）小时。分别移取 1 mL 转种于 10 mL mLST – Vm 肉汤，（44 ±0.5）℃ 培养（24 ±2）小时。

（2）液体样品 以无菌吸管分别取样品 100、10、1 mL 各三份，分别加入 900、90、9 mL 已预热至 44 ℃ 的 BPW，轻轻振摇使充分混匀，置（36 ±1）℃ 培养（18 ±2）小时。分别移取 1 mL 转种于 10 mL mLST – Vm 肉汤，（44 ±0.5）℃ 培养（24 ±2）小时。

2. 分离、鉴定 同第一法。

（二）结果与报告

综合菌落形态、生化特征，根据证实为克罗诺杆菌属的阳性管数，查 MPN 检索表，报告每 100 g（mL）样品中克罗诺杆菌属的 MPN 值。

第八节　蜡样芽孢杆菌检验

（参考 GB 4789.14—2014《食品安全国家标准 食品微生物学检验
蜡样芽孢杆菌检验》）

扫码"学一学"

一、生物学概述

蜡样芽孢杆菌（*Bacillus cereus*）在自然界中广泛分布、兼性好氧菌，其能够产生致呕吐的呕吐毒素和致腹泻的肠毒素，人体摄入被蜡样芽孢杆菌污染的食品后，一般在 8～16 小时内出现呕吐或腹泻，或两者兼有的中毒症状。偶有引起眼部感染，心内膜炎、脑膜炎和菌血症等疾病。依据在《伯杰氏系统细菌学手册》（第九版）分类，该菌为第二类第十八群，该群中还有与蜡样芽孢杆菌同源性高度相似的苏云金芽孢杆菌（*B. thuringiensis*）、炭疽芽孢杆菌（*B. anthracis*）、蕈状芽孢杆菌（*B. mycoides*）、假真菌样芽孢杆菌（*B. pseudomycoides*）和韦氏芽孢杆菌（*B. weihenstephanensis*）等。

蜡样芽孢杆菌属于芽孢杆菌属，为 G^+、菌体为杆状、末端方圆、呈短或长链状，大小（1.0～1.2）μm×（3.0～5.0）μm；产芽孢，芽孢呈圆形或椭圆形，中生或近中生，大小 1.0～1.5 μm，孢囊无明显膨大，在营养肉汤中 32 ℃培养 3 天后，芽孢形成率在 90% 以上，80～85 ℃水浴 5～10 分钟可刺激芽孢萌发；无荚膜、有鞭毛、能运动；引起食源性疾病的菌株多生周鞭毛、有动力。

蜡样芽孢杆菌在普通琼脂培养基平板上，30 ℃培养 18～24 小时，形成灰白色、不透明，偶产生黄绿色素，表面粗糙似毛玻璃状或融蜡状菌落，直径为 3～8 mm，菌落为圆形或近似圆形、稍有光泽、质地较软。在甘露醇卵黄多黏菌素琼脂培养基（MYP）上生长旺盛，30 ℃培养 24～48 小时菌落呈粉红毛玻璃状、周围有白色至粉色沉淀环，直径 8～10 mm；在血琼脂平板上呈现草绿色 β 型完全溶血。肉汤液体培养基中培养，往往变浑浊、有菌膜或壁环、振摇易乳化。

蜡样芽孢杆菌生长温度范围 10～45 ℃，最低生长温度 10～20 ℃，最高生长温度 35～45 ℃，最适生长温度为 28～35 ℃，10 ℃以下、63 ℃以上不繁殖。65～70 ℃菌体容易死亡，在 100 ℃加热 20 分钟可被破坏；pH 2～11 可以生长，最适增殖 pH 4.3～9.3，最适 NaCl 浓度 1 g/L，8 g/L 时抑制生长，无盐生长良好。

蜡样芽孢杆菌不发酵甘露醇、木糖、阿拉伯糖，厌氧条件下发酵葡萄糖，常能液化明胶，硝酸盐还原，产卵磷脂酶、酪蛋白酶、青霉素酶，接触酶阳性、卵黄反应阳性、V.P 反应呈阳性。

蜡样芽孢杆菌是一种条件致病菌，偶尔能引起人的眼部感染，甚至是心内膜炎、脑膜炎、肺炎、骨髓炎和菌血症等疾病，但通常中毒症状较温和而且病程不超过 24 小时，最常见的可导致两种不同类型的食源性疾病的是腹泻型毒素和呕吐型毒素（表 5 - 15）。

表 5 - 15　两种蜡样芽孢杆菌毒素特征

特征	腹泻型毒素	呕吐型毒素
食源性疾病发生剂量	$10^5 \sim 10^8$（总量，达到疾病发生剂量所需孢子数量少于营养细胞）	$10^5 \sim 10^8$
毒素产生	在宿主小肠内产生	在食物中产生
毒素结构	蛋白质（Hb1、Nhe、CytK 等）	环形十二肽
潜伏期	8 ~ 16 小时（偶尔大于 24 小时）	0 ~ 6 小时
患病时间	12 ~ 24 小时（偶尔持续几天）	6 ~ 24 小时
症状	腹痛、水样腹泻、偶尔恶心、有致死案例	恶心、呕吐、不适、致死（可能与肝损伤有关）
容易污染的食品	蛋白质食品、肉制品、汤、蔬菜、布丁、乳制品	淀粉食品、炒米饭、意大利面、面条

腹泻型毒素（肠毒素）主要引起腹泻为主的食源性疾病，症状类似于产气荚膜梭状芽孢杆菌（*Clostridium perfringens*）引起的食源性疾病。腹泻可能是由多种肠毒素引起，目前至少发现 5 种不同的肠毒素，包括 2 个三元毒素：溶血素 BL（*hbl*）：非溶血性的肠毒素 Nhe（*nhe*）；3 个单一基因产物：细胞毒素肠素 K（*cytk*）、肠毒素 T（*bceT*）和 HlyLL。肠毒素为一种蛋白质，分子质量在 36 ~ 48 kD 之间，等电点为 5.1 ~ 5.9，56 ℃加热 5 分钟可失活，胰蛋白酶或胃蛋白酶可将其失活，有抗原性。肠毒素进入胃中会被破坏，所以腹泻型食物中毒是由残留的蜡样芽孢杆菌在小肠中产肠毒素引起的。常引起该中毒的食物有肉类、海鲜、乳制品和蔬菜等，欧美国家多见。通常进食 6 ~ 15 小时后出现症状，持续 24 小时。主要症状是水样腹泻、腹部疼挛和疼痛，少见呕吐。一般引起食物中毒的食品数量在 $10^5 \sim 10^8$ CFU/g，也有在数量较低的情况下（$10^3 \sim 10^4$ CFU/g）。

呕吐型毒素是一种十二肽热稳定性的环状毒素，大小为 1.2 kD，无抗原性，极端耐热、耐酸以及对胰蛋白酶或胃蛋白酶不敏感。126 ℃、90 分钟和 pH 2 ~ 12 的条件下仍具有活性，对物理化学因素稳定，目前的各种食品加工方法，包括灭菌，均无法使其失活。呕吐型毒素在食物中预先产生且非常稳定，摄取的食物中含有呕吐毒素，它能够保持完整并可能转化成活性毒素吸附于内脏。在胃中与其受体 5 - HT3 结合，导致呕吐。所以尽管有时食物中检出的蜡状芽孢杆菌数量很少（10^2 CFU/g），却仍能引发呕吐中毒。动物试验也证实它可引起肝脏形成空泡，在蜡状芽孢杆菌产生的毒素中，呕吐型毒素较为危险。呕吐型食源性疾病的潜伏期一般为 0.5 ~ 6 小时，一般限于富含淀粉质的食品，特别是炒饭和米饭。主要症状为恶心、呕吐，有时伴有腹泻、头晕、发烧和四肢无力等症状，与金黄色葡萄球菌引发的食物中毒相类似。

蜡样芽孢杆菌食源性疾病的发生具有明显的季节性，通常以夏、秋季为最高月份，引起中毒的食品常于食前保存温度不当，放置时间较长，使食品中污染的蜡样芽孢杆菌得以生长繁殖，产生毒素引起中毒。

蜡样芽孢杆菌的分型主要为传统分型和分子分型，其中传统生化分型在蜡样芽孢杆菌（*B. cereus*）分型中占主要地位。蜡样芽孢杆菌的传统分型方法主要为生化分型、噬菌体分型、血清分型等。依据 GB 4789.14—2014，通过明胶液化实验、V. P 实验、淀粉水解、硝酸盐还原、柠檬酸盐利用，可将蜡样芽孢杆菌分成 15 个生化型别。理论上，生化分型可以为蜡样芽孢杆菌的溯源提供一定的依据，却存在操作复杂、试剂繁多、分型时间长，且有些菌株不能分型的缺点。

研究表明肉制品、乳制品、蔬菜、鱼、土豆、糊、酱油、布丁、炒米饭以及各种甜点等食品能受该菌污染。在美国，炒米饭是引发蜡样芽孢杆菌呕吐型食物中毒的主要原因；在欧洲，大多由甜点、肉饼、色拉和乳类、肉类食品引起；我国则主要与受污染的米饭或淀粉类制品有关。

二、设备和材料

冰箱：2~5 ℃，恒温培养箱：(30±1)、(36±1) ℃，均质器，电子天平：感量 0.1 g。

无菌锥形瓶：100、500 mL，无菌吸管：1 mL（具 0.01 mL 刻度）、10 mL（具 0.1 mL 刻度）或微量移液器及吸头，无菌平皿：直径 90 mm，无菌试管：18 mm×180 mm，显微镜：10~100 倍（油镜），L 涂布棒，糖发酵管，其他微生物实验室常规灭菌及培养设备。

三、培养基和试剂

甘露醇卵黄多黏菌素（MYP）琼脂、胰酪胨大豆多黏菌素肉汤、营养琼脂、动力培养基、硝酸盐肉汤、酪蛋白琼脂、硫酸锰营养琼脂培养基、V.P 培养基、胰酪胨大豆羊血（TSSB）琼脂、溶菌酶营养肉汤、西蒙柠檬酸盐培养基、明胶培养基。

磷酸盐缓冲液（PBS）、过氧化氢溶液、0.5% 碱性复红。

四、蜡样芽孢杆菌平板计数法（第一法）

适用于蜡样芽孢杆菌含量较高的食品中蜡样芽孢杆菌的计数。

（一）检验程序

蜡样芽孢杆菌平板计数法检验程序见图 5-11。

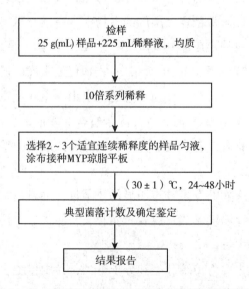

图 5-11　蜡样芽孢杆菌平板计数法检验程序流程图

（二）操作步骤

1. 样品处理　冷冻样品应在 45 ℃以下不超过 15 分钟或在 2~5 ℃不超过 18 小时解冻，若不能及时检验，应放于 -10 ~ -20 ℃保存；非冷冻而易腐的样品应尽可能及时检验，若不能及时检验，应置于 2~5 ℃冰箱保存，24 小时内检验。

2. 样品制备　称取样品 25 g，放入盛有 225 mL PBS 或生理盐水的无菌均质杯内，用旋转刀片式均质器以 8000 ~ 10 000 r/min 均质 1~2 分钟，或放入盛有 225 mL PBS 或生理盐水的无菌均质袋中，用拍击式均质器拍打 1~2 分钟。若样品为液态，吸取 25 mL 样品至盛有 225 mL PBS 或生理盐水的无菌锥形瓶（瓶内可预置适当数量的无菌玻璃珠）中，振荡混匀，作为 1∶10 的样品匀液。

3. 样品稀释　吸取 1∶10 的样品匀液 1 mL 加到装有 9 mL PBS 或生理盐水的稀释管中，充分混匀制成 1∶100 的样品匀液。根据对样品污染状况的估计，按上述操作，依次制成十倍递增系列稀释样品匀液。每递增稀释 1 次，换用 1 支 1 mL 无菌吸管或吸头。

4. 样品接种　根据对样品污染状况的估计，选择 2~3 个适宜稀释度的样品匀液（液体样品可包括原液），以 0.3、0.3、0.4 mL 接种量分别移入三块 MYP 琼脂平板，然后用无菌 L 棒涂布整个平板，注意不要触及平板边缘。使用前，如 MYP 琼脂平板表面有水珠，可放在 25 ~ 50 ℃的培养箱里干燥，直到平板表面的水珠消失。

5. 分离、培养

（1）分离　在通常情况下，涂布后，将平板静置 10 分钟。如样液不易吸收，可将平板放在培养箱（30 ±1）℃培养 1 小时等样品匀液吸收后翻转平皿，倒置于培养箱，（30 ±1）℃培养（24 ±2）小时。如果菌落不典型，可继续培养（24 ±2）小时再观察。在 MYP 琼脂平板上，典型菌落为微粉红色（表示不发酵甘露醇），周围有白色至淡粉红色沉淀环（表示产卵磷脂酶）。

（2）纯培养　选择有典型蜡样芽孢杆菌菌落的平板，且同一稀释度 3 个平板所有菌落数合计在 20 ~ 200 CFU 之间的平板，计数典型菌落数。从有典型蜡样芽孢杆菌菌落的每个平板中挑取至少 5 个典型菌落（小于 5 个全选），分别划线接种于营养琼脂平板做纯培养，（30 ±1）℃培养（24 ±2）小时，进行确证实验。在营养琼脂平板上，典型菌落为灰白色，偶有黄绿色，不透明，表面粗糙似毛玻璃状或融蜡状，边缘常呈扩展状，直径为 4 ~ 10 mm。

6. 确定鉴定

（1）染色镜检　挑取纯培养的单个菌落，革兰染色镜检。蜡样芽孢杆菌为革兰阳性芽孢杆菌，大小为（1~1.3）μm×（3~5）μm，芽孢呈椭圆形位于菌体中央或偏端，不膨大于菌体，菌体两端较平整，多呈短链或长链状排列。

（2）生化鉴定　挑取纯培养蜡样芽孢杆菌的单个菌落，进行过氧化氢酶试验、动力试验等生化反应，其与其他芽孢杆菌的区别见表 5-16。

①动力试验。用接种针挑取培养物穿刺接种于动力培养基中，30 ℃培养 24 小时。有动力的蜡样芽孢杆菌应沿穿刺线呈扩散生长，而蕈状芽孢杆菌常呈"绒毛状"生长。也可用悬滴法检查。

表 5 – 16 蜡样芽孢杆菌生化特征与其他芽孢杆菌的区别

项目	蜡样芽孢杆菌 (B. cereus)	苏云金芽孢杆菌 (B. huringiensis)	蕈状芽孢杆菌 (B. mycoides)	炭疽芽孢杆菌 (B. anthracis)	巨大芽孢杆菌 (B. egaterium)
革兰染色	+	+	+	+	+
过氧化氢酶	+	+	+	+	+
动力	+/–	+/–	–	–	+/–
硝酸盐还原	+	+	+	+	–/+
酪蛋白分解	+	+	+/–	–/+	+/–
溶菌酶耐性	+	+	+	+	–
卵黄反应	+	+	+	+	–
葡萄糖利用（厌氧）	+	+	+	+	–
V.P 试验	+	+	+	+	–
甘露醇产酸	–	–	–	–	+
溶血（羊红细胞）	+	+	+	–/+	–
根状生长	–	–	+	–	–
蛋白质毒素晶体	–	+	–	–	–

注：+.90% ~ 100%的菌株阳性；–.90% ~ 100%的菌株阴性；+/–.大多数的菌株阳性；–/+.大多数的菌株阴性。

②溶血试验。挑取纯培养的单个可疑菌落接种于 TSSB 琼脂平板上，（30 ± 1）℃培养（24 ± 2）小时。蜡样芽孢杆菌菌落为浅灰色，不透明，似白色毛玻璃状，有草绿色溶血环或完全溶血环。苏云金芽孢杆菌和蕈状芽孢杆菌呈现弱的溶血现象，而多数炭疽芽孢杆菌为不溶血，巨大芽孢杆菌为不溶血。

③根状生长试验。挑取单个可疑菌落按间隔 2 ~ 3 cm 左右距离划平行直线于经室温干燥 1 ~ 2 天的营养琼脂平板上，（30 ± 1）℃培养 24 ~ 48 小时，不能超过 72 小时。用蜡样芽孢杆菌和蕈状芽孢杆菌标准株作为对照进行同步试验。蕈状芽孢杆菌呈根状生长的特征。蜡样芽孢杆菌菌株呈粗糙山谷状生长的特征。

④溶菌酶耐性试验。用接种环取纯菌悬液一环，接种于溶菌酶肉汤中，（36 ± 1）℃培养 24 小时。蜡样芽孢杆菌在本培养基（含 0.001% 溶菌酶）中能生长。如出现阴性反应，应继续培养 24 小时。巨大芽孢杆菌不生长。

⑤蛋白质毒素结晶试验。挑取纯培养的单个可疑菌落接种于硫酸锰营养琼脂平板上，（30 ± 1）℃培养（24 ± 2）小时，并于室温放置 3 ~ 4 天，挑取培养物少许于载玻片上，滴加蒸馏水混匀并涂成薄膜。经自然干燥，微火固定后，加甲醇作用 30 秒后倾去，再通过火焰干燥，于载玻片上滴满 0.5% 碱性复红，放火焰上加热（微见蒸汽，勿使染液沸腾）持续 1 ~ 2 分钟，移去火焰，再更换染色液再次加温染色 30 秒，倾去染液用洁净自来水彻底清洗、晾干后镜检。观察有无游离芽孢（浅红色）和染成深红色的菱形蛋白结晶体。如发现游离芽孢形成的不丰富，应再将培养物置室温 2 ~ 3 天后进行检查。除苏云金芽孢杆菌外，其他芽孢杆菌不产生蛋白结晶体。

（3）生化分型 根据对柠檬酸盐利用、硝酸盐还原、淀粉水解、V.P 试验反应、明胶液化试验，将蜡样芽孢杆菌分成不同生化型别，见表 5 – 17。此项目可选做。

表 5－17　蜡样芽孢杆菌生化分型试验

型别	生化试验				
	柠檬酸盐	硝酸盐	淀粉	V.P	明胶
1	+	+	+	+	+
2	－	+	+	+	+
3	+	+	－	+	+
4	－	－	+	+	+
5	－	－	－	+	+
6	+	－	－	+	+
7	+	－	+	+	+
8	－	+	－	+	+
9	－	+	－	－	+
10	－	+	+	－	+
11	+	+	+	－	+
12	+	+	－	－	+
13	－	－	+	－	+
14	+	－	－	－	+
15	+	－	+	－	+

注：+.90%～100%的菌株阳性；－.90%～100%的菌株阴性。

（三）结果计算

1. 典型菌落计数和确认

（1）选择有典型蜡样芽孢杆菌菌落的平板，且同一稀释度 3 个平板所有菌落数合计在 20～200 CFU 之间的平板，计数典型菌落数。如果出现①～⑥现象按菌落计算式 5－6 计算，如果出现⑦现象则按菌落计算式 5－7 计算。①只有一个稀释度的平板菌落数在 20～200 CFU 之间且有典型菌落，计数该稀释度平板上的典型菌落；②2 个连续稀释度的平板菌落数均在 20～200 CFU 之间，但只有一个稀释度的平板有典型菌落，应计数该稀释度平板上的典型菌落；③所有稀释度的平板菌落数均小于 20 CFU 且有典型菌落，应计数最低稀释度平板上的典型菌落；④某一稀释度的平板菌落数大于 200 CFU 且有典型菌落，但下一稀释度平板上没有典型菌落，应计数该稀释度平板上的典型菌落；⑤所有稀释度的平板菌落数均大于 200 CFU 且有典型菌落，应计数最高稀释度平板上的典型菌落；⑥所有稀释度的平板菌落数均不在 20～200 CFU 之间且有典型菌落，其中一部分小于 20 CFU 或大于 200 CFU 时，应计数最接近 20 CFU 或 200 CFU 的稀释度平板上的典型菌落；⑦2 个连续稀释度的平板菌落数均在 20～200 CFU 之间且均有典型菌落。

（2）从每个平板中至少挑取 5 个典型菌落（小于 5 个全选），划线接种于营养琼脂平板做纯培养，（30±1）℃培养（24±2）小时。

2. 计算公式

（1）菌落计算式 5－6。

$$T = \frac{AB}{Cd} \tag{5-6}$$

式中，T 为样品中蜡样芽孢杆菌菌落数；A 为某一稀释度蜡样芽孢杆菌典型菌落的总数；B 为鉴定结果为蜡样芽孢杆菌的菌落数；C 为用于蜡样芽孢杆菌鉴定的菌落数；d 为稀释因子。

（2）菌落计算式 5 – 7。

$$T = \frac{\dfrac{A_1 B_1}{C_1} \times \dfrac{A_2 B_2}{C_2}}{1.1d} \tag{5-7}$$

式中，T 为样品中蜡样芽孢杆菌菌落数；A_1 为第一稀释度（低稀释倍数）蜡样芽孢杆菌典型菌落的总数；A_2 为第二稀释度（高稀释倍数）蜡样芽孢杆菌典型菌落的总数；B_1 为第一稀释度（低稀释倍数）鉴定结果为蜡样芽孢杆菌的菌落数；B_2 为第二稀释度（高稀释倍数）鉴定结果为蜡样芽孢杆菌的菌落数；C_1 为第一稀释度（低稀释倍数）用于蜡样芽孢杆菌鉴定的菌落数；C_2 为第二稀释度（高稀释倍数）用于蜡样芽孢杆菌鉴定的菌落数；1.1 为计算系数（如果第二稀释度蜡样芽孢杆菌鉴定结果为 0，计算系数采用 1）；d 为稀释因子（第一稀释度）。

（四）结果与报告

1. 根据 MYP 平板上蜡样芽孢杆菌的典型菌落数，按式 5 – 6、式 5 – 7 计算，报告每 g（mL）样品中蜡样芽孢杆菌菌数，以 CFU/g（mL）表示；如 T 值为 0，则以小于 1 乘以最低稀释倍数报告。

2. 必要时报告蜡样芽孢杆菌生化分型结果。

五、蜡样芽孢杆菌 MPN 计数法（第二法）

适用于蜡样芽孢杆菌含量较低的食品样品中蜡样芽孢杆菌的计数。

（一）检验程序

蜡样芽孢杆菌 MPN 计数法检验程序见图 5 – 12。

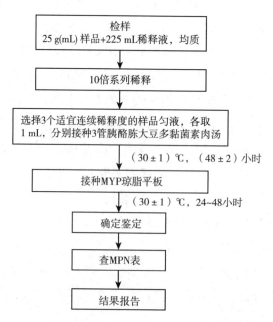

图 5 – 12　蜡样芽孢杆菌 MPN 计数法检验程序流程图

（二）操作步骤

1. 样品处理　同第一法。

2. 样品制备　同第一法。

3. 样品稀释　同第一法。

4. 样品接种　取 3 个适宜连续稀释度的样品匀液（液体样品可包括原液），接种于 10 mL 胰酪胨大豆多黏菌素肉汤中，每一稀释度接种 3 管，每管接种 1 mL（如果接种量需要超过 1 mL，则用双料胰酪胨大豆多黏菌素肉汤）。于（30 ± 1）℃培养（48 ± 2）小时。

5. 培养　用接种环从各管中分别移取 1 环，划线接种到 MYP 琼脂平板上，（30 ± 1）℃培养（24 ± 2）小时。如果菌落不典型，可继续培养（24 ± 2）小时再观察。

6. 确定鉴定　从每个平板选取 5 个典型菌落（小于 5 个全选），划线接种于营养琼脂平板做纯培养，（30 ± 1）℃培养（24 ± 2）小时，进行确证实验，即同第一法中"确定鉴定"。

（三）结果与报告

根据证实为蜡样芽孢杆菌阳性的试管管数，查 MPN 检索表（附录一），报告每 g（mL）样品中蜡样芽孢杆菌的最可能数，以 MPN/g（mL）表示。

第九节　空肠弯曲菌检验

（参考 GB 4789.9—2014《食品安全国家标准 食品微生物学检验 空肠弯曲菌检验》）

扫码"学一学"

一、生物学概述

空肠弯曲菌（*Campylobacter jejuni*）为革兰阴性多形态菌，螺旋形，弯曲杆状。大小为（0.3 ~ 0.4）μm ×（1.5 ~ 3）μm，呈 S 形或纺锤形，菌体一端或两端有单根鞭毛，长度约为菌体的 2 ~ 3 倍，在固体培养基上培养时间过久，如超过 48 小时以衰老的球形菌居多。动力阳性。

初次分离时需要在含 5% 氧、85% 氮和 10% 二氧化碳环境中，传代后能在 10% 二氧化碳环境中生长，在多氧和绝对无氧环境中均不生长；培养适宜温度为 25 ~ 43 ℃，最适温度为 42 ℃，最适 pH 7.2；对糖类既不发酵也不氧化，呼吸代谢无酸性或中性产物，生长不需要血清，从氨基酸或三羧酸循环获得能量；在布氏肉汤中生长呈均匀浑浊；在血琼脂上，初分离出现两种菌落特征：第一型菌落不溶血、灰色、扁平、湿润、有光泽，看上去像水滴，边缘不规则，常沿划线蔓延生长；第二型菌落也不溶血，常呈分散凸起的单个菌落（直径 1 ~ 2 mm）、边缘整齐、半透明、有光泽，呈单个菌落生长。当菌种传代后，如遇环境温度不适宜，易出现第二型。

约有 40% 的菌株可以水解酪蛋白、核糖核酸和脱氧核糖核酸，90% ~ 95% 的菌株具有碱性磷酸酶活性，6% 的菌株芳香基硫酸酯酶阳性。在 0.1% 亚硒酸钠斜面上生长，还原亚硒酸盐。水解吲哚酚。在含有 0.1% 胆汁或 1.5% NaCl 的培养基中可生长。本属菌抵抗力不强，易被干燥、直射阳光及弱消毒剂等杀灭，加热至 58 ℃经 5 分钟可杀死。对青霉素、头孢霉素耐受，对红霉素、四环素、庆大霉素敏感。

空肠弯曲菌在胆管中生长，小肠上端微需氧环境中适宜本菌生存和繁殖，造成空肠、回肠和大肠组织损伤，通过肠黏膜侵入血液。空肠弯曲菌引起的病变主要在回肠和空肠见斑块样炎症，伴有肠系膜淋巴结炎。

空肠弯曲菌感染导致的疾病称为空肠弯曲菌病，主要包括食物中毒、弯曲菌肠炎和肠外感染三种。人类空肠弯曲菌病的主要症状为腹泻性肠炎，严重者可导致菌血症、反应性关节炎、脑膜炎等肠道以外的症状。空肠弯曲菌感染后引起的一种严重继发病症叫格林巴利综合征，可导致患者因呼吸肌麻痹而死亡。

人类对空肠弯曲菌普遍易感，特别是免疫力低下的人群。在欧美等发达国家，空肠弯曲菌感染是细菌性食源性疾病中较常见的一种，甚至比沙门菌和志贺菌的感染还多，高发病年龄段在 0～1 岁和 15～44 岁。发展中国家婴幼儿的感染率明显高于成年人，空肠弯曲菌是导致儿童腹泻死亡的重要病原菌之一。

废水、家畜和野生鸟类是人类感染空肠弯曲菌的主要来源。因为空肠弯曲菌在很多动物特别是禽类体内属于正常携带细菌，如果屠宰过程中不注意卫生操作，或者加工不完全，便能够通过食物链传递给人类。

禽弯曲杆菌性肝炎又称禽弧菌性肝炎，主要就是由空肠弯曲菌引起的幼鸡或成年鸡的一种传染病。本病以肝出血、坏死性肝炎伴发脂肪浸润，发病率高，病死率低及慢性经过为特征。在自然条件下，可发生于各年龄的鸡，而以产蛋鸡群和后备鸡群较多发，可使即将开产的青年蛋鸡开产期延迟，产蛋初期产沙壳蛋、软壳蛋较多。对于产蛋鸡会造成消化不良，在后期会因轻度中毒性肝营养不良而导致自体中毒，表现为产蛋率显著下降，甚至因营养不良性消瘦而死亡。

空肠弯曲菌能引起牛和绵羊的流产，火鸡肝炎和蓝冠病，童子鸡和雏驼鸟的坏死性肝炎，犊牛、狗、狐狸等的腹泻。各种年龄的猪都易感空肠弯曲菌病，仔猪比成年猪更易感，病猪的主要症状有发热、肠炎、腹泻和腹痛，发热为首发症状，仔猪的发病率要高于成年猪，临床上会有寒颤、发抖和呕吐的现象，排水样、黏液样便，排便次数增加，严重的会发生脱水现象，后期呼吸困难。空肠弯曲菌还能引起大熊猫的出血性肠炎。致病菌会随着动物粪便而排出体外，污染周围环境，通过污染的水和食品传染给人或动物。有报道称，昆虫也可能传播该菌。

二、设备和材料

恒温培养箱：（25±1）、（36±1）、（42±1）℃；冰箱：2～5 ℃；恒温振荡培养箱：（36±1）、（42±1）℃；天平：感量 0.1 g；均质器与配套均质袋；振荡器。

无菌吸管：1 mL（具 0.01 mL 刻度）、10 mL（具 0.1 mL 刻度）或微量移液器及吸头；无菌锥形瓶：容量 100、200、2000 mL；无菌培养皿：直径 90 mm；pH 计或 pH 比色管或精密 pH 试纸；水浴装置：（36±1）、100 ℃；微需氧培养装置：提供微需氧条件（5%氧气、10%二氧化碳和85%氮气）；过滤装置及滤膜（0.22、0.45 μm）；显微镜：10～100 倍，有相差功能；离心机：离心速度≥20 000×g；比浊仪；生化鉴定试剂盒或生化鉴定卡；微生物生化鉴定系统。

三、培养基和试剂

Bolton 肉汤、改良 CCD 琼脂（mCCDA）、哥伦比亚血琼脂、布氏肉汤、Skirrow 血琼脂、0.1%蛋白胨水、空肠弯曲菌显色培养基。

氧化酶试剂、马尿酸钠水解试剂、吲哚乙酸酯纸片、1 mol/L硫代硫酸钠溶液、3%过氧化氢溶液。

四、检验程序

空肠弯曲菌检验程序见图5－13。

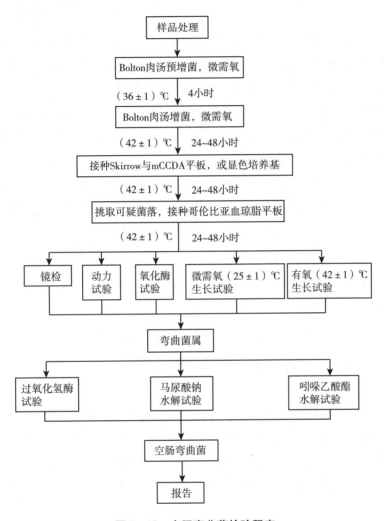

图5－13　空肠弯曲菌检验程序

五、操作步骤

（一）样品处理

1. 一般样品　取 25 g（mL）样品（水果、蔬菜、水产品为 50 g）加入盛有 225 mL Bolton肉汤的有滤网的均质袋中（若为无滤网均质袋可使用无菌纱布过滤），用拍击式均质器均质 1～2 分钟，经滤网或无菌纱布过滤，将滤过液进行培养。

2. 整禽等样品　用 200 mL 0.1% 的蛋白胨水中充分冲洗样品的内外部，并振荡 2～3 分钟，经无菌纱布过滤至 250 mL 离心管中，16 000×g 离心 15 分钟后弃去上清，用 10 mL 0.1% 蛋白胨水悬浮沉淀，吸取 3 mL 于 100 mL Bolton 肉汤中进行培养。

3. 贝类　取至少 12 个带壳样品，除去外壳后将所有内容物放到均质袋中，用拍击式均质器均质 1～2 分钟，取 25 g 样品至 225 mL Bolton 肉汤中（1∶10 稀释），充分振荡后再转移 25 mL 于 225 mL Bolton 肉汤中（1∶100 稀释），将 1∶10 和 1∶100 稀释的 Bolton 肉汤同时进行培养。

4. 蛋黄液或蛋浆 取 25 g（mL）样品于 125 mL Bolton 肉汤中并混匀（1∶6 稀释），再转移 25 mL 于 100 mL Bolton 肉汤中并混匀（1∶30 稀释），同时将 1∶6 和 1∶30 稀释的 Bolton 肉汤进行培养。

5. 鲜乳、冰淇淋、乳酪等 若为液体乳制品取 50 g；若为固体乳制品取 50 g 加入盛有 50 mL 0.1% 蛋白胨水的有滤网均质袋中，用拍击式均质器均质 15～30 秒，保留过滤液。必要时调整 pH 至 7.5 ± 0.2，将液体乳制品或滤过液以 20 000 × g 离心 30 分钟后弃去上清，用 10 mL Bolton 肉汤悬浮沉淀（尽量避免带入油层），再转移至 90 mL Bolton 肉汤进行培养。

6. 需表面涂拭检测的样品 无菌棉签擦拭检测样品的表面（面积至少 100 cm² 以上），将棉签头剪落到 100 mL Bolton 肉汤中进行培养。

7. 水样 将 4 L 水（对于氯处理的水，在过滤前每升水中加入 5 mL 1 mol/L 硫代硫酸钠溶液）经 0.45 μm 滤膜过滤，把滤膜浸没在 100 mL Bolton 肉汤中进行培养。

（二）预增菌与增菌

在微需氧条件下，（36 ± 1）℃培养 4 小时，如条件允许配以 100 r/min 的速度进行振荡。必要时测定增菌液的 pH 并调整至 7.4 ± 0.2，（42 ± 1）℃继续培养 24～48 小时。

（三）分离

将 24 小时增菌液、48 小时增菌液及对应的 1∶50 稀释液分别划线接种于 Skirrow 血琼脂与 mCCDA 琼脂平板上，微需氧条件下（42 ± 1）℃培养 24～48 小时。另外可选择使用空肠弯曲菌显色平板作为补充。

观察 24 小时培养与 48 小时培养的琼脂平板上的菌落形态，mCCDA 平板上的可疑菌落通常为淡灰色，有金属光泽、潮湿、扁平、呈扩散生长的倾向。Skirrow 血琼脂平板上的第一型可疑菌落为灰色、扁平、湿润有光泽，呈沿接种线向外扩散的倾向；第二型可疑菌落常呈分散凸起的单个菌落，边缘整齐、发亮。空肠弯曲菌显色培养基上的可疑菌落按照说明进行判定。

（四）鉴定

1. 弯曲菌属的鉴定 挑取 5 个（如少于 5 个则全部挑取）或更多的可疑菌落接种到哥伦比亚血琼脂平板上，微需氧条件下（42 ± 1）℃培养 24～48 小时，按照（1）～（5）进行鉴定，结果符合表 5-18 的可疑菌落确定为弯曲菌属。

表 5-18 弯曲菌属的鉴定表

项目	弯曲菌属特性
形态观察	革兰阴性，菌体弯曲如小逗点状，两菌体的末端相接时呈 S 型、螺旋状或海鸥展翅状[a]
动力观察	呈现螺旋状运动[b]
氧化酶试验	阴性
微需氧条件下（25 ± 1）℃生长试验	不生长
有氧条件下（42 ± 1）℃生长试验	不生长

注：a. 有些菌株的形态不典型；b. 有些菌属的运动不明显。

（1）形态观察　挑取可疑菌落进行革兰染色，镜检。

（2）动力观察　挑取可疑菌落用 1 mL 布氏肉汤悬浮，用相差显微镜观察运动状态。

（3）氧化酶试验　用铂/铱接种环或玻璃棒挑取可疑菌落至氧化酶试剂润湿的滤纸上，如果在 10 秒内出现紫红色、紫罗兰或深蓝色，结果为阳性。

（4）微需氧条件下（25 ±1）℃生长试验　挑取可疑菌落，接种到哥伦比亚血琼脂平板上，微需氧条件下（25 ±1）℃培养（44 ±4）小时，观察细菌生长情况。

（5）有氧条件下（42 ±1）℃生长试验　挑取可疑菌落，接种到哥伦比亚血琼脂平板上，有氧条件下（42 ±1）℃培养（44 ±4）小时，观察细菌生长情况。

2. 空肠弯曲菌的鉴定

（1）过氧化氢酶试验　挑取菌落，加到干净玻片上的 3% 过氧化氢溶液中，如果在 30 秒内出现气泡则判定结果为阳性。

（2）马尿酸钠水解试验　挑取菌落，加到盛有 0.4 mL 1% 马尿酸钠的试管中制成菌悬液。混合均匀后在（36 ±1）℃水浴中温育 2 小时或（36 ±1）℃培养箱中温育 4 小时。沿着试管壁缓缓加入 0.2 mL 茚三酮溶液，不要振荡，在（36 ±1）℃的水浴或培养箱中再温育 10 分钟后判读结果。若出现深紫色则为阳性；若出现淡紫色或没有颜色变化则为阴性。

（3）吲哚乙酸酯水解试验　挑取菌落至吲哚乙酸酯纸片上，再滴加一滴灭菌水。如果吲哚乙酸酯水解，则在 5 ~ 10 分钟内出现深蓝色；若无颜色变化则表示没有发生水解。空肠弯曲菌的鉴定结果见表 5 – 19。

表 5 – 19　空肠弯曲菌的鉴定

特征	空肠弯曲菌（C. jejuni）	结肠弯曲菌（C. coli）	海鸥弯曲菌（C. lari）	乌普萨拉弯曲菌（C. upsaliensis）
过氧化氢酶试验	+	+	+	– 或微弱
马尿酸钠水解试验	+	–	–	–
吲哚乙酸酯水解试验	+	+	–	+

注：+. 阳性；–. 阴性。

（4）替代试验　对于确定为弯曲菌属的菌落，可使用生化鉴定试剂盒或生化鉴定卡代替（1）~（3）进行鉴定。

六、结果与报告

要求按照此节所学的空肠弯曲菌检验技术的有关要求撰写试验报告，提交实验报告的同时提交试验记录纸，综合以上试验结果给出检验结论，报告检样单位中检出或未检出空肠弯曲菌。

拓展阅读

致病性微生物的快速测定技术

GB/T 22429—2008 给出了食品中沙门菌、肠出血性大肠埃希菌 O157 (*Escherichia coli* O157) 及单核细胞增生李斯特菌 (*L. monocytogenes*) 的快速筛选检验的酶联免疫法。本标准规定了食品中沙门菌 (*Salmonella*)、肠出血性大肠埃希菌 O157 及单核细胞增生李斯特菌的酶联免疫法的检验步骤和判断原则，适用于各种食品中沙门菌、肠出血性大肠埃希菌 O157 (*Escherichia coli* O157) 及单核细胞增生李斯特菌的定性检验。该方法技术原理是样品做增菌处理，增菌液经加热处理后移入包被特异性抗体 (一抗) 的固相容器内，是目标菌与一抗结合，洗去未结合的其他成分；加热特异性酶标抗体 (二抗)，再次洗去未结合的其他成分；加入特定底物与之结合，生成荧光化合物或有色化合物，通过检测荧光强度或吸光度，与参照值比较，得出检验结果。

? 思考题

1. 简述沙门菌、志贺菌、金黄色葡萄球菌检验流程。
2. 简述沙门菌、志贺菌在三糖铁培养基中的不同表现。
3. 金黄色葡萄球菌的培养特性是什么？金黄色葡萄球菌的形态染色特点是什么？
4. 简述常见致病菌生物学特性。

（李宝玉　宫春波　王兆丹）

第六章　发酵食品微生物检验技术

扫码"学一学"

第一节　乳酸菌检验技术

（参考 GB 4789.35—2016《食品安全国家标准 食品微生物学检验 乳酸菌检验》）

一、生物学概述

乳酸菌（lactic acid bacteria）一类可发酵糖主要产生大量乳酸的细菌的通称。乳酸菌主要为乳杆菌属（*Lactobacillus*）、双歧杆菌属（*Bifidobacterium*）和嗜热链球菌属（*Strelptococcus*）。乳酸菌是一群庞杂的细菌，目前至少可分为 18 个属，共有 200 多种。除极少数外，其中绝大部分都是人体内必不可少的且具有重要生理功能的菌群，其广泛存在于人体的肠道中，目前已被国内外生物学家所证实，肠内乳酸菌与健康长寿有着非常密切的直接关系。本族中以乳杆菌属最为重要，大多是工业上尤其是食品工业上的常用菌种，存在于乳制品、发酵食品中。工业生产乳酸常用高温发酵菌。例如德氏乳酸杆菌（*L. delbrueckii*），最适生长温度为 45 ℃，此菌在乳酸制造和乳酸钙制造工业上广泛应用。

二、设备和材料

恒温培养箱：（36 ±1）℃，冰箱：2～5 ℃，均质器及无菌均质袋、均质杯或灭菌乳钵，天平：感量 0.01 g，无菌试管：18 mm ×180 mm、15 mm ×100 mm，无菌吸管：1 mL（具0.01 mL 刻度）、10 mL（具 0.1 mL 刻度）或微量移液器及吸头，无菌锥形瓶：500、250 mL。

三、培养基和试剂

MRS（Man Rogosa Sharpe）培养基，莫匹罗星锂盐和半胱氨酸盐酸盐改良 MRS 培养基，MC（Modified Chalmers）培养基。

生理盐水，0.5%蔗糖发酵管，0.5%纤维二糖发酵管，0.5%麦芽糖发酵管，0.5%甘露醇发酵管，0.5%水杨苷发酵管，0.5%山梨醇发酵管，0.5%乳糖发酵管，七叶苷发酵管，革兰染色液，莫匹罗星锂盐（化学纯），半胱氨酸盐酸盐（纯度＞99%）。

四、乳酸菌检验

（一）检验程序

乳酸菌检验程序见图6-1。

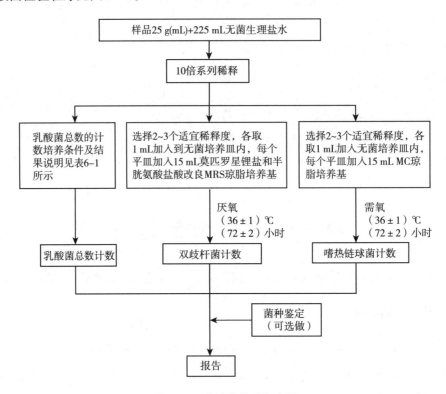

图6-1 乳酸菌检验程序图

（二）操作步骤

1. 样品制备

（1）样品的全部制备　其过程均应遵循无菌操作程序。

（2）冷冻样品　可先使其在2~5℃条件下解冻，时间不超过18小时，也可在温度不超过45℃的条件下解冻，时间不超过15分钟。

（3）固体和半固体食品　以无菌操作称取25 g样品，置于装有225 mL生理盐水的无菌均质杯内，于8000~10 000 r/min均质1~2分钟，制成1：10样品匀液；置于225 mL生理盐水的无菌均质袋中，用拍击式均质器拍打1~2分钟制成1：10的样品匀液。

（4）液体样品　液体样品应先将其充分摇匀后以无菌吸管吸取样品25 mL放入装有225 mL生理盐水的无菌锥形瓶（瓶内预置适当数量的无菌玻璃珠）中，充分振摇，制成1：10的样品匀液。

2. 步骤

（1）用1 mL无菌吸管或微量移液器吸取1：10样品匀液1 mL，沿管壁缓慢注于装有

9 mL生理盐水的无菌试管中（注意吸管尖端不要触及稀释液），振摇试管或换用1支无菌吸管反复吹打使其混合均匀，制成1∶100的样品匀液。

（2）另取1 mL无菌吸管或微量移液器吸头，按上述操作顺序，做10倍递增样品匀液，每递增稀释一次，即换用1次1 mL灭菌吸管或吸头。

（3）乳酸菌计数

①乳酸菌总数。乳酸菌总数计数培养条件的选择及结果说明见表6-1。

表6-1　乳酸菌总数计数培养条件的选择及结果说明

样品中所包括乳酸菌属	培养条件的选择及结果说明
仅包括双歧杆菌属	按GB 4789.34的规定执行
仅包括乳杆菌属	按照（4）操作。结果即为乳杆菌属总数
仅包括嗜热链球菌	按照（3）操作。结果即为嗜热链球菌总数
同时包括双歧杆菌属和乳杆菌属	按照（4）操作。结果即为乳酸菌总数； 如需单独计数双歧杆菌属数目，按照（2）操作
同时包括双歧杆菌属和嗜热链球菌	按照（2）和（3）操作，二者结果之和即为乳酸菌总数； 如需单独计数双歧杆菌属数目，按照（2）操作
同时包括乳杆菌属和嗜热链球菌	按照（3）和（4）操作，二者结果之和即为乳酸菌总数； （3）结果为嗜热链球菌总数； （4）结果为乳杆菌属总数
同时包括双歧杆菌属、乳杆菌属和嗜热链球菌	按照（3）和（4）操作，二者结果之和即为乳酸菌总数； 如需单独计数双歧杆菌属数目，按照（2）操作

②双歧杆菌计数。根据对待检样品双歧杆菌含量的估计，选择2~3个连续的适宜稀释度，每个稀释度吸取1 mL样品匀液于灭菌平皿内，每个稀释度做两个平皿。稀释液移入平皿后，将冷却至48 ℃的莫匹罗星锂盐和半胱氨酸盐酸盐改良的MRS培养基倾注入平皿约15 mL，转动平皿使混合均匀。(36±1)℃厌氧培养（72±2）小时，培养后计数平板上的所有菌落数。从样品稀释到平板倾注要求在15分钟内完成。

③嗜热链球菌计数。根据待检样品嗜热链球菌活菌数的估计，选择2~3个连续的适宜稀释度，每个稀释度吸取1 mL样品匀液于灭菌平皿内，每个稀释度做两个平皿。稀释液移入平皿后，将冷却至48 ℃的MC培养基倾注入平皿约15 mL，转动平皿使混合均匀。(36±1)℃需氧培养（72±2）小时，培养后计数。嗜热链球菌在MC琼脂平板上的菌落特征为：菌落中等偏小，边缘整齐光滑的红色菌落，直径（2±1）mm，菌落背面为粉红色。从样品稀释到平板倾注要求在15分钟内完成。

④乳杆菌计数。根据待检样品活菌总数的估计，选择2~3个连续的适宜稀释度，每个稀释度吸取1 mL样品匀液于灭菌平皿内，每个稀释度做两个平皿。稀释液移入平皿后，将冷却至48 ℃的MRS琼脂培养基倾注入平皿约15 mL，转动平皿使混合均匀。(36±1)℃厌氧培养（72±2）小时。从样品稀释到平板倾注要求在15分钟内完成。

3. 菌落计数　注：可用肉眼观察，必要时用放大镜或菌落计数器，记录稀释倍数和相应的菌落数量。

（1）选取菌落数在30~300 CFU之间、无蔓延菌落生长的平板计数菌落总数。低于30 CFU的平板记录具体菌落数，大于300 CFU的可记录为多不可计。每个稀释度的菌落数应采用两个平板的平均数。

（2）其中一个平板有较大片状菌落生长时，则不宜采用，而应以无片状菌落生长的平板作为该稀释度的菌落数；若片状菌落不到平板的一半，而其余一半中菌落分布又很均匀，即可计算半个平板后乘以2，代表一个平板菌落数。

（3）当平板上出现菌落间无明显界线的链状生长时，则将每条单链作为一个菌落计数。

4. 结果的表述

（1）若只有一个稀释度平板上的菌落数在适宜计数范围内，计算两个平板菌落数的平均值，再将平均值乘以相应稀释倍数，作为每克或每毫升中菌落总数结果。

（2）若有两个连续稀释度的平板菌落数在适宜计数范围内时，按式6 – 1计算。

$$N = \sum C / [(n_1 + 0.1n_2)d] \tag{6-1}$$

式中，N为样品中菌落数；$\sum C$为平板（含适宜范围菌落数的平板）菌落数之和；n_1为第一稀释度（低稀释倍数）平板个数；n_2为第二稀释度（高稀释倍数）平板个数；d为稀释因子（第一稀释度）。

（3）若所有稀释度的平板上菌落数均大于300 CFU，则对稀释度最高的平板进行计数，其他平板可记录为多不可计，结果按平均菌落数乘以最高稀释倍数计算。

（4）若所有稀释度的平板菌落数均小于30 CFU，则应按稀释度最低的平均菌落数乘以稀释倍数计算。

（5）若所有稀释度（包括液体样品原液）平板均无菌落生长，则以小于1乘以最低稀释倍数计算。

（6）若所有稀释度的平板菌落数均不在30~300 CFU之间，其中一部分小于30 CFU或大于300 CFU时，则以最接近30 CFU或300 CFU的平均菌落数乘以稀释倍数计算。

（三）结果与报告

1. 菌落数小于100 CFU时，按"四舍五入"原则修约，以整数报告。

2. 菌落数大于或等于100 CFU时，第3位数字采用"四舍五入"原则修约后，取前2位数字，后面用0代替位数；也可用10的指数形式来表示，按"四舍五入"原则修约后，采用两位有效数字。

3. 称重取样以CFU/g为单位报告，体积取样以CFU/mL为单位报告。

根据菌落计数结果出具报告，报告单位以CFU/g（mL）表示。

第二节　双歧杆菌检验技术

（参考 GB 4789.34—2016《食品安全国家标准 食品微生物学检验 双歧杆菌检验》）

一、生物学概述

双歧杆菌（*Bifidobacterium*）是一类革兰阳性菌，具有革兰阳性菌典型的生理特征，严格厌氧的细菌属，广泛存在于人和动物的消化道、阴道和口腔等生境中。双歧杆菌属的细菌是人和动物肠道菌群的重要组成成员之一。一些双歧杆菌的菌株可以作为益生菌而用在

扫码"学一学"

食品、医药和饲料方面。

双歧杆菌细胞形态多样，包括短杆状、近球状、长弯杆状、分叉杆状、棍棒状或匙状。细胞单个或排列成 V 形、栅栏状、星状。不抗酸、不形成芽孢，不运动，专性厌氧。菌落较小、光滑、凸圆、边缘完整，呈乳脂色至白色。最适生长温度为 37 ~ 41 ℃，最低生长温度为 25 ~ 28 ℃，最高为 43 ~ 45 ℃。初始生长最适 pH 为 6.5 ~ 7.0，生长 pH 范围一般为 4.5 ~ 8.5。糖代谢经独特异型乳酸发酵的双歧杆菌途径进行，特点是利用葡萄糖产乙酸和乳酸（摩尔比 3：2），不产生二氧化碳，其中果糖 - 6 - 磷酸盐磷酸转酮酶是关键酶，在分类鉴定中，可用以区分与双歧杆菌近似的几个属。过氧化氢酶阴性（少数例外）；不还原硝酸盐。氮源通常为铵盐，少数为有机氮。对氯霉素、林肯霉素、四环素、青霉素、万古霉素、红霉素和杆菌肽等抗生素敏感，对多黏菌素 B、卡那霉素、庆大霉素、链霉素和新霉素不敏感。

双歧杆菌是一种重要的肠道有益微生物。双歧杆菌作为一种生理性有益菌，对人体健康具有生物屏障、营养作用、抗肿瘤作用、免疫增强作用、改善胃肠道功能、抗衰老等多种重要的生理功能。人体肠道中定殖着大量的微生物，肠道微生物与人体健康与疾病之间存在着十分密切的关系。根据目前所知道的肠道微生物对人体健康的影响，肠道微生物可分为有益、无害和有害三大类。

在正常情况下，人体内的肠道微生物形成了一个相对平衡的状态，一旦平衡受到破坏，如服用抗生素、放疗、化疗、情绪压抑、身体衰弱、缺乏免疫力等，就会导致肠道菌群失去平衡，某些肠道微生物如产气荚膜梭菌等在肠道中过度增殖并产生氨、胺类、硫化氢、粪臭素、细菌毒素等有害物质，从而进一步影响机体的健康。

双歧杆菌和乳酸菌等有益细菌则能抑制人体有害细菌的生长，抵抗病原菌的感染，合成人体所需的维生素，促进人体对矿物质的吸收，产生醋酸、丁酸和乳酸等有机酸刺激肠道蠕动，促进排便，防止便秘以及抑制肠道腐败作用、净化肠道环境、分解致癌物质、刺激人体免疫系统，从而提高抗病能力等方面有着重要作用。

二、设备和材料

恒温培养箱：(36 ±1) ℃，冰箱：2 ~ 5 ℃，天平：感量 0.01 g。

无菌试管：18 mm × 180 mm、15 mm × 100 mm，无菌吸管：1 mL（具 0.01 mL 刻度）、10 mL（具 0.1 mL 刻度）或微量移液器（200 ~ 1000 μL）及配套吸头，无菌培养皿：直径 90 mm。

三、培养基和试剂

双歧杆菌培养基、PYG 培养基、MRS 培养基。
甲醇、三氯甲烷、硫酸、冰乙酸、乳酸等所有试剂均为分析纯。

四、双歧杆菌检验

（一）检验程序

双歧杆菌的检验程序见图 6 - 2。

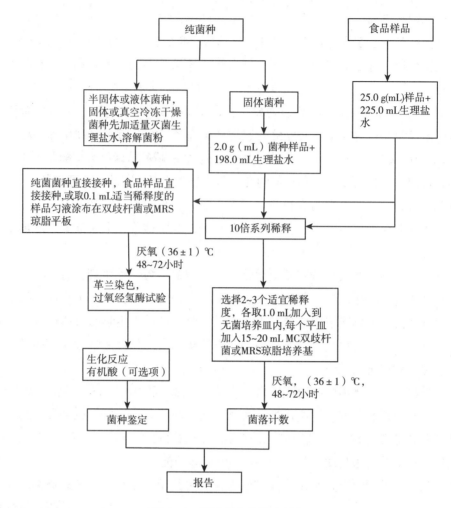

图 6 - 2 双歧杆菌的检验程序

（二）操作步骤

1. 无菌操作 全部操作过程均应遵循无菌操作程序。

2. 双歧杆菌的鉴定

（1）纯菌菌种

①样品处理。半固体或液体菌种直接接种在双歧杆菌琼脂平板或 MRS 琼脂平板。固体菌种或真空冷冻干燥菌种，可先加适量灭菌生理盐水或其他适宜稀释液，溶解菌粉。

②接种。接种于双歧杆菌琼脂平板或 MRS 琼脂平板。（36 ± 1）℃厌氧培养（48 ± 2）小时，可延长至（72 ± 2）小时。

（2）食品样品

①样品处理。取样 25.0 g（mL），置于装有 225.0 mL 生理盐水的灭菌锥形瓶或均质袋内，于 8000 ~ 10 000 r/min 均质 1 ~ 2 分钟，或用拍击式均质器拍打 1 ~ 2 分钟，制成 1∶10 的样品匀液。冷冻样品可先使其在 2 ~ 5 ℃条件下解冻，时间不超过 18 小时；也可在温度不超过 45 ℃的条件解冻，时间不超过 15 分钟。

②接种或涂布。将上述样品匀液接种在双歧杆菌琼脂平板或 MRS 琼脂平板，或取 0.1 mL适当稀释度的样品匀液均匀涂布在双歧杆菌琼脂平板或 MRS 琼脂平板。（36 ± 1）℃厌氧培养（48 ± 2）小时，可延长至（72 ± 2）小时。

③纯培养。挑取 3 个或以上的单个菌落接种于双歧杆菌琼脂平板或 MRS 琼脂平板。(36±1)℃厌氧培养（48±2）小时，可延长至（72±2）小时。

（3）菌种鉴定

①涂片镜检。挑取双歧杆菌平板或 MRS 平板上生长的双歧杆菌单个菌落进行染色。双歧杆菌为革兰染色阳性，呈短杆状、纤细杆状或球形，可形成各种分支或分叉等多形态，不抗酸，无芽孢，无动力。

②生化鉴定。挑取双歧杆菌平板或 MRS 平板上生长的双歧杆菌单个菌落，进行生化反应检测。过氧化氢酶试验为阴性。双歧杆菌的主要生化反应见表 6-2。可选择生化鉴定试剂盒或全自动微生物生化鉴定系统。

表 6-2　双歧杆菌菌种主要生化反应

项目	两歧双歧杆菌	婴儿双歧杆菌	长双歧杆菌	青春双歧杆菌	动物双歧杆菌	短双歧杆菌
L-阿拉伯糖	-	-	+	+	+	-
D-核糖	-	+	+	+	+	+
D-木糖	-	+	+	d	+	+
L-木糖	-	-	-	-	-	-
阿东醇	-	-	-	-	-	-
D-半乳糖	d	+	+	+	d	+
D-葡萄糖	+	+	+	+	+	+
D-果糖	d	+	+	d	d	+
D-甘露糖	-	+	+	-	-	-
L-山梨糖	-	-	-	-	-	-
L-鼠李糖	-	-	-	-	-	-
卫矛醇	-	-	-	-	-	-
肌醇	-	-	-	-	-	+
甘露醇	-	-	-	$-^a$	-	$-^a$
山梨醇	-	-	-	$-^a$	-	$-^a$
α-甲基-D-葡萄糖苷	-	-	+	-	-	-
N-乙酰-葡萄糖胺	-	-	-	-	-	-
苦杏仁苷（扁桃苷）	-	-	-	+	+	-
七叶灵	-	-	+	+	+	-
水杨苷（柳醇）	-	+	-	+	+	-
D-纤维二糖	-	-	-	d	-	-
D-麦芽糖	-	+	+	+	+	+
D-乳糖	+	+	+	+	+	+
D-蜜二糖	-	+	+	+	+	+

续表

项目	两歧双歧杆菌	婴儿双歧杆菌	长双歧杆菌	青春双歧杆菌	动物双歧杆菌	短双歧杆菌
D – 蔗糖	-	+	+	+	+	+
D – 海藻糖（覃糖）	-	-	-	-	-	-
菊糖（菊根粉）	-	-	-	-	-	-
D – 松三糖	-	-	+	+	-	-
D – 棉子糖	-	+	+	+	+	+
淀粉	-	-	-	+	-	-
肝糖（糖原）	-	-	-	-	-	-
龙胆二糖	-	+	-	+	+	+
葡萄糖酸钠	-	-	-	+	-	-

注：+.90%以上菌株阳性；–.90%以上菌株阴性；d.11%～89%以上菌株阳性；a.某些菌株阳性。

3. 双歧杆菌的计数

（1）纯菌菌种

①固体和固体样品的制备。以无菌操作称取2.0 g样品，置于盛有198.0 mL稀释液的无菌均质杯内，8000～10 000 r/min均质1～2分钟，或置于盛有198.0 mL稀释液的无菌均质袋中，用拍击式均质器拍打1～2分钟，制成1∶100的样品匀液。

②液体样品的制备。以无菌操作量取1.0 mL样品，置于9.0 mL稀释液中，混匀，制成1∶10的样品匀液。

（2）食品样品　样品处理同"双歧杆菌的鉴定"进行。

（3）系列稀释及培养　用1 mL无菌吸管或微量移液器，制备10倍系列稀释样品匀液，于8000～10 000 r/min均质1～2分钟，或用拍击式均质器拍打1～2分钟。每递增稀释一次，即换用1次1 mL灭菌吸管或吸头。根据对样品浓度的估计，选择2～3个适宜稀释度的样品匀液，在进行10倍递增稀释时，吸取1.0 mL样品匀液于无菌平皿内，每个稀释度做两个平皿。同时，分别吸取1.0 mL空白稀释液加入两个无菌平皿内作空白对照。及时将15～20 mL冷却至46 ℃的双歧杆菌琼脂培养基或MRS琼脂培养基［可放置于（46±1）℃恒温水浴箱中保温］倾注平皿，并转动平皿使其混合均匀。从样品稀释到平板倾注要求在15分钟内完成。待琼脂凝固后，将平板翻转，（36±1）℃厌氧培养（48±2）小时，可延长至（72±2）小时。培养后计数平板上的所有菌落数。

（4）菌落计数

①可用肉眼观察，必要时用放大镜或菌落计数器，记录稀释倍数和相应的菌落数量。菌落计数以CFU表示。

②选取菌落数在30～300 CFU之间、无蔓延菌落生长的平板计数菌落总数。低于30 CFU的平板记录具体菌落数，大于300 CFU的可记录为多不可计。每个稀释度的菌落数应采用两个平板的平均数。

③其中一个平板有较大片状菌落生长时，则不宜采用，而应以无片状菌落生长的平板

作为该稀释度的菌落数；若片状菌落不到平板的一半，而其余一半中菌落分布又很均匀，即可计算半个平板后乘以2，代表一个平板菌落数。

④当平板上出现菌落间无明显界线的链状生长时，则将每条单链作为一个菌落计数。

（5）结果的表述

①若只有一个稀释度平板上的菌落数在适宜计数范围内，计算两个平板菌落数的平均值，再将平均值乘以相应稀释倍数，作为每克或每毫升中菌落总数结果。

②若有两个连续稀释度的平板菌落数在适宜计数范围内时，按式6-2计算。

$$N = \sum C / [(n_1 + 0.1 n_2)d] \tag{6-2}$$

式中，N 为样品中菌落数；$\sum C$ 为平板（含适宜范围菌落数的平板）菌落数之和；n_1 为第一稀释度（低稀释倍数）平板个数；n_2 为第二稀释度（高稀释倍数）平板个数；d 为稀释因子（第一稀释度）。

③若所有稀释度的平板菌落数均大于300 CFU，则对稀释度最高的平板进行计数，其他平板可记录为多不可计，结果按平均菌落数乘以最高稀释倍数计算。

④若所有稀释度的平板菌落数均小于30 CFU，则应按稀释度最低的平均菌落数乘以稀释倍数计算。

⑤若所有稀释度（包括液体样品原液）平板均无菌落生长，则以小于1乘以最低稀释倍数计算。

⑥稀释度的平板菌落数均不在30~300 CFU之间，其中一部分小于30 CFU或大于300 CFU时，则以最接近30 CFU或300 CFU的平均菌落数乘以稀释倍数计算。

（三）结果与报告

1. 菌落数小于100 CFU时，按"四舍五入"原则修约，以整数报告。

2. 菌落数大于或等于100 CFU时，第3位数字采用"四舍五入"原则修约后，取前2位数字，后面用0代替位数；也可用10的指数形式来表示，按"四舍五入"原则修约后，采用两位有效数字。

3. 称重取样以CFU/g为单位报告，体积取样以CFU/mL为单位报告。

报告双歧杆菌属的种名。根据菌落计数结果出具报告，报告单位以CFU/g（mL）表示。

第三节　酱油种曲孢子数及发芽率的测定

酱油酿造所用的种曲，是曲菌经纯粹培养，并使之产生大量繁殖力强的孢子。种曲是成曲的曲种，是保证成曲的关键，是酿制优质酱油基础。

扫码"学一学"

一、生物学概述

利用发酵法酿造酱油，需要制曲，种曲是成曲的曲种，是保证成曲的关键，是酿造优质酱油的基础，种曲质量要求孢子数量旺盛、活力强、发芽率高达85%以上，所以孢子数及其发芽率的测定是种曲质量控制的重要手段。测定孢子数方法有多种，本实验采用在显微镜直接计数法，这是一种常用的细胞计数的方法。此法是将孢子悬浮液放在血球计数板与盖片之间的技术室中，在显微镜下进行计数。由于计数室中的容积是一定的，所以可以根据在显微镜下观察到的孢子数目来计算单位体积的孢子总数。

孢子发芽率测定应用液体培养法制片在显微镜下直接观察孢子发芽率。本方法适用于酿造酱油时在制品菌种孢子发芽率的测定。孢子发芽率除受孢子本身活力影响外，培养基种类、培养基温度、通气状况等因素也会直接影响到测定的结果。所以测定孢子发芽率时，要求选用固定的培养基和培养条件，能准确反映其真实活力。

二、设备和材料

1. 菌种孢子数测定用　显微镜、血球计数板、盖片、天平（感量0.001 g）。

2. 孢子发芽率测定用　凹玻片、盖玻片、显微镜、恒温箱、接种环、酒精灯等。

三、培养基和试剂

1. 菌种孢子数测定用　95%乙醇、稀硫酸（1：10）。

2. 孢子发芽率测定用　生理盐水、无菌水、察氏培养基。

四、酱油种曲孢子数及其发芽率测定

（一）检验程序

1. 菌种孢子数测定　其流程见图6-3。

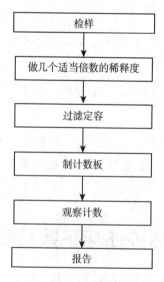

图6-3　菌种孢子数测定流程

2. 孢子发芽率测定　其流程见图6-4。

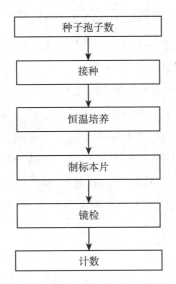

图6-4 孢子发芽率测定流程

（二）操作步骤

1. 菌种孢子数测定操作步骤

（1）样品稀释 精确称取种曲或二级菌种1 g（称准至0.002 g），倒入盛有玻璃珠的250 mL锥形瓶内，加95%乙醇5 mL，加无菌水20 mL，加稀硫酸10 mL，充分振摇，使分生孢子个个分散，然后用多层纱布过滤、冲洗，务必使滤渣不含孢子，稀释至500 mL。

（2）制片 取稀释液1滴，滴于血球计数板的计算格上，然后将盖片轻轻由一边向另一边压下，使盖片与计数板完全密合，液中无气泡，用滤纸吸干多余的溢出悬浮孢子液，静置数分钟，待孢子沉降。

（3）观察计数 用低倍镜头或高倍镜头观察。由于稀释液中的孢子，在血球计数板上处于不同的空间位置，要在不同的焦距下才能看到，因而计数时必须逐格调动微细螺旋，才能不使遗漏。孢子常位于大格的划线上，应一律取两边计数，而弃另两边，以减少误差。使用16×25的计数板时，只计板上四个角上的4个大格（即100个小格）。如果使用25×16的计数板，除计四个角的4个大格外，还需要计中央一大格的数目（即80个小格）。每个样品重复观察计数不少于2次，然后取其平均值。即为该样品种曲的孢子数。

（4）计算。

①16×25的计数板：

$$孢子数（个/克）=(n/100)\times400\times10\,000\times(V/G)=4\times10^4\times(nV/G) \qquad (6-3)$$

式中，n为10小格内孢子总数，个；V为孢子稀释液体积，mL；G为样品质量，g。

②25×16的计数板：

$$孢子数（个/克）=(n/80)\times400\times10\,000\times(V/G)=5\times10^4\times(nV/G) \qquad (6-4)$$

式中，n为10小格内孢子总数，个；V为孢子稀释液体积，mL；G为样品质量，g。

（5）注意事项 ①称样要尽量防止孢子的飞扬；②测定时，如果发现有许多孢子集结成团或成堆，说明样品稀释未能符合操作要求，因此必须重新称重、振摇、稀释；③生产实践中应用时，种曲以干物质计算，因而需要同时测定种曲水分，计算时样品质量则改为绝干质量。

$$样品绝干质量 = m(1 - W) \qquad (6-5)$$

式中，m 为样品质量，g；W 为样品水分的百分比含量，%。

2. 孢子发芽率测定操作步骤

（1）制备悬浮液 取种曲少许入盛有 25 mL 事先灭菌的生理盐水和玻璃珠的锥形瓶中，充分振摇约 15 分钟，务必使孢子个个分散，制成孢子悬浮液。

（2）制作标本 先在凹玻片的凹窝内滴入无菌水 4 滴，再将察氏培养基溶化并冷却至 45~50 ℃后，接入孢子悬浮液数滴。充分摇匀后，用玻璃棒以薄层涂布在盖玻片上，然后反盖于凹玻片的窝上，四周涂凡士林封固。放置于 30~32 ℃ 恒温箱内培养 3~5 小时。

（3）镜检 取出标本在高倍镜头下观察孢子发芽情况，逐个数出发芽孢子数和未发芽孢子数。

（4）计算。

$$发芽率(\%) = (a/A) \times 100 \qquad (6-6)$$

式中，a 为发芽孢子数，个；A 为发芽及不发芽孢子总数，个。

（5）注意事项 ①为了正确起见，要同时制作两张以上标本片镜检，取其平均值；②悬浮液制备后要立刻制作标本培养，时间不宜放长；③培养基中接入悬浮液的数量，应根据视野内孢子数多少来决定，一般以每视野内有 10~20 个孢子为宜。

（三）结果与报告

1. 菌种孢子数测定实验结果记录。

记录次数	各中格孢子数	小格平均孢子数	稀释倍数	孢子数（个/克）	平均值
第一次					
第二次					

2. 孢子发芽率测定实验结果记录。

a	A	发芽率	平均值

拓展阅读

乳酸菌的流式细胞分析技术

乳酸菌计数目前主要采用 GB 4789.35—2016 方法，该方法由于是常规的微生物培养法，所以检测周期较长，对于保质期只有一种的活性乳酸菌产品来说，企业面临着巨大的放行压力。流式细胞分析技术具有检测速度快、收集数据量大、分析全面、方法灵活等特点，已经成为液体商品生产企业微生物在线监测、产品质量监控的重要手段。在乳制品、饮料、化妆品、制药等工业企业中得到了实际的应用。最近发布的国际标准 ISO 19344：2015（IDF-232），提供了流式细胞分析技术用于乳制品的发酵产品、发酵菌种和乳酸菌的定量方法。相比较最传统的平板计数法，流式细胞分析技术能够检测活性细胞比例以及总菌数，对菌种的质量进行评估，为发酵菌种的质量控制和贸易提供了快速评估方法。

思考题

1. 影响孢子发芽率的因素有哪些?

2. 用血球计数板孢子计数法有什么优缺点?

3. 双歧杆菌的生物学特性有哪些?

（藏学丽）

扫码"练一练"

第七章　罐藏食品的微生物检验

罐藏食品是将食品原料经过预处理，装入容器，经杀菌、密封之后制成的，通常称之为罐藏。罐藏食品经过适度的热杀菌以后，不含有致病的微生物，也不含有在通常温度下能在其中繁殖的非致病性微生物，这种状态称之为商业无菌。对罐藏食品商业无菌的检验需要理解以下术语的含义。

密封（hermatical seal）是指食品容器经密闭后能阻止微生物进入的状态。

胖听（swell）是指罐藏内微生物活性或化学作用产生气体，形成正压，使一端或两端外凸的想象。

泄漏（leakage）是指罐藏密封结构有缺陷，或由于撞击而破坏密封，或罐壁腐蚀而穿孔致使微生物侵入的现象。

扫码"学一学"

第一节　罐藏食品微生物污染

罐藏腐败变质的原因有化学因素、物理因素和生物因素等。引起腐败的主要原因是罐藏内污染了微生物而导致腐败变质。导致罐藏食品败坏的微生物主要是某些耐热、嗜热并厌氧或兼性厌氧的微生物，这些微生物的检验和控制在罐藏工业中具有相当重要的意义。

一、罐藏食品微生物污染来源

罐藏食品在加工过程中，为了保持产品正常的感官性状和营养价值，在进行加热杀菌时，不可能使罐藏食品完全无菌，只强调杀死病原菌和产毒菌，实质上只是达到商业灭菌程度，即罐藏内所有的肉毒梭菌芽孢和其他致病菌以及在正常的贮存和销售条件下能引起内容物变质的嗜热菌均被杀灭。罐内残留的一些非致病性微生物在一定的保存期限内，一般不会生长繁殖，但是如果罐内条件发生变化，贮存条件发生改变，这部分微生物就会生长繁殖，造成罐藏变质。经高压蒸汽灭菌的罐藏内残留的微生物大都是耐热性的芽孢，如果罐藏贮存温度不超过43℃，通常不会引起内容物变质。罐藏经杀菌后，若封罐不严则容易造成漏罐致使微生物污染,重要污染是冷却水,这因为罐藏经过热处理后需通过冷却水进行冷却;空气也是造成漏罐污染的污染源,但较次要。

二、罐藏食品污染的微生物种类

(一) 低酸性罐藏食品污染的主要微生物

1. 嗜热性细菌 这类细菌抗热能力很强,易形成芽孢,罐藏食品由于杀菌不彻底而导致污染大多数由此类细菌引起来的,这类细菌通常有平酸腐败细菌、嗜热性厌氧芽孢菌等。

平酸腐败细菌是引起平盖酸败的原因。在 43 ℃以上贮存的低酸性罐藏食品,可因其内残留的对热有很强抵抗力的嗜热性需氧芽孢菌的生长,而导致内容物变质,但因其能在 43 ℃以上的温度中生长而使罐藏内容物变酸,使罐藏失去食用价值。由于这类细菌在罐藏内活动时,罐听不发生膨胀,而内容物的 pH 显著偏低之故,因而这种变质称为平盖酸败,由能形成芽孢的一类需氧乃至兼性厌氧的细菌引发。根据平酸菌嗜热程度不同,可分为专性嗜热菌和兼性嗜热菌两类,如嗜热脂肪芽孢杆菌和凝结芽孢杆菌。

嗜热性厌氧芽孢杆菌在 43 ℃以上贮存的低酸性罐藏食品也可因残留生长而引起罐头食品变质,这种变质由于原因菌的不同可分为以下两种类型。一种产气型变质,通常是指罐听发生膨胀的变质而言,这种变质系有专性嗜热的产芽孢厌氧菌——嗜热解糖酸菌所引起。该菌是专性厌氧菌,最适生长温度为 55 ℃,其分解糖的能力很强,能分解葡萄糖、乳糖、蔗糖、水杨苷及淀粉,产生酸和大量的气体,不分解蛋白质,不能使硝酸盐还原,不产生毒素。另一种罐藏食品遭受硫化物腐败细菌污染的情况较少见,变质的特征是罐听平坦,内容物发暗,有臭鸡蛋味,通常有专性嗜热的产芽孢厌氧菌——致黑梭菌引起,它分解糖的能力不强,但能分解蛋白质产生硫化氢,硫化氢与罐藏容器的马口铁化合生成黑色的硫化物,使食品变黑,罐藏内产生的硫化氢因被罐内食品吸收,因而罐听不会发生膨胀。

2. 中温性厌氧细菌 其适宜生长温度约为 37 ℃,有的可在 50 ℃生长。可分为两类,一类分解蛋白质的能力强,也能分解一些糖,其主要有肉毒梭菌、生胞梭菌、双酶梭菌、腐化梭菌等;另一类分解糖类,如丁酸梭菌、巴氏芽孢梭菌、魏氏梭菌等。

中温性厌氧细菌引起腐败变质,罐听膨胀,内容物有腐败臭味。肉毒梭菌尤为重要,肉毒梭菌分解蛋白质产生硫化氢、氨、粪臭素等导致胖听,内容物呈现腐烂性败坏,并有毒素产生和恶臭味放出,值得注意的是由于肉毒毒素毒性很强,所以如果发现内容物中有带芽孢的杆菌,则不论罐藏腐败程度如何,均必须用内容物接种小白鼠以检测肉毒毒素。

3. 中温性需氧细菌 这类细菌属芽孢杆菌属,能产生芽孢,其耐热能力较差,许多细菌的芽孢在 100 ℃或更低一些的温度下,短时间内就能被杀死,常见的引起罐头腐变质的中温性需氧芽孢菌有枯草芽孢杆菌、巨大芽孢杆菌和蜡样芽孢杆菌等。罐头内几乎呈现的真空状态使它们的活动受到抑制,这类细菌可分解蛋白质和糖,糖分解后绝大多数产酸而不产气,因而也为平酸腐败,但多黏芽孢杆菌和浸麻芽孢杆菌能分解糖类、产酸产气、造成胖听。

4. 不产芽孢的细菌 罐头内污染的不产芽孢的细菌有两大类群:一类是肠道细菌如大肠埃希菌,它们在罐内生长可造成胖听;另一类是不产芽孢的细菌,主要是链球菌特别是嗜热链球菌和粪链球菌等,这些细菌的抗热能力很强。多见于蔬菜、水果罐头中,它们生长繁殖会产酸并产生气体,造成胖听。在火腿罐头中常可检出粪链球菌和尿链球菌等不产芽孢的细菌。

5. 酵母菌及霉菌 酵母菌污染低酸性罐头的情况较少见,偶尔出现于甜炼乳罐头中。

（二）酸性罐藏食品污染的主要微生物

1. 产生芽孢的细菌　这类细菌在腐败变质的水果罐头中较常用，如凝结芽孢杆菌、丁酸梭菌、巴氏芽孢梭菌、多黏芽孢杆菌、浸麻芽孢杆菌等。凝结芽孢杆菌是酸性罐头食品中常见的平酸菌，常在番茄汁罐头中出现，对热抵抗力强，具有兼性厌氧的特点，能适应较高酸度，能分解糖类产酸，但不产气。丁酸梭菌和巴氏芽孢梭菌可分解罐头中的糖类，产生丁酸和二氧化碳及氢气，使产品带有酸臭气味。多黏芽孢杆菌、浸麻芽孢杆菌也可引起水果罐头产酸产气。

2. 不产生芽孢的细菌　这类细菌主要是乳酸菌，如乳酸杆菌和明串珠菌，它可引起水果及水果制品酸败；又如乳酸杆菌的异型发酵菌种可造成番茄制品的酸败和水果罐头的产气性败坏。

3. 抗热性霉菌及酵母菌　常见的黄色丝衣霉菌，其抗热能力比其他霉菌强，85 ℃、30分钟仍能存活，并且能在氧气不足的环境中存活并生长繁殖，具有强烈的破坏果胶质的作用，如在水果罐头中残留并繁殖，可使水果柔化和解体，它能分解糖产生二氧化碳并造成水果罐头胖听；其次是白色丝衣霉菌，也有抗热性，在 76.6 ℃ 的温度下能生存 30 分钟，也可使罐头败坏，这类抗热性霉菌引起罐头食品的变质，可通过霉臭味、食品褪色或组织结构改变、内容物中有霉菌菌丝以及有时出现罐盖的轻度膨胀得到证实。其他霉菌如青霉、曲霉等也可造成果酱、糖水水果罐头败坏。酵母菌的抗热能力很低，除了杀菌不足或发生漏罐外，罐头食品通过正常的杀菌处理，通常是不会发生酵母菌污染的。

扫码"学一学"

第二节　罐藏食品商业无菌及其检验

罐藏食品的商业无菌（commercial sterilization canned food）是指罐头食品经过适度的热杀菌以后，不含有致病的微生物，也不含有在通常温度下能在其中繁殖的非致病性微生物，这种状态称为商业无菌。罐藏食品的种类很多，按 pH 的不同可分为低酸性罐藏、中酸性罐藏和高酸性罐藏。以动物性食品原料为主的罐藏属于低酸性罐藏，而以植物性食品原料为主的罐藏属于中酸性或高酸性罐藏。罐藏食品经密封、加热杀菌等处理后，其中的微生物几乎均被灭活，而外界微生物又无法进入罐内，同时容器内的大部分空气已被抽除，食品中多种营养成分不致被氧化，从而这种食品可保存较长时间而不变质。对于罐藏商业无菌检验需理解以下术语的含义。

低酸性罐藏食品（low acid canned food）：除乙醇饮料以外，凡杀菌后平衡 pH 大于4.6，A_w 大于 0.85 的罐藏食品，原来是低酸性的水果、蔬菜或蔬菜制品，为加热杀菌的需要而加酸降低 pH 的，属于酸化的低酸性罐藏食品。

酸性罐藏食品（acid canned food）：杀菌后平衡 pH 等于或小于 4.6 的罐藏食品。pH 小于4.7 的番茄、梨和菠萝以及由其制成的汁，以及 pH 小于 4.9 的无花果均属于酸性罐藏食品。

国标检验方法是对保温期间罐藏食品是否有胖听、泄漏、开罐后 pH、感官质量异常，腐败变质以及其密封性进行检验；对罐藏食品内容物进行后续的微生物接种培养，分析出现异常现象的原因。该方法的优点是检验结果准确，稳定；缺点是检验时间长。

一、设备和材料

冰箱：2 ~ 5 ℃；恒温培养箱：（30 ± 1）、（36 ± 1）、（55 ± 1）℃；恒温水浴箱：（55 ±

1）℃；均质器及无菌均质袋、均质杯或乳钵；电位 pH 计（精确度 pH 0.05 单位）；显微镜：10～100 倍；开罐器和罐头打孔器；电子秤或台式天平；超净工作台或百级洁净实验室。

二、培养基和试剂

无菌生理盐水、结晶紫染色液、二甲苯、含4%碘的乙醇溶液。

三、罐藏食品商业无菌检验技术

（一）检验程序

罐藏食品商业无菌检验流程见图7-1。

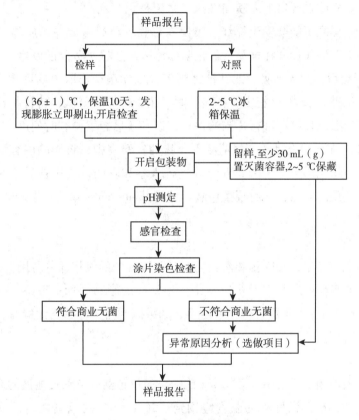

图7-1 商业无菌检验程序

（二）操作步骤

1. 样品准备 去除表面标签，在包装容器表面用防水的油性记号笔做好标记，并记录容器、编号、产品性状、泄漏情况、是否有小孔或锈蚀、压痕、膨胀及其他异常情况。

2. 称重 1 kg 及以下的包装物精确到 1 g，1 kg 以上的包装物精确到 2 g，10 kg 以上的包装物精确到 10 g，并记录。

3. 保温

（1）每个批次取 1 个样品置 2～5 ℃冰箱保存作为对照，将其余样品在（36±1）℃条件下保温 10 天。保温过程中应每天检查，如有膨胀或泄漏现象，应立即剔出，开启检查。

（2）保温结束时，再次称重并记录，比较保温前后样品质量有无变化。如有变轻，表明样品发生泄漏。将所有包装物置于室温直至开启检查。

4. 开启

（1）如有膨胀的样品，则将样品先置于 2~5 ℃冰箱内冷藏数小时后开启。

（2）如有膨胀用冷水和洗涤剂清洗待检样品的光滑面。水冲洗后用无菌毛巾擦干。以含4%碘的乙醇溶液浸泡消毒光滑面15分钟后用无菌毛巾擦干，在密闭罩内点燃至表面残余的碘乙醇溶液全部燃烧完。膨胀样品以及采用易燃包装材料包装的样品不能灼烧，以含4%碘的乙醇溶液浸泡消毒光滑面30分钟后用无菌毛巾擦干。

（3）在超净工作台或百级洁净实验室中开启。带汤汁的样品开启前应适当振摇。使用无菌开罐器在消毒后的罐头光滑面开启一个适当大小的口，开罐时不得伤及卷边结构，每一个罐头单独使用一个开罐器，不得交叉使用。如样品为软包装，可以使用灭菌剪刀开启，不得损坏接口处。立即在开口上方嗅闻气味，并记录。

注：严重膨胀样品可能会发生爆炸，喷出有毒物。可以采取在膨胀样品上盖一条灭菌毛巾或者用一个无菌漏斗倒扣在样品上等预防措施来防止这类危险的发生。

5. 留样　开启后，用灭菌吸管或其他适当工具以无菌操作取出内容物至少30 mL（g）至灭菌容器内，保存2~5 ℃冰箱中，在需要时可用于进一步试验，待该批样品得出检验结论后可弃去。开启后的样品可进行适当的保存，以备日后容器检查时使用。

6. 感官检查　在光线充足、空气清洁无异味的实验室中，将样品内容物倾入白色搪瓷盘内，对产品的组织、形态、色泽和气味等进行观察和嗅闻，按压食品检查产品性状，鉴别食品有无腐败变质的迹象，同时观察包装容器内部和外部的情况，并记录。

7. pH 测定

（1）样品处理

①液态制品混匀备用，有固相和液相的制品则取混匀的液相部分备用。

②对于稠厚或半稠厚制品以及难以从中分出汁液的制品（如：糖浆、果酱、果冻、油脂等），取一部分样品在均质器或研钵中研磨，如果研磨后的样品仍太稠厚，加入等量的无菌蒸馏水，混匀备用。

（2）测定

①将电极插入被测试样液中，并将pH计的温度校正器调节到被测液的温度。如果仪器没有温度校正系统，被测试样液的温度应调到（20±2）℃的范围之内，采用适合于所用pH计的步骤进行测定。当读数稳定后，从仪器的标度上直接读出pH，精确到pH 0.05单位。

②同一个制备试样至少进行两次测定。两次测定结果之差应不超过0.1个pH单位。取两次测定的算术平均值作为结果，报告精确到0.05个pH单位。

（3）分析结果　与同批中冷藏保存对照样品相比，比较是否有显著差异。pH相差0.5及以上判为显著差异。

8. 涂片染色镜检

（1）涂片　取样品内容物进行涂片。带汤汁的样品可用接种环挑取汤汁涂于载玻片上，固态食品可直接涂片或用少量灭菌生理盐水稀释后涂片，待干后用火焰固定。油脂性食品涂片自然干燥并火焰固定后，用二甲苯流洗，自然干燥。

（2）染色镜检　对上步中涂片用结晶紫染色液进行单染色，干燥后镜检，至少观察5个视野，记录菌体的形态特征以及每个视野的菌数。与同批冷藏保存对照样品相比，判断是否有明显的微生物增殖现象。菌数有百倍或百倍以上的增长则判为明显增殖。

（三）结果与报告

样品经保温试验未出现泄漏；保温后开启，经感官检验、pH 测定、涂片镜检，确证无微生物增殖现象，则可报告该样品为商业无菌。

样品经保温试验出现泄漏；保温后开启，经感官检验、pH 测定、涂片镜检，确证有微生物增殖现象，则可报告该样品为非商业无菌。

？思考题

　　1. 在罐藏食品商业无菌检验中，保温的目的是什么？

　　2. 在罐藏食品商业无菌检验中，开罐前要做好哪些准备工作？

　　3. 如何判断罐藏食品为商业无菌？

扫码"练一练"

（藏学丽）

扫码"学一学"

第八章　食品微生物快速检测技术

知识目标

1. **掌握**　细菌和真菌的 DNA 的提取方法，利用 PCR 扩增 DNA 的原理。
2. **熟悉**　抗原抗体的凝集反应条件、特性；利用酶标记的抗体对微生物进行检测的原理和方法。
3. **了解**　荧光的原理和免疫荧光检测方法；胶体金和用胶体金标记抗体的进行检测的原理和方法。

能力目标

1. 能够提纯细菌和真菌的DNA，并用紫外分光光度计进行测量；能够扩增DNA和进行凝胶电泳，通过Marker判断DNA的长度。
2. 能够读懂购买的ELISA试剂盒和免疫荧光试剂盒的说明，并使用试剂盒对微生物进行检测；能够操作胶体金的测试纸，并用它来进行微生物快速测定。

　　传统的微生物检测包括扩增、选择性扩增、选择性平板用于菌落鉴定、生化假定测试、血清学证实试验等 5 个步骤，被认为是对病原体检测的黄金标准，它灵敏度很高，而且相对较便宜，不仅可以定性分析，并且还可以对微生物的数量和性质进行定量分析，但需要大量的人力和较长时间，大约需要 4 ~ 10 天，费时费力，不能满足生产实践中快速知道检测结果的要求。

　　近年来，随着分子生物学和免疫学检测技术的蓬勃发展，使得微生物的快速检测方法不断创新，分子生物学检测技术，如聚合酶链式反应（polymerase chain reaction，PCR）、实时荧光定量 PCR（quantitative real – time PCR，qPCR）、内转录间隔区（internal transcribed spacer，ITS）检测技术、变性剂梯度凝胶电泳技术（denatured gradient gel electrophoresis，DGGE）、生物芯片，以及免疫分析技术，如酶联免疫吸附测定（enzyme – linked immunosorbent assay，ELISA）、化学发光免疫分析技术（chemiluminescence immunoassay，CLIA）、免疫胶体金检测技术（immunecolloidal gold technique，GICT）等均被应用于食品、环境样品的微生物快速检测，检出限达到 $10^2 \sim 10^4$ CFU/mL，检测时间为 0.5 ~ 5 小时（表 8 – 1）、成本逐年下降。这些快速检测技术在缩短微生物检测时间和降低检出限等方面表现出巨大的优势。

　　微生物快速检测是食品安全、临床诊断、环境监控、生物分析的发展所需，目前全球的微生物检测市场每年约有 10 亿 ~30 亿检测量，中国有 1 亿 ~5 亿的检测量，经济规模在 78 亿 ~120 亿元左右，预计未来 10 年，将增长至 350 亿元，届时微生物快速检测将成为常见技术，学习和了解这些技术的原理和使用方法对适应新技术在食品微生物检测应用方面有重要意义。

表8-1 已有的微生物快速检测的技术

方法	目标菌	样品	检测的最低浓度	检测时间
IMS - PCR	沙门菌	鲜乳	80 CFU/10 mL	5 小时
IMS - qPCR	沙门菌	鸡肉	130 CFU/10 mL	2 小时
LAMP	大肠埃希菌	鲜乳	574 CFU/mL	1 小时
Microfluidies	鼠伤寒沙门菌	细菌悬浮液	37 CFU/mL	32 分钟
ELISA	鼠伤寒沙门菌	牛乳	10^3 CFU/mL	2 小时
LFI	大肠埃希菌	细菌悬浮液	10^4 CFU/mL	30 分钟
IMS - ECIS	金黄色葡萄球菌	水	1 CFU/mL	50 分钟
IMS - CLIA	金黄色葡萄球菌	牛乳	3.3 CFU/mL	75 分钟

一、DNA 的半保留复制和 PCR 技术

DNA 是脱氧核糖核酸（deoxyribonucleic acid）的简称，现已证明 DNA 是地球生命遗传的物质基础，可以复制、转录、表达，在物种中具有一定的稳定性，序列信息可以一代一代传递下去，这一切和它的分子结构是密切相关的。

（一）DNA 结构

完整的 DNA 是指两条多核苷酸链反向平行配对所形成的双螺旋结构，其基本特点是：①两条 DNA 分子中的脱氧核糖和磷酸交替连接，排在外侧，方向相反，构成基本骨架，碱基排列在内侧；②两条链上的碱基通过氢键相结合，形成碱基对，腺嘌呤（A）与胸腺嘧啶（T）配对，鸟嘌呤（G）只能与胞嘧啶（C）配对。

根据配对关系，已知其中一条的碱基排列次序，可以推导出另一条的次序，这种一一对应关系，决定 DNA 半保留的复制机制，保证遗传信息的稳定向下传递，对生命有重要意义。

（二）DNA 变性和复性

DNA 在 260 nm 波长处有最大吸光度，并且单链 DNA 比双螺旋 DNA 的吸光度高出 40%。当 DNA 溶液温度升高至一定水平时（90~96 ℃），260 nm 的吸光度会明显增加，这种现象称为增色效应；相反，逐步降低温度，吸光度会恢复至原来水平，称为减色效应；其原因是双螺旋 DNA 中的碱基在高温下，两条链之间的氢键断裂，形成两条分离的 DNA 链，称为变性。暴露出来的碱基环增加对紫外线的吸收能力。

DNA 熔点（T_m）：将 DNA 在 260 nm 吸光度为纵坐标，温度为横坐标，绘制曲线吸光度随温度变化的曲线，发现 DNA 光吸收的急剧增加发生在相对较窄的范围内。把吸光度增加到最大值一半时的温度称为 DNA 熔点（T_m）。T_m 值是 DNA 的一个重要特征常数，其大小主要与 DNA 中 G + C 含量有关，G + C 含量越高，DNA 的 T_m 值也越高。因为 G - C 碱基对间有 3 个氢键，并且它与相邻碱基对间的堆积力更大。常用公式：$T_m = 69.3 + 0.41$（G + C）% 来计算 DNA 的 T_m 值，并以此推算该 DNA 的碱基百分组成。小于 25 碱基对的寡核苷酸的 T_m 值计算公式为 $T_m = 4$（G + C）$+ 2$（A + T）。

（三）DNA 的半保留复制

DNA 的复制采用半保留复制方式进行，即复制时亲代双链 DNA 分开，各自为模板复制

一条新的链，新合成的子代双链 DNA 有一半来自原双链 DNA。细胞分裂时，通过 DNA 准确地自我复制（self - replication），亲代细胞所含的遗传信息就原原本本地传送到子代细胞中。由于 DNA 是遗传信息的载体，因此亲代 DNA 必须以自身分子为模板来合成新的分子——准确地复制成两个拷贝，并分配到两个子代细胞中去，才能真正完成其遗传信息载体的使命。DNA 的双链结构对于维持这类遗传物质的稳定性和复制的准确性都是极为重要的。

双链 DNA 的复制是一个非常复杂的过程，在复制的起始、延伸和终止三个阶段，无论是原核生物还是真核生物都需要有多种酶和蛋白质的协同参与，涉及到的酶有拓扑异构酶解旋酶、单链结合蛋白、引物合成酶、DNA 聚合酶及连接酶等酶和蛋白质的参与。

（四）DNA 的聚合酶链式反应

在细胞外，如果只复制一段 DNA，简单地提供引物、DNA 聚合酶和合成 DNA 的原料即可完成，这个技术称为 DNA 的 PCR，它由美国的 Mullis 于 1985 年发明，我国台湾地区科学家钱嘉韵发现了稳定的 *Taq* DNA 聚合酶，也为 PCR 技术发展做出了基础性贡献。

PCR 基本原理：双链 DNA 模板，各链配有 15 ~ 25 个碱基的引物，加入 dATP、dTTP、dCTP、dGTP（合称为 dNTP）为底物，耐热 *Taq* DNA 聚合酶、缓冲液、Mg^{2+} 等。反应时先将上述混合液加热到 90 ~ 95 ℃时，使模板 DNA 在高温下变性，双链解开为单链状态；然后降低溶液温度至 37 ~ 65 ℃时，使合成引物在低温下与其靶序列配对，形成部分双链，称为退火，退火时间一般为 1 ~ 2 分钟；再将温度升至 74 ℃，*Taq* DNA 聚合酶开始工作，以 dNTP 为原料，引物沿 $5' \rightarrow 3'$ 方向延伸，形成新的 DNA 片段。该片段又可作为下一轮反应的模板，如此重复改变温度，由高温变性、低温复性和适温延伸组成一个周期，反复循环，使目的基因得以迅速扩增。

PCR 的三个反应步骤反复进行，使 DNA 扩增量呈指数上升。反应最终的 DNA 扩增量可用 $Y = (1 + X)^n$ 计算。其中，Y 代表 DNA 片段扩增后的拷贝数，X 表示平均每次的扩增效率，n 代表循环次数。平均扩增效率的理论值为 100%，但在实际反应中平均效率达不到理论值。反应初期，靶序列 DNA 片段的增加呈指数形式，随着 PCR 产物的逐渐积累，被扩增的 DNA 片段不再呈指数增加，而进入线性增长期或静止期，即出现"停滞效应"，这种效应称平台期。大多数情况下，平台期的到来是不可避免的。

（五）DNA 凝胶电泳和分离

DNA 在 pH 为 8.0 ~ 8.3 时，核酸分子中的碱基不解离，但磷酸全部解离，使得 DNA 带负电荷，在电场中，DNA 分子会沿电场向正极方向移动。不同大小的 DNA 在淀粉胶、琼脂或琼脂糖凝胶中移动速度不同，相同大小的 DNA 移动速度相同，由此达到分离 DNA 的目的，这种技术称为 DNA 的凝胶电泳。

DNA 电泳常用的琼脂糖凝胶，它是由琼脂分离制备的链状多糖，其结构单元是 D - 半乳糖和 3，6 - 脱水 - L - 半乳糖。配制方法：称取琼脂糖加入缓冲液中，煮沸，可在 50 ℃左右加入溴化乙锭或 GelRed 等显色剂，放入特定的槽中凝固，注胶时，梳齿位置距边 0.5 ~ 1.0 cm，待胶凝固后，取出梳子，加样小孔即制作完成。

电泳电压为 5 ~ 15 V/cm。对大分子的分离可用电压 5 V/cm。电泳过程最好在低温条件下进行。电泳结束后在紫外灯下观察样品的分离情况，对需要的 DNA 分子或特殊片段可从电泳后的凝胶中以不同的方法进行回收，如电泳洗脱法：在紫外灯下切取含核酸区带的凝胶，将其装入透析袋（内含适量新鲜电泳缓冲液），扎紧透析袋后，平放在水平型电泳槽两电极之间的浅层缓冲液中，100 V 电泳 2~3 小时，然后正负电极交换，反向电泳 2 分钟，使透析袋上的 DNA 释放出来。吸出含 DNA 的溶液，进行酚抽提、乙醇沉淀等步骤即可完成样品的回收，回收的 DNA 可以用于测序。

二、内转录间隔区检测技术

利用 PCR 技术对微生物基因进行扩增需要设计特定的引物，如何找到大部分微生物都相同的 DNA 片段作为引物锚定的位置是一个挑战，细胞内的核糖体 DNA 是一个不错的选项。核糖体是细胞内唯一按照 mRNA 的指令将氨基酸翻译为蛋白质多肽链大分子的机器，它由蛋白质和 rRNA 组成，指导合成 rRNA 的基因称为 rDNA，在进化上表现出高度的保守，称为生物进化上的活化石，地球生命分为原核细胞 rDNA 和真核细胞 rDNA 两大类，这两类细胞的 rDNA 保持 95% 以上的同源性，是作为通用引物设计的好的锚定区域。

（一）核糖体基因

细菌等原核生物及叶绿体基质中核糖体的沉降系数为 70S，由两种亚基组成：50S 大亚基和 30S 小亚基；真核细胞的核糖体沉降系数为 80S，也由两种亚基组成：60S 大亚基和 40S 小亚基。

目前已知的大多数原核生物的核糖体中都有 3 种 rRNA，即 5S、16S、23S rRNA，编码这些 rRNA 的基因按顺序排列在一条核 DNA 上，对应为 5S、16S、23S rDNA，它们分别含有 120、1540、2900 个核苷酸，对于大多数的细菌，它们有 5~10 个拷贝数。16S rDNA 是细菌的系统分类研究中最有用的和最常用的分子钟，其种类少，含量大（约占细菌 DNA 含量的 80%），分子大小适中，存在于所有的生物中，进化具有良好的时钟性质，在结构与功能上具有高度的保守性，素有"细菌化石"之称。23S 核苷酸含量过多，几乎是 16S 核苷酸含量的两倍，分析困难；而 5S 核苷酸又太少，没有足够的遗传信息，16S rDNA 由于大小适中，约 1.5 kb 左右，既能体现不同菌属之间的差异，又能利用测序技术较容易地得到其序列，故被细菌学家和分类学家接受。但是由于 16S rRNA 的长度基本恒定〔（1550 ± 200）bp〕，而且序列非常保守，因此其差异不足以区分一些关系密切的菌种，这使得该方法在细菌系统发育的研究中只能停留在较高的分类单位上，对于属以下的分类单位如种或亚种的鉴别往往是无能为力的。

（二）内转录间隔区

16S 和 23S、23S 和 5S 之间的区间叫内转录间隔区（ITS），相对高度保守的 rDNA，ITS 的选择压力没有这么多，不同种之间的 ITS 是不同的，通过对 ITS 的 DNA 序列进行分析和比对，可以进行微生物的种、属，甚至亚种、变种的鉴定。

在 16S 的 rDNA 上至少有 4 个保守区，可作为正向的引物设计区，23S 的序列比较长，有 6 个保守区，可以在其中设计方向的引物，常用的一些引物可以在网上找到，可找专门的公司合成，价钱也比较便宜。

常见的引物对有 27 正向：5′ - AGAGTTTGATCCTGGCTCAG - 3′，1492 反向：5′ - GGT-TACCTTGTTACGACTT - 3′。

（三）微生物 DNA 的提取、扩增和测定

微生物采样后要及时冷冻，防止杂菌污染。DNA 的提取，细菌可以采用溶菌酶＋十二烷基硫酸钠（sodium dodecyl sulfate，SDS）提取；真菌细胞采用液氮冻干研磨，在用三氯甲烷：异戊醇溶液（24：1，V/V）提取。

（四）ITS 技术在微生物鉴定中的应用

ITS 可以用于微生物品种的快速鉴定，现已用 ITS 对食品有关的 8 个属 280 个种的株细菌进行快速鉴定，这些细菌包括李斯特菌、葡萄球菌、大肠埃希菌、沙门菌、丙酸杆菌（Propionibacteria）、布鲁菌（Brucella）、肠道弧菌（Vibrio）、链球菌（Streptococcus）、乳酸杆菌等，其结论是 ITS 适用于上述种属细菌种及种以下分类单位的鉴定。ITS 的鉴定时间一般为 1~2 天，费用在 20~100 元/菌，对比常规的微生物鉴定有明显的优势。

ITS 也可以用于微生物的生态分析，例如用于慢生根瘤菌属的分析，这对旱地农作物生长非常重要。采用 ITS 方法，比较不同植物根部的根菌 ITS 片段，分析其指纹图，比较其 ITS 的长度多态性，对了解植物固氮的机理、植物生长的生理和生态等有重要意义。

三、变性剂梯度凝胶电泳技术

单纯只用 ITS 技术作为微生物的鉴定是有一定困难的，原因在于：一是，ITS 片段本身的复杂性，许多细菌的基因组中含有多个有差别的 rDNA。以大肠埃希菌为例，它有 7 个基因的拷贝，ITS 长度为 355~437 bp，即使是长度相同的 ITS 片段，其序列也是有差异的，这极大地增加了 ITS 片段的复杂性，这等于说，有差别的 ITS 片段不仅可能来自两个不同的种或亚种，也可能来自同一个种中不同的 rDNA 拷贝。二是，ITS 片段变化的随机性太大，ITS 中含有很多的内含子，容易变异，在细胞繁殖过程中，往往会出现片段插入或缺失，这大大增加了 ITS 分析的误差，特别是在研究多个微生物时，许多关系密切的菌种，其 ITS 片段可能相同也可能相差悬殊，使得菌群的多样性分析产生偏差。变性剂梯度凝胶电泳技术（DGGE）在一定程度上可以解决 ITS 分析中出现的问题。DGGE 技术最先由 Fischer 和 Lerman 于 1979 年提出，在 1993 年 Muyzer 等将其应用于微生物群落结构研究，之后变化出温度梯度凝胶电泳（temperature gradient gelelectrophoresis，TGGE），该技术被广泛用于微生物分子生态学研究的各个领域，目前已经发展成为研究微生物群落结构的主要分子生物学方法之一。

（一）DGGE 的原理和操作

双链 DNA 分子在一般的聚丙烯酰胺凝胶电泳时，其迁移行为决定于其分子大小和电荷。不同长度的 DNA 片段能够被区分开，但同样长度的 DNA 片段在胶中的迁移行为一样，因此不能被区分。但在聚丙烯酰胺凝胶基础上，加入了变性剂（尿素和甲酰胺），并形成梯度，DNA 沿着变性剂梯度移动，当达到其最低的解链区域浓度时，该区域这一段连续的碱基对发生解链，随着变性剂浓度增加，最终双链 DNA 完全解链变成单链 DNA，移动速度减慢。由于双链 DNA 解螺旋的浓度与 DNA 的 G – C 的含量有关，同样长度但序列不同的 DNA 片段会在胶中不同位置处达到各自最低解链区域的解链浓度，因此它们会在胶中的不同位置处发生部分解链导致迁移速率大大下降，从而在胶中被区分开来，也因此可以同时分析多种微生物的 ITS 片段，实现多通道的微生物检测。

当用 DGGE 技术来研究微生物群落结构时，要结合 PCR 扩增技术，用 PCR 扩增的 16S rRNA 产物来反映微生物群落结构组成。通常根据 16S rRNA 基因中比较保守的碱基序列设计通用引物，DGGE 有两种电泳形式：垂直电泳和水平电泳。前者是指变性剂梯度方向和电泳方向垂直；后者是指两个方向是平行的。在分析微生物群落的 PCR 扩增产物时，一般先要用垂直电泳来确定一个大概的变性剂范围或温度范围。

垂直电泳时，胶从左到右是变性剂梯度或温度梯度。在胶的左边，变性剂浓度或温度低，DNA 片段是双链形式，因此沿着电泳方向一直迁移。在变性剂浓度高区域，DNA 一进入胶立刻就发生部分解链，因此迁移很慢。在胶的中间，DNA 片段有不同程度的解链。在变性剂浓度临界于 DNA 片段最低的解链区域时，DNA 的迁移速率有急剧的变化。因此，DNA 片段在垂直胶中染色后呈 S 形的曲线，根据垂直电泳确定的范围，再用水平电泳来对比分析不同的样品。

在用水平电泳分析样品之前，先要优化确定电泳所需时间。一般采用时间间歇的方法，即每隔一定时间加一次样品，从而使样品的电泳时间有一个梯度，根据这个结果，确定最佳的电泳时间。通过各种染色方法可以看到 DGGE 胶中的 DNA 条带。EB 法染色的灵敏度最低。SYBR Green I 和 SYBR Gold 相比 EB，能更好地消除染色背景，因此它们的检测灵敏度比 EB 法高很多。EB 和 SYBR 染色时，双链 DNA 能很好地显色，单链 DNA 基本上不能显色。银染法的灵敏度最高，它不但能染双链 DNA，也能染单链 DNA，但它的缺点是不能用于随后的杂交分析。

（二）DGGE 对微生物类群的多样性检测

从样品中直接提取总 DNA，经 PCR 扩增得到含有某一高变区的目的 DNA 序列产物，通过 DGGE 得到带谱。因为每个条带很可能就代表一个不同的微生物物种，所以 DGGE 带谱中条带的数量，即反映出该环境微生物群落中优势类群的数量。但为了得到更详实的信息，往往采用种或类群专一性探针与得到的条带进行杂交或将条带切下，重新扩增后测序，进而得到部分系统发育信息。不同来源的样品微生物 DGGE 分析结果，通过比对不同的显色带，可以分析微生物群的相似性。

（三）应用 DGGE 监控食品生产环境中微生物动态变化

DGGE 技术的一个显著特性就是可以同时对多份样品进行分析，因此适合于监测环境中微生物在时间或空间上的动态变化，例如食品企业周边的土壤、水体等微生物的变化。有学者应用 DGGE 对酒厂周边的微生物菌群进行分析，发现微生物多样性随季节的变化不大。农业上，有学者应用 DGGE 研究了菊花生长过程中其根际细菌类群多样性的动态变化，发现生长过程中根际细菌类群的 DGGE 带谱通过聚类分析，带谱之间的相似性为 82%，没有发生显著变化，与同时通过纯培养方法进行研究的结果一致，因此得出根的生长过程对根际优势细菌类群的影响不大。

四、酶联免疫吸附分析技术

漫长的进化历程中，动物逐步进化成对外来异物的特定反应，动物血浆中有抗体（antibody，Ab），它与特定的成分抗原（antigen，Ag）相遇，并发生特异性的结合，如凝集或沉淀，这种结合是独特的、专一的和可控的，借此可用已知抗原（或抗体）检测未知抗体

（或抗原），微生物的免疫检测就是根据抗原抗体特异性的结合，通过标记显色的酶，将这种特异性的结合反应放大，从而实现灵敏、快速、操作简单的微生物检测。

（一）抗原抗体的凝集反应

由于试验所采用的抗体常存在于血清中，因此又称之为血清学反应（serological reaction）。抗原和抗体的双向凝胶的扩散实验，当抗原与相应抗体相互扩散即形成一条沉淀线，即使有两种以上的抗体存在，抗体也只与特定的抗原反应。当扩散实验的两种抗原相同时，表现为弧状的融合沉淀线。

抗体与抗原的结合反应是由抗体表面的成分，如蛋白质、糖、脂肪和它们的空间结构决定的，这种独有的成分和构型形成了抗原的决定簇，抗原借助表面的抗原决定簇与抗体分子超变区在空间构型上的互补，发生特异性结合。同一抗原分子可具有多种不同的抗原决定簇，若两种不同的抗原分子具有一个或多个相同的抗原决定簇，则与抗体反应时可出现交叉反应（cross reaction）。

抗原抗体反应非常快，仅需几秒到几分钟，主要以氢键、静电引力、范德华力和疏水键等分子表面的非共价方式结合，结合后形成的复合物在一定条件下可发生解离，恢复抗原抗体的游离状态。解离后的抗原和抗体仍保持原有的性质。抗原和抗体相互浓度比例对抗原抗体反应影响最大，若比例合适，则可形成大的抗原抗体结合物，出现肉眼可见反应现象；反之，虽能形成结合物，但体积小，肉眼不可见。因此在抗原抗体检测中，为能得到肉眼可见的反应，在了解抗原的物理性状之后，对抗原或抗体进行稀释，以调整二者的比例。

（二）ELISA 测定

酶联免疫吸附测定（ELISA），它包括抗原（抗体）吸附在固相载体上，加待测抗体（抗原），再加相应酶标记抗体（抗原），生成抗原（抗体）－待测抗体（抗原）－酶标记抗体的复合物，再与该酶的底物反应生成有色产物。借助分光光度计的光吸收计算抗体（抗原）的量。待测抗体（抗原）的定量与有色产物生成成正比。

常用于 ELISA 法的酶有辣根过氧化物酶、碱性磷酸酯酶等，其中尤以辣根过氧化物酶为多，它催化 H_2O_2，与邻苯二胺或四甲基联苯胺反应产生颜色，用 H_2SO_4 可以终止反应。由于酶催化的是氧化还原反应，在呈色后须立刻测定，否则空气中的氧化作用使颜色加深，无法准确地定量。通过将酶标记在生物素或亲和素上，借助亲和素的高度亲和力和生物素能与抗体结合的特点，显著提高了检测的敏感性。

（三）ELISA 试剂盒和酶标仪

ELISA 已用来检测沙门菌、单核增生李斯特菌、大肠埃希菌 O157：H7 和空肠弯曲杆菌等致病菌或其毒素。很多公司推出 ELISA 试剂盒，操作十分简单，基本操作流程：固化了抗体的 40 孔或 96 孔聚苯乙烯微孔板上，加入抗体，静置，洗涤，加入辣根过氧化物酶羊抗兔 IgG，加碳酸缓冲液和稀释液，4 ℃保存，洗涤，加封闭液（0.5% 鸡卵清蛋白），pH 7.4 PBS，加入邻苯二胺或四甲基联苯胺，测试前加 30% H_2O_2 40 μL，测试结束加 2 mol/L H_2SO_4 终止液。以上的操作可以用半自动或全自动的酶标仪完成。

五、免疫荧光抗体技术

荧光是一种光致发光现象。原子外的电子在一定的能级轨道上运动，当某种波长的入射光（通常是紫外线或 X 射线）照射，吸收光能后进入激发态，进入高能的轨道，并且立即退激发回到较低能力的轨道上时，会发出射光，通常波长比入射光的波长长。如在可见光波段，这种光称为荧光。一般情况下，光一旦停止入射，发光现象也随之立即消失，但有些物质发光时间可以持续一段时间，而且发出的光在可见光的范围内，用这样的成分标记抗原或抗体，通过荧光来检测抗原和抗体结合反应。

（一）免疫荧光技术原理

免疫荧光技术又称荧光抗体技术，是标记免疫技术中发展最早的一种。免疫荧光技术是根据抗原抗体反应的原理，先将已知的抗原或抗体标记上荧光素，制成荧光抗体，再用这种荧光抗体（或抗原）作为探针检测组织或细胞内的相应抗原（或抗体）。在组织或细胞内形成的抗原抗体复合物上含有标记的荧光素，利用荧光显微镜观察标本，荧光素受外来激发光的照射而发生明亮的荧光（黄绿色或橘红色），可以看见荧光所在的组织细胞，从而确定抗原或抗体的性质、定位以及利用定量技术测定其含量。

选择合适的标记用的荧光素直接关系到免疫荧光分析的成败，好的荧光素应符合以下要求：①应具有能与蛋白质分子形成共价键的化学基团，与蛋白质结合后不易解离，而未结合的色素及其降解产物易于清除；②荧光效率高，与蛋白质结合后，仍能保持较高的荧光效率；③荧光色泽与背景组织的色泽对比鲜明；④与蛋白质结合后不影响蛋白质原有的生化与免疫性质；⑤标记方法简单、安全无毒；⑥与蛋白质的结合物稳定，易于保存。异硫氰酸荧光素、异氰酸荧光素、罗丹明 B 能满足上述的要求，是常用的抗体/抗原标记荧光素。

用荧光抗体示踪或检查相应抗原的方法称荧光抗体法，抗原与荧光抗体结合，在荧光显微镜下可见发光的物体，从而达到定位检测目的，此法可以用来标记病毒或一些特殊蛋白；用已知的荧光抗原标记物示踪或检查相应抗体的方法称荧光抗原法。这两种方法统称免疫荧光技术。以荧光抗体方法较常用。

（二）免疫荧光技术的操作和观察

大体上说，免疫荧光（IF）分析和 ELISA 很相似。在免疫荧光法下，荧光物质标记的检测抗体（抗菌体抗原或抗鞭毛抗原）在同抗原结合成免疫复合物后会发射荧光。通过在载玻片或 96 孔聚苯乙烯微孔板上，利用荧光显微镜或数码相机或荧光分光度计检测荧光。荧光抗体技术通过两种基本方法进行：在直接法中，抗原直接与荧光标记的特异性抗体进行反应；在间接法中，一抗不用荧光标记，但是具有种属特异性的二抗上偶联荧光素分子。在间接法中，荧光标记的抗体可以检测一抗与抗原形成的免疫复合物的存在。这样，间接法消除了必须为每一种待检微生物制作荧光标记抗体的麻烦。

1. 标本的制作　常见的标本主要有组织、细胞和细菌三大类。按不同标本可制作涂片、印片或切片。在制作标本过程中应力求保持抗原的完整性，并在染色、洗涤和封埋过程中不发生溶解和变性，也不扩散至临近细胞或组织间隙中去。标本切片要求尽量薄些，以利抗原抗体接触和镜检。标本中干扰抗原抗体反应的物质要充分洗去，有传染性的标本要注意安全。

2. 荧光抗体染色　于已固定的标本上滴加经适当稀释的荧光抗体。置湿盒内，在一定温度下温育一定时间，一般可用 25 ~ 37 ℃温育 30 分钟，不耐热抗原的检测则以 4 ℃过夜为宜。用 PBS 充分洗涤，干燥。

3. 荧光显微镜和检测检查　首先要选择好光源或滤光片。滤光片的正确选择是获得良好荧光观察效果的重要条件。在光源前面的一组激发滤光片，其作用是提供合适的激发光。激发滤光片有两种。MG 为紫外光滤片，只允许波长 275～400 nm 的紫外光通过，最大透光度在 365 nm；BG 为蓝紫外光滤片，只允许波长 325～500 nm 的蓝外光通过，最大透光度为 410 nm。靠近目镜的一组阻挡滤光片（又称吸收滤光片或抑制滤光片）的作用是滤除激发光，只允许荧光通过。透光范围为 410～650 nm，代号有 OG（橙黄色）和 GG（淡绿黄色）两种。观察 FITC 标记物可选用激发滤光片 BG12，配以吸收滤光片 OG4 或 GG9。观察 RB200 标记物时，可选用 BG12 与 OG5 配合。

六、免疫胶体金技术

氯金酸（$HAuCl_4$）在还原剂如白磷、抗坏血酸、枸橼酸钠、鞣酸等作用下，还原为特定大小的金颗粒，并由于静电作用成为一种稳定的红色的胶体状态，称为胶体金。胶体金在弱碱环境下带负电荷，可与蛋白质分子的正电荷基团形成牢固的结合，由于这种结合是静电结合，所以不影响蛋白质的生物特性。胶体金除了与蛋白质结合以外，还可以与许多其他生物大分子结合，如 SPA、PHA、ConA 等。根据胶体金的一些物理性状，如高电子密度、颗粒大小、形状及颜色反应，加上结合物的免疫和生物学特性，因而使胶体金广泛地应用于免疫学、组织学、病理学和细胞生物学等领域。

（一）胶体金标记的抗体

取 0.01% $HAuCl_4$ 水溶液，加入 1% 枸橼酸三钠水溶液，加热煮沸 30 分钟，冷却至 4 ℃，溶液呈红色，可以制得胶体金。胶体金对抗体的吸附主要取决于 pH，在接近抗体的等电点或偏碱的条件下，二者容易形成牢固的结合物。如果胶体金的 pH 低于蛋白质的等电点时，则会因蛋白聚集而失去结合能力。除此以外胶体金颗粒的大小、离子强度、蛋白质的分子质量等都影响胶体金与蛋白质的结合，最佳条件需要实验验证。加入一定量的稳定剂，如 5% 胎牛血清（BSA）和 1% 聚乙二醇，以防止抗体蛋白与胶体金聚合发生沉淀，通过离心或透析，纯化结合胶体金的抗体。将纯化的胶体金蛋白结合物过滤除菌、分装，4 ℃ 保存。

用这种金标记抗体与组织或细胞标本中的抗原反应，借助显微镜观察颜色分布即可定位、定性测定组织或细胞中的抗原。

（二）免疫胶体金层析法

由金标结合垫、硝酸纤维素膜（nitrocellulose filter membrane，简称 NC 膜）、样品垫、吸水垫和底板［聚氯乙烯（polyvinyl chloride，PVC）］5 部分组成，将金标结合垫裁成 4 mm 的细条，将制备好的金标结合物铺注在结合垫上，置于 37 ℃ 恒温烘干，烘干后备用。将制备好的 15 mm 吸水垫、25 mm NC 膜、4 mm 金标结合垫、18 mm 样品垫，由顶部依次黏于 PVC 板上，用切条机切成 4 mm 宽的试纸条装入检测卡中即完成试纸条的组装。将含有特异性抗原（微生物）的样品加到样品孔中，并与试纸条上检测抗体相结合，该免疫复合物依靠毛细虹吸作用向多孔膜的另一端迁移，在试纸条上有两条捕获带，一条特异性捕获病原菌，另一条特异性捕获没有与抗原结合的游离抗体（对照线）。如果膜上只有一条捕获带显色（对照线），意味着这是一个阴性样品；如果两条带或线都显色，说明结果呈阳性。在5～10分钟内可以得到结果，简便易行、经济节约，适用于初筛试验。

胶体金作为免疫标记物始于1971年，由Faulk和Taylor将其引入免疫化学，免疫胶体金技术已用于沙门菌等微生物检测，也用于怀孕、艾滋病毒等检测。胶体金标记技术由于标记物的制备简便，方法敏感、特异，不需要使用放射性同位素，或有潜在致癌物质的酶显色底物，也不要荧光显微镜，它的应用范围广，在快速检测试剂中得到了广泛的应用和发展，具有巨大的发展潜力。

七、流式分析技术

流式分析技术是一项新兴的技术，发展于20世纪70年代的初期，用于检测液体中悬浮着的细胞或微小颗粒的一种现代分析技术。流式分析技术和其他的检测方法相比较具有许多优点，例如检测时间短、可即时分析大量的颗粒、可同时检测颗粒的多个参数、具有分选的功能、方法灵活等。流式分析仪是流式分析技术的核心仪器，它凝集了电子技术、流体力学、计算机科学、激光技术、生命科学、临床医学、分子生物学、有机化学和生物物理学等学科知识的结晶。目前流式分析技术已被广泛应用于临床医学、免疫学、生物学、微生物学、药理学、肿瘤学等多个领域。

流式分析技术，刚开始被用在科学研究和医学方面的检验，后来才被证明可以用于微生物学检测，主要原因是微生物的直径相对细胞来说较小，散射光照射后得到的散射光信号。但随着近来光学仪器的发展与流式分析仪的不断改进，流式分析技术在微生物学领域中得到了广泛的应用。

在科学研究方面，流式分析技术可以克服细菌平板计数费时费力的缺点，做到快速准确检测细菌总数；流式分析技术结合荧光标记技术可以检测DNA片段的大小，这就决定其可以用于细菌的鉴定，例如使用流式分析仪对DNA片段进行了检测分析，进而鉴定球芽孢杆菌和大肠埃希菌等。流式分析技术还可分析对单个细菌的大小、丰度等信息，例如使用流式分析仪对蜡样芽孢杆菌进行检测，并区分细菌的亚群等。

近年来，流式分析技术结合特定的荧光染料，可以用于细菌检测。由于这种方法的检测速度较为快速，它已经被应用于多个工业生产的领域如食品业、化妆品业、制药业。例如，流式分析技术可以用于对啤酒中酵母菌浓度的检测。

流式分析技术在环境中的微生物的检测也有着重要的应用。例如可以利用流式分析技术对污泥中的微生物进行群落结构的分析。近年来，这项应用也引起愈来愈多环境工作者的关注，已经成为空气、土壤、水等环境中细菌学检测中的一项重要方法。

目前，已经有许多文献报道流式分析技术应用于食品微生物的检测，特别是流式分析技术用于牛乳中细菌检测的研究不断有新的进展。20世纪90年代以来，国外学者不断尝试将流式分析技术应用于大肠埃希菌、大肠埃希菌O157：H7、金黄色葡萄球菌和沙门菌等的检测。进入21世纪后，我国学者也开展了流式分析技术应用于食品微生物检测研究，目前开发的比较成熟检测方法主要是针对牛乳中细菌总数、大肠埃希菌O157：H7等微生物。随着研究的不断深入，流式分析方法将作为一项成熟的检测技术应用于乳及乳制品等食品中微生物的快速检测，从而满足食品生产企业和市场监管日益增长的快速、准确检测的要求。

扫码"练一练"

? 思考题

1. 影响核酸在琼脂糖凝胶电泳中迁移速率的因素有哪些？

2. 物质发出荧光的原因是什么？是否所有的分子在紫外线的照射下可以发出荧光？

3. 查找市场已有的快速免疫检测试剂盒，分析它们的检测原理和结果判断方法，并比较优劣。

4. DGGE 中的垂直电泳和水平电泳在凝胶上显示有什么区别？

（刘后伟　隋志伟）

附录

附录一　最可能数（MPN）检索表

大肠菌群、单核细胞增生李斯特菌、副溶血性弧菌、蜡样芽孢杆菌最可能数（MPN）检索表：

阳性管数			MPN	95%可信限		阳性管数			MPN	95%可信限	
0.10	0.01	0.001		下限	上限	0.10	0.01	0.001		下限	上限
0	0	0	< 3.0	—	9.5	2	2	0	21	4.5	42
0	0	1	3.0	0.15	9.6	2	2	1	28	8.7	94
0	1	0	3.0	0.15	11	2	2	2	35	8.7	94
0	1	1	6.1	1.2	18	2	3	0	29	8.7	94
0	2	0	6.2	1.2	18	2	3	1	36	8.7	94
0	3	0	9.4	3.6	38	3	0	0	23	4.6	94
1	0	0	3.6	0.17	18	3	0	1	38	8.7	110
1	0	1	7.2	1.3	18	3	0	2	64	17	180
1	0	2	11	3.6	38	3	1	0	43	9	180
1	1	0	7.4	1.3	20	3	1	1	75	17	200
1	1	1	11	3.6	38	3	1	2	120	37	420
1	2	0	11	3.6	42	3	1	3	160	40	420
1	2	1	15	4.5	42	3	2	0	93	18	420
1	3	0	16	4.5	42	3	2	1	150	37	420
2	0	0	9.2	1.4	38	3	2	2	210	40	430
2	0	1	14	3.6	42	3	2	3	290	90	1000
2	0	2	20	4.5	42	3	3	0	240	42	1000
2	1	0	15	3.7	42	3	3	1	460	90	2000
2	1	1	20	4.5	42	3	3	2	1100	180	4100
2	1	2	27	8.7	94	3	3	3	> 1100	420	—

注1：本表采用3个稀释度［0.1 g（mL）、0.01 g（mL）、0.001 g（mL）］，每个稀释度接种3管。
注2：表内所列检样量如改用1 g（mL）、0.1 g（mL）和0.01 g（mL）时，表内数字应相应降低10倍；如改用0.01 g（mL）、0.001 g（mL）和0.0001 g（mL）时，则表内数字应相应增高10倍，其余类推。

克罗诺杆菌属最可能数检索表：

阳性管数			MPN	95%可信限		阳性管数			MPN	95%可信限	
100	10	1		下限	上限	100	10	1		下限	上限
0	0	0	<0.3	—	0.95	2	2	0	2.1	0.45	4.2
0	0	1	0.3	0.015	0.96	2	2	1	2.8	0.87	9.4
0	1	0	0.3	0.015	1.1	2	2	2	3.5	0.87	9.4
0	1	1	0.61	0.12	1.8	2	3	0	2.9	0.87	9.4
0	2	0	0.62	0.12	1.8	2	3	1	3.6	0.87	9.4
0	3	0	0.94	0.36	3.8	3	0	0	2.3	0.46	9.4
1	0	0	0.36	0.017	1.8	3	0	1	3.8	0.87	11
1	0	1	0.72	0.13	1.8	3	0	2	6.4	1.7	18
1	0	2	1.1	0.36	3.8	3	1	0	4.3	0.9	18
1	1	0	0.74	0.13	2	3	1	1	7.5	1.7	20
1	1	1	1.1	0.36	3.8	3	1	2	12	3.7	42
1	2	0	1.1	0.36	4.2	3	1	3	16	4	42
1	2	1	1.5	0.45	4.2	3	2	0	9.3	1.8	42
1	3	0	1.6	0.45	4.2	3	2	1	15	3.7	42
2	0	0	0.92	0.14	3.8	3	2	2	21	4	43
2	0	1	1.4	0.36	4.2	3	2	3	29	9	100
2	0	2	2	0.45	4.2	3	3	0	24	4.2	100
2	1	0	1.5	0.37	4.2	3	3	1	46	9	200
2	1	1	2	0.45	4.2	3	3	2	110	18	410
2	1	2	2.7	0.87	9.4	3	3	3	>110	42	–

注1：本表采用 3 个检样量［100 g（mL）、10 g（mL）和 1 g（mL）］，每个检样量接种 3 管。

注2：表内所列检样量如改用 1000 g（mL）、100 g（mL）和 10 g（mL）时，表内数字应相应降低 10 倍；如改用 10 g（mL）、1 g（mL）和 0.1 g（mL）时，则表内数字应相应增高 10 倍，其余类推。

附录二　食品微生物检验常用培养基

（一）平板计数琼脂（PCA）培养基

1. 用途　用于细菌总数测定（GB 4789.2—2016）。

2. 培养基配方　胰蛋白胨 5.0 g，酵母浸膏 2.5 g，葡萄糖 1.0 g，琼脂 15.0 g，蒸馏水 1000 mL，pH（25 ℃）7.0 ±0.2。

3. 制法　将上述各成分加入蒸馏水中，煮沸溶解，调节 pH 至 7.0 ±0.2，分装试管或锥形瓶，121 ℃ 高压灭菌 15 分钟。

4. 质量控制　此培养基呈淡黄色，清晰无沉淀。大肠埃希菌、金黄色葡萄球菌和枯草芽孢杆菌生长良好。

（二）月桂基硫酸盐胰蛋白胨（LST）肉汤

1. 用途　用于多管发酵法测定大肠菌群和粪大肠菌群（GB 4789.3—2016）。

2. 培养基配方　胰蛋白胨或胰酪胨 20.0 g，氯化钠 5.0 g，乳糖 5.0 g，磷酸氢二钾（K_2HPO_4）2.75 g，磷酸二氢钾（KH_2PO_4）2.75 g，月桂基硫酸钠 0.1 g，蒸馏水 1000 mL，pH（25 ℃）6.8 ± 0.2。

3. 制法　将上述成分溶解于蒸馏水中，调节 pH 至 6.8 ± 0.2，分装到有小倒管的试管中，每管 10 mL，121 ℃高压灭菌 15 分钟，备用。

4. 质量控制　此培养基呈淡黄色，清晰无沉淀。大肠埃希菌和弗氏柠檬酸杆菌生长良好，产气；鼠伤寒沙门菌生长良好，不产气；粪肠球菌生长受抑制。

（三）煌绿乳糖胆盐（BGLB）肉汤

1. 用途　用于多管发酵法测定大肠菌群的确证试验（GB 4789.3—2016）。

2. 培养基配方　蛋白胨 10.0 g，乳糖 10.0 g，牛胆粉（oxgall 或 oxbile）溶液 200 mL，0.1%煌绿水溶液 13.3 mL，蒸馏水 800 mL，pH（25 ℃）7.2 ± 0.1。

3. 制法　将蛋白胨、乳糖溶于约 500 mL 蒸馏水中，加入牛胆粉溶液 200 mL（将 20.0 g 脱水牛胆粉溶于 200 mL 蒸馏水中，调节 pH 至 7.0 ~ 7.5，用蒸馏水中稀释到 975 mL，调节 pH 至 7.2 ± 0.1，再加入 0.1%煌绿水溶液 13.3 mL，用蒸馏水补足到 1000 mL，用棉花过滤后，分装到有玻璃小倒管的试管中，每管 10 mL，121 ℃高压灭菌 15 分钟，备用。

4. 质量控制　此培养基呈绿色，清晰无沉淀。大肠埃希菌和弗氏柠檬酸杆菌生长良好，产气；鼠伤寒沙门菌生长良好，不产气；粪肠球菌生长受抑制。

（四）结晶紫中性红胆盐琼脂（VRBA）

1. 用途　用于水或食品中大肠菌群平板菌落计数（GB 4789.3—2016）。

2. 培养基配方　蛋白胨 7.0 g，酵母膏 3.0 g，乳糖 10.0 g，氯化钠 5.0 g，胆盐或 3 号胆盐 1.5 g，中性红 0.03 g，结晶紫 0.002 g，琼脂 15 g，蒸馏水 1000 mL，pH（25 ℃）7.4 ± 0.1。

3. 制法　将上述成分溶解于蒸馏水中，静置几分钟，充分搅拌，调节 pH 至 7.4 ± 0.1，煮沸 2 分钟，将培养基溶化并恒温至 45 ~ 50 ℃倾注平板，使用前临时制备，不得超过 3 小时。

4. 质量控制　此培养基呈紫红色，清晰无沉淀。大肠埃希菌和弗氏柠檬酸杆菌生长良好，可带有沉淀环的紫红色或红色菌落；鼠伤寒沙门菌生长良好，无色半透明菌落；粪肠球菌生长受抑制。

（五）马铃薯葡萄糖琼脂

1. 用途　供霉菌和酵母的计数、分离和培养用（GB 4789.15—2016）。

2. 培养基配方　马铃薯（去皮切块）300 g，葡萄糖 20 g，琼脂 20 g，氯霉素 0.1 g，蒸馏水 1000 mL。

3. 制法　将马铃薯去皮切块，加入 1000 mL 蒸馏水，煮沸 10 ~ 20 分钟，用纱布过滤，补加蒸馏水至 1000 mL，加入葡萄糖和琼脂，加热溶解，分装后，121 ℃灭菌 15 分钟，备用。

4. 质量控制 此培养基呈淡黄色，清晰有少量沉淀。黑曲霉、白色念珠菌和酵母菌生长良好，大肠埃希菌和金黄色葡萄球菌生长受抑制。

（六）孟加拉红琼脂

1. 用途 供霉菌和酵母的计数、分离和培养用（GB 4789.15—2016）。

2. 培养基配方 蛋白胨 5.0 g，葡萄糖 10.0 g，磷酸二氢钾 1.0 g，硫酸镁（无水）0.5 g，琼脂 20.0 g，孟加拉红 0.033 g，氯霉素 0.1 g，蒸馏水 1000 mL。

3. 制法 上述各成分加入蒸馏水中，加热溶解，补足蒸馏水至 1000 mL，分装后，121 ℃灭菌 15 分钟，避光保存备用。

4. 质量控制 此培养基呈玫瑰红色，清晰无沉淀。酿酒酵母生长良好，菌落奶油色；黑曲霉生长良好，白色菌丝，黑色孢子；大肠埃希菌和金黄色葡萄球菌生长受抑制。

（七）缓冲蛋白胨水（BPW）肉汤

1. 用途 用于沙门菌、李斯特菌和克罗诺杆菌的前增菌培养（GB 4789.4—2016，GB 4789.30—2016，GB 4789.40—2016）。

2. 培养基配方 蛋白胨 10.0 g，氯化钠 5.0 g，磷酸氢二钠（含 12 个结晶水）9.0 g，磷酸二氢钾 1.5 g，蒸馏水 1000 mL，pH（25 ℃）7.2 ± 0.2。

3. 制法 将上述成分加入蒸馏水中，搅拌均匀，静置约 10 分钟，煮沸溶解，调节 pH 至 7.2 ± 0.2，121 ℃高压灭菌 15 分钟，备用。

4. 质量控制 此培养基呈淡黄色，清晰无沉淀。沙门菌增菌良好。

（八）四硫磺酸钠煌绿（TTB）增菌液

1. 用途 用于沙门菌的选择性增菌培养（GB 4789.4—2016）。

2. 培养基配方

（1）基础液 蛋白胨 10.0 g，牛肉膏 5.0 g，氯化钠 3.0 g，碳酸钙 45.0 g，蒸馏水 1000 mL，pH（25 ℃）7.0 ± 0.2。

除碳酸钙外，将各成分加入蒸馏水中，煮沸溶解，再加入碳酸钙，调节 pH 至 7.0 ± 0.2，高压灭菌 121 ℃，20 分钟。

（2）硫代硫酸钠溶液 硫代硫酸钠（含 5 个结晶水）50.0 g，蒸馏水 100 mL，高压灭菌 121 ℃，20 分钟。

（3）碘溶液 碘片 20.0 g，碘化钾 25.0 g，蒸馏水 100 mL。

将碘化钾充分溶解于少量的蒸馏水中，再投入碘片，振摇玻璃瓶至碘片全部溶解为止，然后加蒸馏水至规定的总量，贮存于棕色瓶内，塞紧瓶盖备用。

（4）0.5%煌绿水溶液 煌绿 0.5 g，蒸馏水 100 mL。

溶解后，存放暗处，不少于 1 天，使其自然灭菌。

（5）牛胆盐溶液 牛胆盐 0.5 g，蒸馏水 100 mL。

加热煮沸至完全溶解，高压灭菌 121 ℃，20 分钟。

3. 制法 基础液 900 mL，硫代硫酸钠溶液 100 mL，碘溶液 20.0 mL，0.5%煌绿水溶液 2.0 mL，牛胆盐溶液 50.0 mL。

临用前，按上列顺序，以无菌操作依次加入基础液中，每加入一种成分，均应摇匀后再加入另一种成分。

4. 质量控制 此培养基呈绿 – 蓝绿色，有白色沉淀。沙门菌增菌良好，大肠埃希菌和粪肠球菌生长受抑制。

（九）亚硒酸盐胱氨酸（SC）增菌液

1. 用途 用于沙门菌的选择性增菌培养（GB 4789.4—2016）。

2. 培养基配方 蛋白胨 5.0 g，乳糖 4.0 g，氯化钠 5.0 g，磷酸氢二钠 10.0 g，亚硒酸氢钠 4.0 g，L – 胱氨酸 0.01 g，蒸馏水 1000 mL，pH（25 ℃）7.0 ±0.2。

3. 制法 除亚硒酸氢钠和 L – 胱氨酸外，将各成分加入蒸馏水中，煮沸溶解，冷至 55 ℃以下，以无菌操作加入亚硒酸氢钠和 1 g/L L – 胱氨酸溶液 10 mL（称取 0.1 g L – 胱氨酸，加 1 mol/L 氢氧化钠溶液 15 mL，使溶解，再加无菌蒸馏水至 100 mL 即成，如为 DL – 胱氨酸，用量应加倍）。摇匀，调节 pH 至 7.0 ±0.2。

4. 质量控制 此培养基呈淡黄色，清晰无沉淀。沙门菌增菌良好，大肠埃希菌和粪肠球菌生长受抑制。

（十）亚硫酸铋（BS）琼脂

1. 用途 用于沙门菌的选择性分离（GB 4789.4—2016）。

2. 培养基配方 蛋白胨 10.0 g，牛肉膏 5.0 g，葡萄糖 5.0 g，硫酸亚铁 0.3 g，磷酸氢二钠 4.0 g，煌绿 0.025 g 或 5.0 g/L 水溶液 5.0 mL，柠檬酸铋铵 2.0 g，亚硫酸钠 6.0 g，琼脂 18.0 g，蒸馏水 1000 mL，pH（25 ℃）7.5 ±0.2。

3. 制法 将前三种成分加入 300 mL 蒸馏水（制作基础液），硫酸亚铁和磷酸氢二钠分别加入 20 mL 和 30 mL 蒸馏水中，柠檬酸铋铵和亚硫酸钠分别加入另一 20 mL 和 30 mL 蒸馏水中，琼脂加入 600 mL 蒸馏水中。然后分别搅拌均匀，煮沸溶解。冷至 80 ℃左右时，先将硫酸亚铁和磷酸氢二钠混匀，倒入基础液中，混匀。将柠檬酸铋铵和亚硫酸钠混匀，倒入基础液中，再混匀。调节 pH 至 7.5 ±0.2，随即倾入琼脂液中，混合均匀，冷至 50 ~ 55 ℃。加入煌绿溶液，充分混匀后立即倾注平皿。

注：本培养基不需要高压灭菌，在制备过程中不宜过分加热，避免降低其选择性，贮于室温暗处，超过 48 小时会降低其选择性，本培养基宜于当天制备，第二天使用。

4. 质量控制 此培养基呈淡蓝色，有白色沉淀。沙门菌生长良好，可有光泽，大肠埃希菌和粪肠球菌生长受抑制。

（十一）HE 琼脂

1. 用途 用于沙门菌的选择性分离（GB 4789.4—2016）。

2. 培养基配方 蛋白胨 12.0 g，牛肉膏 3.0 g，乳糖 12.0 g，蔗糖 12.0 g，水杨素 2.0 g，胆盐 20.0 g，氯化钠 5.0 g，琼脂 18.0 g，蒸馏水 1000 mL，0.4% 溴麝香草酚蓝溶液 16.0 mL，Andrade 指示剂 20.0 mL，甲液 20.0 mL，乙液 20.0 mL，pH（25 ℃）7.5 ±0.2。

3. 制法 将前面七种成分溶解于 400 mL 蒸馏水内作为基础液；将琼脂加入于 600 mL 蒸馏水内。然后分别搅拌均匀，煮沸溶解。加入甲液和乙液于基础液内，调节 pH 至 7.5 ±0.2。再加入指示剂，并与琼脂液合并，待冷至 50 ~ 55 ℃倾注平皿。

注：①本培养基不需要高压灭菌，在制备过程中不宜过分加热，避免降低其选择性。②甲液的配制：硫代硫酸钠 34.0 g，柠檬酸铁铵 4.0 g，蒸馏水 100 mL。③乙液的配制：去氧胆酸钠 10.0 g，蒸馏水 100 mL。④Andrade 指示剂：酸性复红 0.5 g，1 mol/L 氢氧化钠溶

液 16.0 mL，蒸馏水 100 mL。

将复红溶解于蒸馏水中，加入氢氧化钠溶液。数小时后如复红褪色不全，再加氢氧化钠溶液 1～2 mL。

4. 质量控制 此培养基呈黄绿 – 绿色，无絮状物及沉淀。沙门菌生长良好，大肠埃希菌和粪肠球菌生长受抑制。

（十二）木糖赖氨酸脱氧胆盐（XLD）琼脂

1. 用途 用于沙门菌的选择性分离（GB 4789.4—2016）。

2. 培养基配方 酵母膏 3.0 g，L – 赖氨酸 5.0 g，木糖 3.75 g，乳糖 7.5 g，蔗糖 7.5 g，脱氧胆酸钠 2.5 g，柠檬酸铁铵 0.8 g，硫代硫酸钠 6.8 g，氯化钠 5.0 g，琼脂 15.0 g，酚红 0.08 g，蒸馏水 1000 mL，pH（25 ℃）7.4 ±0.2。

3. 制法 除酚红和琼脂外，将其他成分加入 400 mL 蒸馏水中，煮沸溶解，调节 pH 至 7.4 ±0.2。另将琼脂加入 600 mL 蒸馏水中，煮沸溶解。

将上述两溶液混合均匀后，再加入指示剂，待冷至 50～55 ℃倾注平皿。

注：本培养基不需要高压灭菌，在制备过程中不宜过分加热，避免降低其选择性，贮于室温暗处。本培养基宜于当天制备，第二天使用。

4. 质量控制 此培养基呈红色，清晰无沉淀。鼠伤寒沙门菌呈红色菌落有黑心；宋内志贺菌呈红色菌落；大肠埃希菌呈黄色菌落；金黄色葡萄球菌生长受抑制。

（十三）三糖铁（TSI）琼脂

1. 用途 用于沙门菌、志贺菌的生化鉴定（GB 4789.4—2016，GB 4789.5—2012）。

2. 培养基配方 蛋白胨 20.0 g，牛肉膏 5.0 g，乳糖 10.0 g，蔗糖 10.0 g，葡萄糖 1.0 g，硫酸亚铁铵（含 6 个结晶水）0.2 g，酚红 0.025 g 或 5.0 g/L 溶液 5.0 mL，氯化钠 5.0 g，硫代硫酸钠 0.2 g，琼脂 12.0 g，蒸馏水 1000 mL，pH（25 ℃）7.4 ±0.2。

3. 制法 除酚红和琼脂外，将其他成分加入 400 mL 蒸馏水中，煮沸溶解，调节 pH 至 7.4 ±0.2。另将琼脂加入 600 L 蒸馏水中，煮沸溶解。

将上述两溶液混合均匀后，再加入指示剂酚红溶液，混匀，分装小试管，每管约 3 mL，高压灭菌 121 ℃、10 分钟或 115 ℃、15 分钟，灭菌后制成高层斜面。如不立即使用，在 2～8 ℃条件下可贮存一个月。

4. 质量控制 此培养基呈橘红色，清晰无沉淀。伤寒沙门菌 K/A，硫化氢阳性；甲型副伤寒沙门菌 K/A，硫化氢阴性；福氏志贺菌 K/A；大肠埃希菌 A/A；铜绿假单胞菌 K/K。

（十四）蛋白胨水

1. 用途 用于沙门菌、志贺菌的色氨酸酶鉴定（GB 4789.4—2016，GB 4789.5—2012）。

2. 培养基配方 蛋白胨（或胰蛋白胨）20.0 g，氯化钠 5.0 g，蒸馏水 1000 mL，pH（25 ℃）7.4 ±0.2。

3. 制法 将上述成分加入蒸馏水中，煮沸溶解，调节 pH 至 7.4 ±0.2，分装小试管，121 ℃高压灭菌 15 分钟。

4. 试验方法 挑取小量培养物接种，在（36 ±1）℃培养 1～2 天，必要时可培养 4～5 天。加入柯凡克试剂约 0.5 mL，轻摇试管，阳性者于试剂层呈深红色；或加入欧 – 波试剂约 0.5 mL，沿管壁流下，覆盖于培养液表面，阳性者于液面接触处呈玫瑰红色。

注：蛋白胨中应含有丰富的色氨酸。每批蛋白胨买来后，应先用已知菌种鉴定后方可使用。

5. 质量控制　此培养基呈淡黄色，清晰无沉淀。大肠埃希菌阳性，鼠伤寒沙门菌和福氏志贺菌阴性。

（十五）尿素琼脂（pH 7.2）

1. 用途　用于沙门菌、志贺菌的生化鉴定（GB 4789.4—2016，GB 4789.5—2012）。

2. 培养基配方　蛋白胨 1.0 g，氯化钠 5.0 g，葡萄糖 1.0 g，磷酸二氢钾 2.0 g，0.4% 酚红 3.0 mL，琼脂 20.0 g，蒸馏水 900 mL，20% 尿素溶液 100 mL，pH（25 ℃）7.2 ± 0.2。

3. 制法　除尿素、琼脂和酚红外，将其他成分加入 300 mL 蒸馏水中，煮沸溶解，调节 pH 至 7.2 ± 0.2。另将琼脂加入 600 mL 蒸馏水中，煮沸溶解。

将上述两溶液混合均匀后，再加入指示剂后分装，121 ℃ 高压灭菌 15 分钟。冷至 50 ~ 55 ℃，加入经 0.22 μm 过滤膜除菌后的尿素溶液 100 mL，混匀，分装于无菌试管内，每管约 3 ~ 4 mL，制成斜面后放冰箱备用。

4. 试验方法　挑取琼脂培养物接种，在（36 ± 1）℃ 培养 24 小时，观察结果。尿素酶阳性者由于产碱而使培养基变为红色。

5. 质量控制　此培养基呈淡黄色，清晰无沉淀。普通变形杆菌阳性，沙门菌、志贺菌阴性。

（十六）氰化钾（KCN）培养基

1. 用途　用于沙门菌的生化鉴定（GB 4789.4—2016）。

2. 培养基配方　蛋白胨 10.0 g，氯化钠 5.0 g，磷酸二氢钾 0.225 g，磷酸氢二钠 5.64 g，蒸馏水 1000 mL，0.5% 氰化钾（KCN）20.0 mL。

3. 制法　将除氰化钾以外的成分加入蒸馏水中，煮沸溶解，分装后 121 ℃ 高压灭菌 15 分钟。放在冰箱内使其充分冷却。每 100 mL 培养基加入 0.5% 氰化钾溶液 2.0 mL（最后浓度为 1∶10 000），分装于无菌试管内，每管约 4 mL，立刻用无菌橡皮塞塞紧，放在 4 ℃ 冰箱内，至少可保存两个月。同时，将不加氰化钾的培养基作为对照培养基，分装试管备用。

4. 试验方法　将琼脂培养物接种于蛋白胨水内成为稀释菌液，挑取 1 环接种于氰化钾培养基。并另挑取 1 环接种于对照培养基。在（36 ± 1）℃ 培养 1 ~ 2 天，观察结果。如有细菌生长即为阳性（不抑制），经 2 天细菌不生长为阴性（抑制）。

注：氰化钾是剧毒药，使用时应小心，切勿沾染，以免中毒。夏天分装培养基应在冰箱内进行。试验失败的主要原因是封口不严，氰化钾逐渐分解，产生氢氰酸气体逸出，以致药物浓度降低，细菌生长，因而造成假阳性反应。试验时对每一环节都要特别注意。

5. 质量控制　此培养基呈淡黄色，清晰无沉淀。普通变形杆菌阳性，沙门菌阴性。

（十七）氨基酸脱羧酶试验培养基

1. 用途　用于细菌的氨基酸脱羧酶试验（GB 4789.4—2016，GB 4789.5—2012，GB 4789.40—2016）。

2. 培养基配方　蛋白胨 5.0 g，酵母浸膏 3.0 g，葡萄糖 1.0 g，蒸馏水 1000 mL，1.6% 溴甲酚紫 - 乙醇溶液 1.0 mL，L - 赖氨酸（或 DL - 赖氨酸）、鸟氨酸、L - 精氨酸盐酸盐 0.5 g/100 mL（或 1.0 g/100 mL），pH（25 ℃）6.8 ± 0.2。

3. 制法 除氨基酸以外的成分加热溶解后,分装每瓶 100 mL,分别加入赖氨酸、鸟氨酸和精氨酸盐酸盐。L - 赖氨酸按 0.5% 加入,DL - 赖氨酸按 1% 加入。调节 pH 至 6.8 ± 0.2。对照培养基不加氨基酸。分装于无菌的小试管内,每管 0.5 mL,上面滴加一层液体石蜡,115 ℃高压灭菌 10 分钟。

4. 试验方法 从琼脂斜面上挑取培养物接种,于(36 ±1)℃培养 18 ~24 小时,观察结果。氨基酸脱羧酶阳性者由于产碱,培养基应呈紫色。阴性者无碱性产物,但因葡萄糖产酸而使培养基变为黄色。对照管应为黄色,空白对照管为紫色。

5. 质量控制 此培养基呈紫色,清晰无沉淀。赖氨酸脱羧酶鼠伤寒沙门菌阳性,普通变形杆菌、志贺菌阴性。鸟氨酸脱羧酶宋内志贺菌阳性,福氏志贺菌阴性。精氨酸脱羧酶克罗诺杆菌阳性,普通变形杆菌阴性。

(十八)糖发酵管

1. 用途 用于细菌的生化鉴定(GB 4789.4—2016,GB 4789.5—2012,GB 4789.14—2014,GB 4789.30—2016)。

2. 培养基配方 牛肉膏 5.0 g,蛋白胨 10.0 g,氯化钠 3.0 g,磷酸氢二钠(含 12 个结晶水)2.0 g,0.2% 溴麝香草酚蓝溶液 12.0 mL,蒸馏水 1000 mL,pH(25 ℃)7.4 ±0.2。

3. 制法 葡萄糖发酵管按上述成分配好后,调节 pH。按 0.5% 加入葡萄糖,分装于有一个倒置小管的小试管内,121 ℃高压灭菌 15 分钟。

其他各种糖发酵管可按上述成分配好后,分装每瓶 100 mL,121 ℃高压灭菌 15 分钟。另将各种糖类分别配好 10% 溶液,同时高压灭菌。将 5 mL 糖溶液加入于 100 mL 培养基内,以无菌操作分装小试管。

注:蔗糖不纯,加热后会自行水解者,应采用过滤法除菌。

4. 试验方法 从琼脂斜面上挑取小量培养物接种,于(36 ±1)℃培养,一般 2 ~3 天。迟缓反应需观察 14 ~30 天。

5. 质量控制 此培养基呈绿色,清晰无沉淀。如添加的糖为葡萄糖,则沙门菌、志贺菌为阳性,铜绿假单胞菌为阴性。

(十九)β - 半乳糖苷酶试验(ONPG 法)

1. 用途 用于沙门菌、志贺菌的生化鉴定(GB 4789.4—2016,GB 4789.5—2012)。

2. 培养基配方 邻硝基酚 β - D - 半乳糖苷(O - nitrophenyl - β - D - galactopyranoside,ONPG)60.0 mg,0.01 mol/L 磷酸钠缓冲液(pH 7.5)10.0 mL,1% 蛋白胨水(pH 7.5)30.0 mL。

3. 制法 将 ONPG 溶于缓冲液内,加入蛋白胨水,以过滤法除菌,分装于无菌的小试管内,每管 0.5 mL,用橡皮塞塞紧。

4. 试验方法 自琼脂斜面上挑取培养物 1 满环接种于(36 ±1)℃培养 1 ~3 小时和 24 小时观察结果。如果 β - 半乳糖苷酶产生,则于 1 ~3 小时变黄色,如无此酶则 24 小时不变色。

5. 质量控制 此培养基呈浅黄色,清晰无沉淀。亚利桑那沙门菌和宋内志贺菌阳性,鼠伤寒沙门菌和福氏志贺菌阴性。

（二十）平板法（X-Gal 法）

1. 用途　用于志贺菌的生化鉴定（GB 4789.5—2012）。

2. 培养基配方　蛋白胨 20.0 g，氯化钠 3.0 g，5-溴-4-氯-3-吲哚-β-D-半乳糖苷（X-Gal）200.0 mg，琼脂 15.0 g，蒸馏水 1000 mL，pH（25 ℃）7.2±0.2。

3. 制法　将上述各成分加热煮沸于 1 L 水中，冷至 50~55 ℃，调节 pH，115 ℃高压灭菌 10 分钟。倾注平板避光冷藏备用。

4. 试验方法　挑取琼脂斜面培养物接种于平板，划线和点种均可，于（36±1）℃培养 18~24 小时观察结果。如果 β-D-半乳糖苷酶产生，则平板上培养物颜色变蓝绿色，如无此酶则培养物为无色或不透明色，培养 48~72 小时后有部分转为淡粉红色。

5. 质量控制　此培养基呈浅黄色，清晰无沉淀。宋内志贺菌阳性，福氏志贺菌阴性。

（二十一）半固体琼脂

1. 用途　用于沙门菌、志贺菌的生化鉴定（GB 4789.4—2016，GB 4789.5—2012）。

2. 培养基配方　牛肉膏 0.3 g，蛋白胨 1.0 g，氯化钠 0.5 g，琼脂 0.35~0.4 g，蒸馏水 100 mL，pH（25 ℃）7.4±0.2。

3. 制法　按以上成分配好，煮沸溶解，调节 pH 至 7.4±0.2。分装小试管。121 ℃高压灭菌 15 分钟。直立凝固备用。

注：供动力观察、菌种保存、H 抗原位相变异试验等用。

4. 质量控制　此培养基呈绿色，清晰无沉淀。沙门菌阳性，宋内志贺菌阴性。

（二十二）丙二酸钠培养基

1. 用途　用于沙门菌的生化鉴定（GB 4789.4—2016）。

2. 培养基配方　酵母浸膏 1.0 g，硫酸铵 2.0 g，磷酸氢二钾 0.6 g，磷酸二氢钾 0.4 g，氯化钠 2.0 g，丙二酸钠 3.0 g，0.2% 溴麝香草酚蓝溶液 12.0 mL，蒸馏水 1000 mL，pH（25 ℃）6.8±0.2。

3. 制法　除指示剂以外的成分溶解于水，调节 pH 至 6.8±0.2，再加入指示剂，分装试管，121 ℃高压灭菌 15 分钟。

4. 试验方法　用新鲜的琼脂培养物接种，于（36±1）℃培养 48 小时，观察结果。阳性者由绿色变为蓝色。

5. 质量控制　此培养基呈绿色，清晰无沉淀。产气肠杆菌阳性，鼠伤寒沙门菌阴性。

（二十三）志贺菌增菌肉汤-新生霉素（shigella broth）

1. 用途　用于志贺菌的选择性增菌培养（GB 4789.5—2012）。

2. 培养基配方

（1）志贺菌增菌肉汤基础　胰蛋白胨 20.0 g，葡萄糖 1.0 g，磷酸氢二钾 2.0 g，磷酸二氢钾 2.0 g，氯化钠 5.0 g，吐温-80（Tween-80）1.5 mL，蒸馏水 1000 mL，pH（25 ℃）7.0±0.2。

（2）新生霉素溶液　新生霉素 25.0 mg，蒸馏水 1000 mL。

3. 制法　将基础各成分加热溶解，调至 pH 7.0±0.2，分装适当的容器，121 ℃灭菌 15 分钟。取出后冷却至 50~55 ℃，加入无菌过滤的新生霉素溶液（0.5 μg/mL），分装

225 mL 备用。

注：如不立即使用，在 2~8 ℃条件下可贮存一个月。

将新生霉素溶解于蒸馏水中，用 0.22 μm 过滤除菌，如不立即使用，在 2~8 ℃条件下可贮存一个月。临用时每 225 mL 志贺菌增菌肉汤加入 5 mL 新生霉素溶液，混匀。

4. 质量控制 此培养基呈淡黄色，清晰无沉淀。志贺菌生长良好，金黄色葡萄球菌生长受抑制。

（二十四）麦康凯（MAC）琼脂

1. 用途 用于志贺菌的分离培养（GB 4789.5—2012）。

2. 培养基配方 蛋白胨 20.0 g，乳糖 10.0 g，3 号胆盐 1.5 g，氯化钠 5.0 g，中性红 0.03 g，结晶紫 0.001 g，琼脂 15.0 g，蒸馏水 1000 mL，pH（25 ℃）7.2 ±0.2。

3. 制法 将以上成分混合加热溶解，冷却至 25 ℃左右校正 pH 至 7.2 ±0.2，分装，121 ℃高压灭菌 15 分钟，冷却至 45~50 ℃，倾注平板。

注：如不立即使用，在 2~8 ℃条件下可贮存两周。

4. 质量控制 此培养基呈红色，清晰无沉淀。志贺菌生长良好，淡粉红色菌落，粪肠球菌生长受抑制。

（二十五）木糖赖氨酸脱氧胆盐（XLD）琼脂

1. 用途 用于志贺菌的选择性分离（GB 4789.5—2012）。

2. 培养基配方 酵母膏 3.0 g，L - 赖氨酸 5.0 g，木糖 3.75 g，乳糖 7.5 g，蔗糖 7.5 g，脱氧胆酸钠 1.0 g，柠檬酸铁铵 0.8 g，硫代硫酸钠 6.8 g，氯化钠 5.0 g，琼脂 15.0 g，酚红 0.08 g，蒸馏水 1000 mL，pH（25 ℃）7.4 ±0.2。

3. 制法 除酚红和琼脂外，将其他成分加入 400 mL 蒸馏水中，煮沸溶解，调节 pH 至 7.4 ±0.2。另将琼脂加入 600 mL 蒸馏水中，煮沸溶解。

将上述两溶液混合均匀后，再加入指示剂，待冷至 50~55 ℃倾注平皿。

注：本培养基不需要高压灭菌，在制备过程中不宜过分加热，避免降低其选择性，贮于室温暗处。本培养基宜于当天制备，第二天使用。

4. 质量控制 此培养基呈红色，清晰无沉淀。鼠伤寒沙门菌呈红色菌落有黑心；宋内志贺菌呈红色菌落；大肠埃希菌呈黄色菌落；金黄色葡萄球菌生长受抑制。

（二十六）志贺菌显色培养基

1. 用途 用于志贺菌的选择性分离和初步鉴别（GB 4789.5—2012）。

2. 培养基配方 基础培养基，蛋白胨 9.0 g，酵母膏粉 3.0 g，氯化钠 5.0 g，糖类 15.0 g，琼脂 15.0 g，酚红 0.1 g，混合色素 2.1 g，抑制剂 2.0 g，添加剂 10.0 g，蒸馏水 1000 mL，pH（25 ℃）6.8 ±0.2，配套试剂 10 g。

3. 制法 将上述成分加热溶解，调节 pH 至 6.8 ±0.2，分装，不需灭菌。用 30 mL 蒸馏水或去离子水溶解 1 瓶配套试剂，充分混匀直至溶液变成淡黄色，使用 0.45 μm 的滤膜过滤除菌，无菌操作加入到已冷却至 50~55 ℃的 970 mL 培养基中，约 50 ℃时，倾注灭菌平板。

注：本培养基不需要高压灭菌，在制备过程中不宜过分加热，避免降低其选择性，贮于室温暗处。如不立即使用，在 2~8 ℃条件下可贮存一周。

4. 质量控制　此培养基呈红色，清晰无沉淀。志贺菌呈白色至粉红色的菌落，周围培养基变为红色；大肠埃希菌呈黄色菌落，有清晰环，无色素沉淀圈；产气肠杆菌呈绿色菌落，无环和沉淀圈；金黄色葡萄球菌生长受抑制。

（二十七）营养琼脂斜面

1. 用途　用于细菌的纯培养（GB 4789.5—2012，GB 4789.10—2016）。

2. 培养基配方　蛋白胨 10.0 g，牛肉膏 3.0 g，氯化钠 5.0 g，琼脂 15.0 g，蒸馏水 1000 mL，pH（25 ℃）7.0 ±0.2。

3. 制法　将除琼脂以外的各成分溶解于蒸馏水内，加入 15% 氢氧化钠溶液约 2 mL，冷却至 25 ℃ 左右校正 pH 至 7.0 ±0.2。加入琼脂，加热煮沸，使琼脂溶化。分装小号试管，每管约 3 mL。于 121 ℃ 灭菌 15 分钟，制成斜面。

4. 质量控制　此培养基呈浅黄色，清晰无沉淀。志贺菌、金黄色葡萄球菌生长良好。

（二十八）葡萄糖铵培养基

1. 用途　用于志贺菌的生化鉴定（GB 4789.5—2012）。

2. 培养基配方　氯化钠 5.0 g，硫酸镁（$MgSO_4 \cdot 7H_2O$）0.2 g，磷酸二氢铵 1.0 g，磷酸氢二钾 1.0 g，葡萄糖 2.0 g，琼脂 20.0 g，0.2% 溴麝香草酚蓝水溶液 40 mL，蒸馏水 1000 mL，pH（25 ℃）6.8 ±0.2。

3. 制法　先将盐类和糖溶解于水内，校正 pH 至 6.8 ±0.2，再加琼脂加热溶解，然后加入指示剂。混合均匀后分装试管，121 ℃ 高压灭菌 15 分钟。制成斜面备用。

4. 试验方法　用接种针轻轻触及培养物的表面，在盐水管内做成极稀的悬液，肉眼观察不到浑浊，以每一接种环内含菌数在 20 ~ 100 之间为宜。将接种环灭菌后挑取菌液接种，同时再以同法接种普通斜面一支作为对照。于（36 ±1）℃ 培养 24 小时。阳性者葡萄糖铵斜面上有正常大小的菌落生长；阴性者不生长，但在对照培养基上生长良好。如在葡萄糖铵斜面生长极微小的菌落可视为阴性结果。

注：容器使用前应用清洁液浸泡。再用清水、蒸馏水冲洗干净，并用新棉花做成棉塞，干热灭菌后使用。如果操作时不注意，有杂质污染时，易造成假阳性的结果。

5. 质量控制　此培养基呈绿色，无絮状物及沉淀。大肠埃希菌阳性，培养基变黄色；志贺菌阴性，培养基不变色。

（二十九）黏液酸盐培养基

1. 用途　用于志贺菌的生化鉴定（GB 4789.5—2012）。

2. 测试肉汤

（1）培养基配方　酪蛋白胨 10.0 g，0.2% 溴麝香草酚蓝水溶液 12 mL，蒸馏水 1000 mL，黏液酸 10.0 g，pH（25 ℃）7.4 ±0.2。

（2）制法　慢慢加入 5 mol/L 氢氧化钠以溶解黏液酸，混匀。其余成分加热溶解，加入上述黏液酸，冷却到 25 ℃ 左右校正 pH 至 7.4 ±0.2，分装试管，每管约 5 mL，于 121 ℃ 高压灭菌 10 分钟。

3. 质控肉汤

（1）培养基配方　酪蛋白胨 10.0 g，0.2% 溴麝香草酚蓝水溶液 12 mL，蒸馏水 1000 mL，pH（25 ℃）7.4 ±0.2。

（2）制法　所有成分加热溶解，冷却到 25 ℃ 左右校正 pH 至 7.4 ±0.2，分装试管，每管约 5 mL，于 121 ℃ 高压灭菌 10 分钟。

4. 试验方法　将待测新鲜培养物接种测试肉汤和质控肉汤，于（36 ±1）℃ 培养 48 小时观察结果，肉汤颜色蓝绿色不变则为阴性结果，黄色或稻草色为阳性结果。

5. 质量控制　此培养基呈蓝绿色，无絮状物及沉淀。测试肉汤大肠埃希菌阳性，培养基变黄色；福氏志贺菌阴性，肉汤颜色蓝绿色不变；质控肉汤大肠埃希菌和福氏志贺菌均为蓝绿色不变。

（三十）7.5% 氯化钠肉汤

1. 用途　用于金黄色葡萄球菌的选择性增菌培养（GB 4789.10—2016）。

2. 培养基配方　蛋白胨 10.0 g，牛肉膏 5.0 g，氯化钠 75.0 g，蒸馏水 1000 mL，pH（25 ℃）7.4 ±0.2。

3. 制法　将上述成分加热溶解，调节 pH 至 7.4 ±0.2，分装，每瓶 225 mL，121 ℃ 高压灭菌 15 分钟。

4. 质量控制　此培养基呈淡黄色，清晰无沉淀。金黄色葡萄球菌生长良好，大肠埃希菌生长受抑制。

（三十一）血琼脂平板

1. 用途　用于金黄色葡萄球菌的溶血鉴别试验（GB 4789.10—2016）。

2. 培养基配方

（1）豆粉琼脂（血琼脂基础）　牛心浸粉 15.0 g，氯化钠 5.0 g，豌豆浸粉 3.0 g，琼脂 15.0 g，蒸馏水 1000 mL，pH（25 ℃）7.5 ±0.2。

（2）血琼脂平板　豆粉琼脂 100 mL，脱纤维羊血（或兔血）5～10 mL。

3. 制法　将豆粉琼脂各成分加热溶解，调节 pH 至 7.5 ±0.2，分装，每瓶 100 mL，121 ℃ 高压灭菌 15 分钟。冷却至 50 ℃，以无菌操作加入脱纤维羊血，摇匀，倾注平板。

4. 质量控制　此培养基呈红色，不透明。金黄色葡萄球菌 β 溶血环，普通大肠埃希菌不溶血。

（三十二）Baird - Parker 琼脂平板

1. 用途　用于金黄色葡萄球菌的选择性计数培养（GB 4789.10—2016）。

2. 培养基配方　胰蛋白胨 10.0 g，牛肉膏 5.0 g，酵母膏 1.0 g，丙酮酸钠 10.0 g，甘氨酸 12.0 g，氯化锂（LiCl·6H$_2$O）5.0 g，琼脂 20.0 g，蒸馏水 950 mL，pH（25 ℃）7.0 ±0.2。

3. 增菌剂的配法　30% 卵黄盐水 50 mL 与通过除菌 0.22 μm 孔径滤膜过滤除菌的 1% 亚碲酸钾溶液 10 mL 混合，保存于冰箱内。

4. 制法　将各成分加到蒸馏水中，加热煮沸至完全溶解，调节 pH 至 7.0 ±0.2。分装每瓶 95 mL，121 ℃ 高压灭菌 15 分钟。临用时加热溶化琼脂，冷至 50 ℃，每 95 mL 加入预热至 50 ℃ 的卵黄亚碲酸钾增菌剂 5 mL，摇匀后倾注平板。培养基应是致密不透明的。使用前在冰箱贮存不得超过 48 小时。

5. 质量控制　此培养基呈黄色，清晰无沉淀，加入增菌剂后，不透明。金黄色葡萄球菌黑色凸起菌落，周围为一浑浊带，在其外层有一透明圈，表皮葡萄球菌黑色菌落，无浑浊带和透明圈，大肠埃希菌生长受抑制。

（三十三）脑心浸出液肉汤（BHI）

1. 用途　用于金黄色葡萄球菌的培养（GB 4789.10—2016）。

2. 培养基配方　胰蛋白胨 10.0 g，氯化钠 5.0 g，磷酸氢二钠（12H$_2$O）2.5 g，葡萄糖 2.0 g，牛心浸出液 500 mL，pH（25 ℃）7.4±0.2。

3. 制法　加热溶解，调节 pH 至 7.4±0.2，分装 16 mm×160 mm 试管，每管 5 mL，121 ℃高压灭菌 15 分钟。

4. 质量控制　此培养基呈黄色，清晰无沉淀。金黄色葡萄球菌生长良好。

（三十四）庖肉培养基

1. 用途　用于肉毒梭菌的增菌培养（GB 4789.12—2016）。

2. 培养基配方　新鲜牛肉 500.0 g，蛋白胨 30.0 g，酵母浸膏 5.0 g，磷酸二氢钠 5.0 g，葡萄糖 3.0 g，可溶性淀粉 2.0 g，蒸馏水 1000 mL，pH（25 ℃）7.4±0.1。

3. 制法　称取新鲜除去脂肪与筋膜的牛肉 500.0 g，切碎，加入蒸馏水 1000 mL 和 1 mol/L 氢氧化钠溶液 25 mL，搅拌煮沸 15 分钟，充分冷却，除去表层脂肪，纱布过滤并挤出肉渣余液，分别收集肉汤和碎肉渣。在肉汤中加入成分表中其他物质并用蒸馏水补足至 1000 mL，调节 pH 至 7.4±0.1，肉渣凉至半干。

在 20 mm×150 mm 试管中先加入碎肉渣 1~2 cm 高，每管加入还原铁粉 0.1~0.2 g 或少许铁屑，再加入配制肉汤 15 mL，最后加入液体石蜡覆盖培养基 0.3~0.4 cm，121 ℃高压蒸汽灭菌 20 分钟。

4. 质量控制　此试剂呈淡黄色，有少量沉淀。肉毒梭菌生长良好，产气。

（三十五）胰蛋白酶胰蛋白胨葡萄糖酵母膏肉汤（TPGYT）

1. 用途　用于肉毒梭菌的增菌培养及毒素试验（GB 4789.12—2016）。

2. 培养基配方

（1）基础成分（TPGY 肉汤）　胰酪胨（trypticase）50.0 g，蛋白胨 5.0 g，酵母浸膏 20.0 g，葡萄糖 4.0 g，硫乙醇酸钠 1.0 g，蒸馏水 1000 mL，pH（25 ℃）7.2±0.1。

（2）胰酶液　称取胰酶（1:250）1.5 g，加入 100 mL 蒸馏水中溶解，膜过滤除菌，4 ℃保存备用。

3. 制法　将基础成分中成分溶于蒸馏水中，调节 pH 至 7.2±0.1，分装 20 mm×150 mm 试管，每管 15 mL，加入液体石蜡覆盖培养基 0.3~0.4 cm，121 ℃高压蒸汽灭菌 10 分钟。冰箱冷藏，两周内使用。临用接种样品时，每管加入胰酶液 1.0 mL。

注：TPGYT 增菌液的毒素试验无须添加胰酶处理。

4. 质量控制　此培养基呈淡黄色，清晰无沉淀。肉毒梭菌生长良好。

（三十六）卵黄琼脂培养基

1. 用途　用于肉毒梭菌的分离与纯化培养（GB 4789.12—2016）。

2. 培养基配方

（1）基础培养基成分　酵母浸膏 5.0 g，胰胨 5.0 g，胨胨（proteose peptone）20.0 g，氯化钠 5.0 g，琼脂 20.0 g，蒸馏水 1000 mL，pH（25 ℃）7.0±0.2。

（2）卵黄乳液　用硬刷清洗鸡蛋 2~3 个，沥干，杀菌消毒表面，无菌打开，取出内容物，弃去蛋白，用无菌注射器吸取蛋黄，放入无菌容器中，加等量无菌生理盐水，充分混合调匀，4 ℃保存备用。

3. 制法　将基础培养基成分中成分溶于蒸馏水中，调节 pH 至 7.0 ± 0.2，分装锥形瓶，121 ℃高压蒸汽灭菌 15 分钟，冷却至 50 ℃左右，按每 100 mL 基础培养基加入 15 mL 卵黄乳液，充分混匀，倾注平板，35 ℃培养 24 小时进行无菌检查后，冷藏备用。

4. 质量控制　此培养基呈淡黄色，清晰无沉淀，加入卵黄乳液后，不透明。肉毒梭菌在菌落周围形成乳色沉淀晕圈，在斜视光下观察，菌落表面呈现珍珠样虹彩，这种光泽区可随蔓延生长扩散到不规则边缘区外的晕圈。

（三十七）含 0.6% 酵母浸膏的胰酪胨大豆肉汤（TSB – YE）

1. 用途　用于李斯特菌的增菌培养（GB 4789.30—2016）。

2. 培养基配方　胰胨 17.0 g，多价胨 3.0 g，酵母膏 6.0 g，氯化钠 5.0 g，磷酸氢二钾 2.5 g，葡萄糖 2.5 g，蒸馏水 1000 mL，pH（25 ℃）7.2 ± 0.2。

3. 制法　将上述各成分加热搅拌溶解，调节 pH 至 7.2 ± 0.2，分装，121 ℃高压灭菌 15 分钟，备用。

4. 质量控制　此培养基呈黄色，清晰无沉淀，李斯特菌生长良好。

（三十八）含 0.6% 酵母浸膏的胰酪胨大豆琼脂（TSA – YE）

1. 用途　用于李斯特菌的分离与培养（GB 4789.30—2016）。

2. 培养基配方　胰胨 17.0 g，多价胨 3.0 g，酵母膏 6.0 g，氯化钠 5.0 g，磷酸氢二钾 2.5 g，葡萄糖 2.5 g，琼脂 15.0 g，蒸馏水 1000 mL，pH（25 ℃）7.2 ± 0.2。

3. 制法　将上述各成分加热搅拌溶解，调节 pH 至 7.2 ± 0.2，分装，121 ℃高压灭菌 15 分钟，备用。

4. 质量控制　此培养基呈黄色，清晰无沉淀，李斯特菌生长良好。

（三十九）李氏增菌肉汤（LB$_1$，LB$_2$）

1. 用途　用于李斯特菌的选择性增菌培养（GB 4789.30—2016）。

2. 培养基配方

（1）基础配方　胰胨 5.0 g，多价胨 5.0 g，酵母膏 5.0 g，氯化钠 5.0 g，磷酸二氢钾 1.4 g，磷酸氢二钠 12.0 g，七叶苷 1.0 g，蒸馏水 1000 mL，pH（25 ℃）7.2 ± 0.2。

（2）李氏 Ⅰ 液（LB$_1$）225 mL 中加入　1% 萘啶酮酸（用 0.05 mol/L 氢氧化钠溶液配制）0.5 mL，1% 吖啶黄（用无菌蒸馏水配制）0.3 mL。

（3）李氏 Ⅱ 液（LB$_2$）200 mL 中加入　1% 萘啶酮酸 0.4 mL，1% 吖啶黄 0.5 mL。

3. 制法　将基础配方中上述各成分加热搅拌溶解，调节 pH 至 7.2 ± 0.2，分装，121 ℃高压灭菌 15 分钟，等冷却至室温，可加入上述对应成分分别配制成 LB$_1$ 和 LB$_2$ 培养基。

4. 质量控制　此试剂呈浅黄色，表面有蓝环，清晰无沉淀，李斯特菌生长良好，大肠埃希菌和粪肠球菌生长受抑制。

（四十）PALCAM 琼脂

1. 用途　用于李斯特菌的选择性分离与培养（GB 4789.30—2016）。

2. 培养基配方

（1）基础配方　酵母膏 8.0 g，葡萄糖 0.5 g，七叶苷 0.8 g，柠檬酸铁铵 0.5 g，甘露醇

10.0 g，酚红 0.1 g，氯化锂 15.0 g，酪蛋白胰酶消化物 10.0 g，心胰酶消化物 3.0 g，玉米淀粉 1.0 g，肉胃酶消化物 5.0 g，氯化钠 5.0 g，琼脂 15.0 g，蒸馏水 1000 mL，pH（25 ℃）7.2 ±0.2。

（2）PALCAM 选择性添加剂　多黏菌素 B 5.0 mg，盐酸吖啶黄 2.5 mg，头孢他啶 10.0 mg，无菌蒸馏水 500 mL。

3. 制法　将基础配方中上述各成分加热搅拌溶解，调节 pH 至 7.2 ±0.2，分装，121 ℃ 高压灭菌 15 分钟，等冷却至约 50 ℃，加入 2 mL PALCAM 选择性添加剂，混匀后倾倒在无菌的平皿中，备用。

4. 质量控制　此培养基呈红色，清晰无沉淀，李斯特菌生长良好，大肠埃希菌和粪肠球菌生长受抑制。

（四十一）SIM 动力培养基

1. 用途　用于李斯特菌的鉴定实验（GB 4789.30—2016）。

2. 培养基配方　胰胨 20.0 g，多价胨 6.0 g，硫酸铁铵 0.2 g，硫代硫酸钠 0.2 g，琼脂 3.5 g，蒸馏水 1000 mL，pH（25 ℃）7.2 ±0.2。

3. 制法　将上述各成分加热搅拌溶解，调节 pH 至 7.2 ±0.2，分装小试管，121 ℃ 高压灭菌 15 分钟，备用。

4. 试验方法　挑取纯培养的单个可疑菌落穿刺接种到 SIM 培养基中，于 25 ~30 ℃ 培养 48 小时，观察结果。

5. 质量控制　此培养基呈淡黄色，清晰无沉淀，李斯特菌有动力阳性，呈伞状生长，硫化氢阴性；金黄色葡萄球菌动力阴性，硫化氢阴性；鼠伤寒沙门菌动力阳性，硫化氢阳性。

（四十二）缓冲葡萄糖蛋白胨水

1. 用途　用于细菌的 M.R 和 V.P 试验（GB 4789.30—2016，GB 4789.7—2013，GB 4789.14—2014）。

2. 培养基配方　多胨 7.0 g，葡萄糖 5.0 g，磷酸氢二钾 5.0 g，氯化钠 5.0 g，蒸馏水 1000 mL，pH（25 ℃）7.0 ±0.2。

3. 制法　将上述各成分加热搅拌溶解，调节 pH 至 7.2 ±0.2，分装小试管，每管 1 mL，121 ℃ 高压灭菌 15 分钟，备用。

4. 质量控制　此培养基呈淡黄色，清晰无沉淀。细菌生长良好。

（四十三）血琼脂

1. 用途　用于李斯特菌的溶血鉴定实验（GB 4789.30—2016）。

2. 培养基配方　蛋白胨 1.0 g，牛肉膏 0.3 g，氯化钠 0.5 g，琼脂 1.5 g，蒸馏水 100 mL，脱纤维羊血 5 ~8 mL，pH（25 ℃）7.3 ±0.2。

3. 制法　除新鲜脱纤维羊血外，将上述各成分加热搅拌溶解，调节 pH 至 7.3 ±0.2，121 ℃ 高压灭菌 15 分钟，冷到约 50 ℃，以无菌操作加入新鲜脱纤维羊血，摇匀，倾注平板。

4. 试验方法　挑取纯培养的单个可疑菌落点种接种到培养基中，于 25 ~30 ℃ 培养 48 小时，观察结果。

5. 质量控制 此培养基呈红色，清晰无沉淀，单核细胞增生李斯特菌阳性，菌落周围有窄小 β 溶血环；英诺克李斯特菌阴性，菌落周围无溶血环。

（四十四）李斯特菌显色培养基

1. 用途 用于分离和初步鉴别单增李斯特菌和其他李斯特菌（GB 4789.30—2016）。

2. 培养基配方

（1）基础配方 蛋白胨 28.0 g，胰酪胨 6.0 g，琼脂粉 15.0 g，氯化钠 5.0 g，色素 2.1 g，抑制剂 15.0 g，蒸馏水 1000 mL，pH（25 ℃）7.0±0.2。

（2）配套试剂 A。

（3）配套试剂 B。

3. 制法 将基础配方中上述各成分加热搅拌溶解，调节 pH 至 7.0±0.2，分装，121 ℃ 高压灭菌 15 分钟；冷至约 50 ℃，备用。配套试剂 A：称取 2 g 加入 40 mL 冷的蒸馏水充分混匀成均一悬浊液，15 分钟高压蒸汽灭菌，冷至约 50 ℃，备用。配套试剂 B：每支加入 1 mL 无菌蒸馏水充分溶解。将配套试剂 A 和 B 加入 100 mL 基础中充分混匀倾注平板，备用。

4. 质量控制 此培养基呈淡黄色，清晰无沉淀，加配套试剂后，有少量沉淀不透明，单核细胞增生李斯特菌，蓝绿色光滑规则小菌落，周围有乳白色脂肪沉淀环；英诺克李斯特菌，蓝绿色光滑规则小菌落；大肠埃希菌和粪肠球菌生长受抑制。

（四十五）3%氯化钠碱性蛋白胨水

1. 用途 用于副溶血性弧菌增菌培养（GB 4789.7—2013）。

2. 培养基配方 蛋白胨 10.0 g，氯化钠 30.0 g，蒸馏水 1000 mL，pH（25 ℃）8.5±0.2。

3. 制法 将上述成分溶于蒸馏水中，调节 pH 至 8.5±0.2，分装后，121 ℃ 高压灭菌 10 分钟。

4. 质量控制 此培养基呈淡黄色，清晰无沉淀。副溶血性弧菌生长良好。

（四十六）硫代硫酸盐-柠檬酸盐-胆盐-蔗糖（TCBS）琼脂

1. 用途 用于肠道致病性弧菌特别是霍乱弧菌和副溶血性弧菌的选择性分离培养（GB 4789.7—2013）。

2. 培养基配方 酵母膏粉 5.0 g，多价蛋白胨 10.0 g，氯化钠 10.0 g，柠檬酸钠 10.0 g，硫代硫酸钠 10.0 g，胆酸钠 3.0 g，牛胆汁粉 5.0 g，蔗糖 20.0 g，柠檬酸铁 1.0 g，琼脂 15.0 g，溴麝香草酚蓝 0.04 g，麝香草酚蓝 0.04 g，蒸馏水 1000 mL，pH（25 ℃）8.6±0.2。

3. 制法 将上述成分溶于蒸馏水中，调节 pH 至 8.6±0.2，分装后，加热煮沸至完全溶解。冷至 50 ℃ 左右倾注平板，备用。

4. 质量控制 此培养基呈绿色，无絮状物及沉淀。霍乱弧菌和副溶血性弧菌生长良好，大肠埃希菌生长受抑制。

（四十七）弧菌显色培养基

1. 用途 用于水产品及食物中毒样品中弧菌特别是副溶血性弧菌的分离和鉴定（GB 4789.7—2013）。

2. 培养基配方 蛋白胨 18.8 g，酵母膏粉 5.0 g，氯化钠 10.0 g，蔗糖 20.0 g，抑菌剂

1.5 g，琼脂13.0 g，混合色素3.0 g，蒸馏水1000 mL，pH（25 ℃）9.0±0.2。

3. 制法　将上述成分溶于蒸馏水中，调节pH至9.0±0.2，分装后，加热煮沸至完全溶解。冷至50 ℃左右倾注平板，备用。

4. 质量控制　此培养基呈淡黄色，清晰无沉淀。副溶血性弧菌菌落呈紫红色；霍乱弧菌菌落呈蓝绿色；大肠埃希菌和粪肠球菌生长受抑制。

（四十八）3%氯化钠胰蛋白胨大豆琼脂

1. 用途　用于副溶血性弧菌的生长试验（GB 4789.7—2013）。

2. 培养基配方　胰蛋白胨15.0 g，大豆蛋白胨5.0 g，氯化钠30.0 g，琼脂15.0 g，蒸馏水1000 mL，pH（25 ℃）7.3±0.2。

3. 制法　将上述成分溶于蒸馏水中，调节pH至7.3±0.2，分装后，121 ℃高压灭菌15分钟。

4. 质量控制　此培养基呈淡黄色，清晰无沉淀。副溶血性弧菌生长良好。

（四十九）3%氯化钠三糖铁琼脂

1. 用途　用于鉴别副溶血性弧菌的生化反应（GB 4789.7—2013）。

2. 培养基配方　蛋白胨20.0 g，牛肉膏粉3.0 g，乳糖10.0 g，蔗糖10.0 g，葡萄糖1.0 g，氯化钠30.0 g，硫酸亚铁0.5 g，硫代硫酸钠0.5 g，琼脂12.0 g，酚红24.0 mg，蒸馏水1000 mL，pH（25 ℃）7.4±0.2。

3. 制法　将上述成分溶于蒸馏水中，调节pH至7.4±0.2。分装到适当容量的试管中。121 ℃高压灭菌15分钟。制成高层斜面，斜面长4~5 cm，高层深度为2~3 cm。

4. 质量控制　此培养基呈红色，清晰无沉淀。副溶血性弧菌斜面变红，底部变黄；溶藻弧菌斜面和底部均变黄。

（五十）我妻血琼脂

1. 用途　用于副溶血性弧菌的神奈川试验（GB 4789.7—2013）。

2. 培养基配方

（1）基础培养基成分　酵母膏粉3.0 g，蛋白胨10.0 g，氯化钠70.0 g，磷酸氢二钾5.0 g，甘露醇10.0 g，结晶紫1.0 mg，琼脂15.0 g，蒸馏水950 mL，pH（25 ℃）8.0±0.2。

（2）添加试剂成分　兔血红细胞（含抗凝剂）50 mL。

3. 制法　将上述成分溶于蒸馏水中，搅拌加热煮沸至完全溶解，调节pH至8.0±0.2。加热至100 ℃，保持30分钟，冷至45~50 ℃，与50 mL预先洗涤的新鲜人或兔红细胞（含抗凝血剂）混合，倾注平板。彻底干燥平板，尽快使用。

4. 质量控制　此培养基呈红色，无絮状物及沉淀。副溶血性弧菌ATCC 33847有溶血现象；副溶血性弧菌ATCC 17802无溶血现象。

（五十一）嗜盐性试验培养基

1. 用途　用于鉴别副溶血性弧菌的嗜盐性反应（GB 4789.7—2013）。

2. 培养基配方　胰蛋白胨10.0 g，氯化钠按不同量加入，蒸馏水1000 mL，pH（25 ℃）7.2±0.2。

3. 制法　将上述成分溶于蒸馏水中，调节pH至7.2±0.2。共配制5瓶，每瓶100 mL。

每瓶分别加入不同量的氯化钠：0、3、6、8、10 g。分装试管，121 ℃高压灭菌15分钟。

4. 质量控制 此培养基呈淡黄色，清晰无沉淀。副溶血性弧菌在不加及10 g时不生长，其余浓度生长；霍乱弧菌在不加时生长；溶藻弧菌10 g时生长。

（五十二）3%氯化钠甘露醇试验培养基

1. 用途 用于鉴别副溶血性弧菌的生化反应（GB 4789.7—2013）。

2. 培养基配方 蛋白胨10.0 g，牛肉膏5.0 g，氯化钠30.0 g，磷酸氢二钠（$Na_2HPO_4 \cdot 12H_2O$）2.0 g，溴麝香草酚蓝0.024 g，蒸馏水1000 mL，pH（25 ℃）7.4±0.2。

3. 制法 将上述成分溶于蒸馏水中，调节pH至7.4±0.2。分装每瓶100 mL，121 ℃高压灭菌10分钟。另配10%甘露醇溶液，同时高压灭菌。将5 mL糖溶液加入于100 mL培养基内，以无菌操作分装小试管。

4. 试验方法 从琼脂斜面上挑取培养物接种，于（36±1）℃培养不少于24小时，观察结果。甘露醇阳性者培养物呈黄色，阴性者为绿色或蓝色。

5. 质量控制 此培养基呈蓝绿色，清晰无沉淀。副溶血性弧菌阳性；普通变形杆菌阴性。

（五十三）3%氯化钠赖氨酸脱羧酶试验培养基

1. 用途 用于鉴别副溶血性弧菌的生化反应（GB 4789.7—2013）。

2. 培养基配方 蛋白胨5.0 g，酵母浸膏3.0 g，葡萄糖1.0 g，溴甲酚紫0.02 g，L–赖氨酸5.0 g，氯化钠30.0 g，蒸馏水1000 mL，pH（25 ℃）6.8±0.2。

3. 制法 除赖氨酸以外的成分溶于蒸馏水中，调节pH至6.8±0.2。再按0.5%的比例加入赖氨酸，对照培养基不加赖氨酸。分装小试管，每管0.5 mL，121 ℃高压灭菌15分钟。

4. 试验方法 从琼脂斜面上挑取培养物接种，于（36±1）℃培养不少于24小时，观察结果。赖氨酸脱羧酶阳性者由于产碱中和葡萄糖产酸，故培养基仍应呈紫色。阴性者无碱性产物，但因葡萄糖产酸而使培养基变为黄色。对照管应为黄色。

5. 质量控制 此培养基呈紫色，清晰无沉淀。副溶血性弧菌阳性；普通变形杆菌阴性。

（五十四）3%氯化钠M.R–V.P培养基

1. 用途 用于副溶血性弧菌的V.P试验（GB 4789.7—2013）。

2. 培养基配方 多胨7.0 g，葡萄糖5.0 g，磷酸氢二钾5.0 g，氯化钠30.0 g，蒸馏水1000 mL，pH（25 ℃）6.9±0.2。

3. 制法 将上述各成分加热搅拌溶解，调节pH至6.9±0.2，分装小试管，每管1 mL，121 ℃高压灭菌15分钟，备用。

4. 质量控制 此培养基呈淡黄色，清晰无沉淀。副溶血性弧菌生长良好，滴加V.P试剂后，副溶血性弧菌阴性；溶藻弧菌阳性。

（五十五）ONPG试剂

1. 用途 用于细菌的β–D–半乳糖苷酶试验（GB 4789.7—2013）。

2. 培养基配方

（1）缓冲液 磷酸二氢钠（$NaH_2PO_4 \cdot H_2O$）6.9 g，蒸馏水50 mL，pH（25 ℃）7.0±0.2。

（2）ONPG 溶液　邻硝基酚 – β – D – 半乳糖苷（ONPG）0.08 g，蒸馏水 15.0 mL，缓冲液 5.0 mL。

3. 制法　将磷酸二氢钠溶于蒸馏水中，校正 pH 至 7.0。缓冲液置 2 ~ 5 ℃冰箱保存。将 ONPG 在 37 ℃的蒸馏水中溶解，加入缓冲液。ONPG 溶液置冰箱保存，试验前，将所需用量的 ONPG 溶液加热至 37 ℃。

4. 试验方法　将待检培养物接种 3% 氯化钠三糖铁琼脂，（36 ±1）℃培养 18 小时。挑取 1 满环新鲜培养物接种于 0.25 mL 3% 氯化钠溶液，在通风橱中，滴加 1 滴甲苯，摇匀后置 37 ℃水浴 5 分钟。加 0.25 mL ONPG 溶液，（36 ±1）℃培养观察 24 小时。阳性结果呈黄色。阴性结果则 24 小时不变色。

5. 质量控制　此培养基呈淡黄色，清晰无沉淀。副溶血性弧菌阴性；霍乱弧菌阳性。

（五十六）改良月桂基硫酸盐胰蛋白胨肉汤 – 万古霉素（mLST – Vm）

1. 用途　用于克罗诺杆菌（阪崎肠杆菌）的选择性增菌培养（GB 4789.40—2016）。

2. 培养基配方

（1）基础培养基　氯化钠 34.0 g，胰蛋白胨 20.0 g，乳糖 5.0 g，磷酸二氢钾 2.75 g，磷酸氢二钾 2.75 g，十二烷基硫酸钠 0.1 g，蒸馏水 1000 mL，pH（25 ℃）6.8 ±0.2。

（2）万古霉素溶液　万古霉素 10.0 mg，蒸馏水 10 mL。

3. 制法　将上述基础培养基成分溶于蒸馏水中，加热搅拌至溶解，调节 pH 至 6.8 ± 0.2，分装每管 10 mL，121 ℃高压灭菌 15 分钟，备用。10.0 mg 万古霉素溶解于 10.0 mL 蒸馏水，过滤除菌。万古霉素溶液可以在 0 ~ 5 ℃保存 15 天。把冷却至约 50 ℃的每 10 mL mLST 加入万古霉素溶液 0.1 mL，混合液中万古霉素的终浓度为 10 μg/mL。

注：mLST – Vm 必须在 24 小时之内使用。

4. 质量控制　此培养基呈淡黄色，清晰无沉淀。克罗诺杆菌（阪崎肠杆菌）生长良好，粪肠球菌生长受抑制。

（五十七）胰蛋白胨大豆琼脂（TSA）

1. 用途　用于克罗诺杆菌（阪崎肠杆菌）的培养及产色素实验（GB 4789.40—2016）。

2. 培养基配方　胰蛋白胨 15.0 g，植物蛋白胨 5.0 g，氯化钠 5.0 g，琼脂 15.0 g，蒸馏水 1000 mL，pH（25 ℃）7.3 ±0.2。

3. 制法　将上述成分溶于蒸馏水中，加热搅拌至溶解，煮沸 1 分钟，调节 pH 至 7.3 ± 0.2，121 ℃高压灭菌 15 分钟，备用。

4. 质量控制　此培养基呈淡黄色，清晰无沉淀。克罗诺杆菌（阪崎肠杆菌）生长良好，产黄色色素。

（五十八）糖类发酵培养基

1. 用途　用于克罗诺杆菌（阪崎肠杆菌）的糖类发酵实验（GB 4789.40—2016）。

2. 培养基配方

（1）基础培养基　酪蛋白（酶消化）10.0 g，氯化钠 3.0 g，酚红 0.02 g，蒸馏水 1000 mL，pH（25 ℃）6.8 ±0.2。

（2）糖类溶液（D – 山梨醇、L – 鼠李糖、D – 蔗糖、D – 蜜二糖、苦杏仁苷）　糖 8.0 g，蒸馏水 100 mL。

（3）完全培养基　基础培养基 875 mL，糖类溶液 125 mL。

3. 制法　将基础培养基各成分加热溶解，必要时调节 pH 至 6.8 ± 0.2。每管分装 5 mL。121 ℃高压 15 分钟。分别称取 D－山梨醇、L－鼠李糖、D－蔗糖、D－蜜二糖、苦杏仁苷等糖类成分各 8 g，溶于 100 mL 蒸馏水中，过滤除菌，制成 80 mg/mL 的糖类溶液。无菌操作，将每种糖类溶液加入基础培养基，混匀；分装到无菌试管中，每管 10 mL。

4. 试验方法　挑取培养物接种于各种糖类发酵培养基，刚好在液体培养基的液面下。（30 ± 1）℃培养（24 ± 2）小时，观察结果。糖类发酵试验阳性者，培养基呈黄色，阴性者为红色。

5. 质量控制　此培养基呈红色，清晰无沉淀。

（五十九）西蒙柠檬酸盐培养基

1. 用途　用于细菌的柠檬酸盐利用实验（GB 4789.5—2012，GB 4789.40—2016，GB 4789.14—2014）。

2. 培养基配方　柠檬酸钠 1.0 ~ 5.0 g，氯化钠 5.0 g，磷酸氢二钾 1.0 g，磷酸二氢铵 1.0 g，硫酸镁 0.2 g，溴百里香酚蓝 0.08 g，琼脂 12.0 ~ 18.0 g，蒸馏水 1000 mL，pH（25 ℃）6.8 ± 0.2。

3. 制法　将各成分加热溶解，必要时调节 pH 至 6.8 ± 0.2。每管分装 10 mL，121 ℃高压 15 分钟，制成斜面。

4. 试验方法　挑取培养物接种于整个培养基斜面，（36 ± 1）℃培养（24 ± 2）小时，观察结果。阳性者培养基变为蓝色。

5. 质量控制　此培养基呈绿色，清晰无沉淀。克罗诺杆菌阳性，宋内志贺菌阴性。

（六十）阪崎肠杆菌显色培养基

1. 用途　供婴儿乳粉以及其他食品中克罗诺杆菌（阪崎肠杆菌）的鉴定和计数（GB 4789.40—2016）。

2. 培养基配方　胰蛋白胨 15.0 g，氯化钠 5.0 g，柠檬酸铁铵 1.0 g，脱氧胆酸钠 1.0 g，硫代硫酸钠 1.0 g，5－溴－4－氯－3－吲哚－a－D－葡萄糖苷 0.1 g，琼脂 15.0 g，蒸馏水 1000 mL，pH（25 ℃）7.3 ± 0.2。

3. 制法　将上述成分溶于蒸馏水中，调节 pH 至 7.3 ± 0.2，分装后，加热煮沸至完全溶解，121 ℃高压 15 分钟。冷至 50 ℃左右倾注平板，备用。

4. 质量控制　此培养基呈黄色，清晰无沉淀。阪崎肠杆菌菌落呈蓝绿色；普通变形杆菌菌落呈灰黑色；大肠埃希菌呈无色菌落；粪肠球菌生长受抑制。

（六十一）胰酪胨大豆多黏菌素肉汤

1. 用途　可广泛应用于细菌的培养，特别用于蜡样芽孢杆菌的多管发酵法测定（GB 4789.14—2014）。

2. 培养基配方

（1）基础培养基成分　胰蛋白胨 17.0 g，植物蛋白胨 3.0 g，氯化钠 5.0 g，磷酸氢二钾 2.5 g，葡萄糖 2.5 g，蒸馏水 1000 mL，pH（25 ℃）7.3 ± 0.2。

（2）添加试剂成分　多黏菌素 B 100 000 IU。

3. 制法　将基础培养基各成分加入于蒸馏水中，加热溶解，校正 pH 至 7.3 ± 0.2，121 ℃

高压灭菌15分钟。临用时加入多黏菌素B溶液混匀即可。

多黏菌素B溶液：在50 mL灭菌蒸馏水中溶解500 000 IU的无菌硫酸盐多黏菌素B。

4. 质量控制　此培养基呈淡黄色，清晰无沉淀。蜡样芽孢杆菌生长良好；大肠埃希菌生长受抑制。

（六十二）甘露醇卵黄多黏菌素（MYP）琼脂

1. 用途　用于蜡样芽孢杆菌的菌数测定及分离培养（GB 4789.14—2014）。

2. 培养基配方

（1）基础培养基成分　蛋白胨10.0 g，牛肉膏粉1.0 g，D-甘露醇10.0 g，氯化钠10.0 g，琼脂15.0 g，酚红26.0 mg，蒸馏水1000 mL，pH（25 ℃）7.3±0.1。

（2）添加试剂成分　多黏菌素B 100 000 IU，50%卵黄液50 mL。

3. 制法　将基础培养基各成分加入于950 mL蒸馏水中，加热溶解，校正pH至7.3±0.1，加入酚红溶液。分装，每瓶95 mL，121 ℃高压灭菌15分钟。临用时加热溶化琼脂，冷却至50 ℃，每瓶加入50%卵黄液5 mL和浓度为10 000 IU的多黏菌素B溶液1 mL，混匀后倾注平板。

50%卵黄液：取鲜鸡蛋，用硬刷将蛋壳彻底洗净，沥干，于70%乙醇溶液中浸泡30分钟。用无菌操作取出卵黄，加入等量灭菌生理盐水，混匀后备用。

多黏菌素B溶液：在50 mL灭菌蒸馏水中溶解500 000 IU的无菌硫酸盐多黏菌素B。

4. 质量控制　此培养基呈橙红色，不透明。蜡样芽孢杆菌粉红色菌落，周围有较大沉淀环；枯草芽孢杆菌黄色菌落，无沉淀环；大肠埃希菌生长受抑制。

（六十三）营养琼脂

1. 用途　一般细菌总数测定，保存菌种及纯培养以及根状生长试验（GB 4789.14—2014）。

2. 培养基配方　胨10.0 g，牛肉浸出粉3.0 g，氯化钠5.0 g，琼脂14.0 g，蒸馏水1000 mL，pH（25 ℃）7.2±0.2。

3. 制法　将除琼脂以外的各成分溶解于蒸馏水内，校正pH至7.2±0.2。加入琼脂，加热煮沸，使琼脂溶化。分装，121 ℃高压灭菌15分钟，备用。

4. 质量控制　此培养基呈淡黄色，清晰无沉淀。蕈状芽孢杆菌呈根状生长的特征；蜡样芽孢杆菌菌株呈粗糙山谷状生长的特征。

（六十四）胰酪胨大豆羊血（TSSB）琼脂

1. 用途　用于营养要求较高的细菌的培养及溶血试验（GB 4789.14—2014）。

2. 培养基配方

（1）基础培养基成分　胰酪胨（或酪蛋白胨）15.0 g，植物蛋白胨（或大豆蛋白胨）5.0 g，氯化钠5.0 g，无水磷酸氢二钾2.5 g，葡萄糖2.5 g，琼脂15.0 g，蒸馏水1000 mL，pH（25 ℃）7.2±0.2。

（2）添加试剂成分　无菌脱纤维羊血50~100 mL。

3. 制法　将基础培养基各成分于蒸馏水中加热溶解。校正pH至7.2±0.2，分装每瓶100 mL。121 ℃高压灭菌15分钟。水浴中冷却至45~50 ℃，每100 mL加入5~10 mL无菌脱纤维羊血，混匀后倾注平板，备用。

4. 质量控制 此培养基呈红色，不透明。蜡样芽孢杆菌菌落周围有 β 溶血环；巨大芽孢杆菌不溶血。

（六十五）硫酸锰营养琼脂培养基

1. 用途 用于蜡样芽孢杆菌鉴定中蛋白质毒素结晶体试验（GB 4789.14—2014）。

2. 培养基配方 胰蛋白胨 5.0 g，葡萄糖 5.0 g，酵母浸粉 5.0 g，硫酸锰（$MnSO_4 \cdot H_2O$）30.8 mg，琼脂 15.0 g，蒸馏水 1000 mL，pH（25 ℃）7.2 ± 0.2。

3. 制法 将各成分溶解于蒸馏水。校正 pH 至 7.2 ± 0.2。121 ℃高压灭菌 15 分钟，备用。

4. 质量控制 此培养基呈淡黄色，清晰无沉淀。短小芽孢杆菌和枯草芽孢杆菌黑色变种芽孢形成 90% 以上。

（六十六）酪蛋白琼脂

1. 用途 用于蜡样芽孢杆菌鉴定中酪蛋白酶试验（GB 4789.14—2014）。

2. 培养基配方 酪蛋白 10.0 g，牛肉粉 3.0 g，无水磷酸氢二钠 2.0 g，氯化钠 2.0 g，琼脂 15.0 g，蒸馏水 1000 mL，0.4% 溴麝香草酚蓝溶液 12.5 mL，pH（25 ℃）7.4 ± 0.2。

3. 制法 除溴麝香草酚蓝溶液外，各成分溶于蒸馏水中加热溶解（酪蛋白不会溶解）。校正 pH 至 7.4 ± 0.2，加入溴麝香草酚蓝溶液，121 ℃高压灭菌 15 分钟后倾注平板。

4. 试验方法 用接种环挑取可疑菌落，接种于酪蛋白琼脂培养基上，（36 ± 1）℃培养（48 ± 2）小时，阳性反应菌落周围培养基应出现澄清透明区（表示产生酪蛋白酶）。阴性反应时应继续培养 72 小时再观察。

5. 质量控制 此培养基呈绿色，有白色粉末沉淀。蜡样芽孢杆菌菌落周围有透明圈，培养基颜色由绿变蓝；大肠埃希菌菌落周围没有透明圈，培养基由绿变蓝。

（六十七）动力培养基

1. 用途 用于鉴定细菌的动力试验（GB 4789.14—2014）。

2. 培养基配方 胰酪胨（或酪蛋白胨）10.0 g，酵母粉 2.5 g，葡萄糖 5.0 g，无水磷酸氢二钠 2.5 g，琼脂 3.0 ~ 5.0 g，蒸馏水 1000.0 mL，pH（25 ℃）7.0 ± 0.2。

3. 制法 将上述各成分溶解于蒸馏水。校正 pH 至 7.2 ± 0.2，加热溶解。分装每管 2 ~ 3 mL，115 ℃高压灭菌 20 分钟，备用。

4. 试验方法 用接种针挑取培养物穿刺接种于动力培养基中，（30 ± 1）℃培养（48 ± 2）小时。蜡样芽孢杆菌应沿穿刺线呈扩散生长，而蕈状芽孢杆菌常常呈绒毛状生长，形成蜂巢状扩散。动力试验也可用悬滴法检查。蜡样芽孢杆菌和苏云金芽孢杆菌通常运动极为活泼，而炭疽杆菌则不运动。

5. 质量控制 此培养基呈淡黄色，清晰无沉淀。蜡样芽孢杆菌动力阳性；炭疽杆菌动力阴性。

（六十八）硝酸盐肉汤

1. 用途 用于鉴定蜡样芽孢杆菌利用硝酸盐的试验（GB 4789.14—2014）。

2. 培养基配方 蛋白胨 5.0 g，硝酸钾 1.0 g，蒸馏水 1000 mL，pH（25 ℃）7.4 ± 0.2。

3. 制法 将上述各成分溶解于蒸馏水。校正 pH 至 7.4 ± 0.2，分装每管 5 mL，121 ℃

高压灭菌 15 分钟。

硝酸盐还原试剂　甲液：将对氨基苯磺酸 0.8 g 溶解于 2.5 mol/L 乙酸溶液 100 mL 中。

乙液：将甲萘胺 0.5 g 溶解于 2.5 mol/L 乙酸溶液 100 mL 中。

4. 试验方法　接种后在（36±1）℃培养 24～72 小时。加甲液和乙液各 1 滴，观察结果，阳性反应立即或数分钟内显红色。如为阴性，可再加入锌粉少许，如出现红色，表示硝酸盐未被还原，为阴性。反之，则表示硝酸盐已被还原，为阳性。

5. 质量控制　此培养基呈无色，清晰无沉淀。蜡样芽孢杆菌阳性，硝酸盐阴性不动杆菌阴性。

（六十九）明胶培养基

1. 用途　用于鉴定蜡样芽孢杆菌明胶酶的试验（GB 4789.14—2014）。

2. 培养基配方　蛋白胨 5.0 g，牛肉粉 3.0 g，明胶 120.0 g，蒸馏水 1000.0 mL，pH（25 ℃）7.5±0.1。

3. 制法　将上述成分混合，置流动蒸汽灭菌器内，加热溶解，校正 pH 至 7.5±0.1，过滤。分装试管，121 ℃高压灭菌 10 分钟，备用。

4. 试验方法　挑取可疑菌落接种于明胶培养基，（36±1）℃培养（24±2）小时，取出，2～8 ℃放置 30 分钟，取出，观察明胶液化情况。

5. 质量控制　此培养基呈淡黄色，少量沉淀。蜡样芽孢杆菌阳性；大肠埃希菌阴性。

（七十）溶菌酶营养肉汤

1. 用途　用于鉴定蜡样芽孢杆菌溶菌酶耐性试验（GB 4789.14—2014）。

2. 培养基配方　牛肉粉 3.0 g，蛋白胨 5.0 g，蒸馏水 990 mL，0.1% 溶菌酶溶液 10.0 mL，pH（25 ℃）6.8±0.1。

3. 制法　除溶菌酶溶液外，将上述成分溶解于蒸馏水。校正 pH 至 6.8±0.1，分装每瓶 99 mL。121 ℃高压灭菌 15 分钟。每瓶加入 0.1% 溶菌酶溶液 1 mL，混匀后分装灭菌试管，每管 2.5 mL。0.1% 溶菌酶溶液配制：在 65 mL 灭菌的 0.1 mol/L 盐酸中加入 0.1 g 溶菌酶，隔水煮沸 20 分钟溶解后，再用灭菌的 0.1 mol/L 盐酸稀释至 100 mL。或者称取 0.1 g 溶菌酶溶于 100 mL 的无菌蒸馏水后，用孔径为 0.45 μm 硝酸纤维膜过滤。使用前测试是否无菌。

4. 试验方法　用接种环取纯菌悬液一环，接种于溶菌酶肉汤中，（36±1）℃培养 24 小时。蜡样芽孢杆菌在本培养基（含 0.001% 溶菌酶）中能生长。如出现阴性反应，应继续培养 24 小时。

5. 质量控制　此培养基呈淡黄色。蜡样芽孢杆菌生长良好；巨大芽孢杆菌不生长。

（七十一）Bolton 肉汤

1. 用途　用于空肠弯曲菌选择性增菌培养（GB 4789.9—2014）。

2. 培养基配方

（1）基础培养基成分　动物组织酶解物 10.0 g，乳白蛋白水解物 5.0 g，酵母浸粉 5.0 g，氯化钠 5.0 g，丙酮酸钠 0.5 g，偏亚硫酸氢钠 0.5 g，碳酸钠 0.6 g，α-酮戊二酸 1.0 g，蒸馏水 1000 mL，pH（25 ℃）7.4±0.2。

（2）添加试剂成分　头孢哌酮 0.02 g，万古霉素 0.02 g，三甲氧苄胺嘧啶乳酸盐

0.02 g，两性霉素 B 0.01 g，多黏菌素 B 0.01 g，乙醇－灭菌水（50∶50，*V/V*）5.0 mL，无菌裂解脱纤维绵羊或马血 50 mL。

3. 制法 将基础培养基各成分于蒸馏水中，121 ℃灭菌 15 分钟。当基础培养基的温度约为 45 ℃左右时，无菌加入绵羊或马血和经 0.22 μm 滤膜过滤除菌的抗生素溶液，混匀，将完全培养基的 pH 调至 7.4 ± 0.2（25 ℃），将培养基无菌分装至合适的试管或锥形瓶中备用。配制的增菌液在常温下放置不得超过 4 小时，或在 4 ℃左右避光保存不得超过 7 天。

无菌裂解脱纤维绵羊或马血：对无菌脱纤维绵羊或马血通过反复冻融进行裂解或使用皂角苷进行裂解。

4. 质量控制 此培养基呈黄色，清晰无沉淀，加血后红色不透明。空肠弯曲菌生长良好；金黄色葡萄球菌、大肠埃希菌和酿酒酵母生长受抑制。

（七十二）改良 CCD 琼脂

1. 用途 用于空肠弯曲菌的选择性分离培养（GB 4789.9—2014）。

2. 培养基配方

（1）基础培养基成分 肉浸粉 10.0 g，动物组织酶解物 10.0 g，氯化钠 5.0 g，木炭 4.0 g，酪蛋白酶解物 3.0 g，去氧胆酸钠 1.0 g，硫酸亚铁 0.25 g，丙酮酸钠 0.25 g，蒸馏水 1000 mL，琼脂 12.0 g，pH（25 ℃）7.4 ± 0.2。

（2）添加试剂成分 头孢哌酮 0.032 g，两性霉素 B 0.01 g，利福平 0.01 g，乙醇－灭菌水（50∶50，*V/V*）5.0 mL。

3. 制法 将基础培养基各成分于蒸馏水中加热溶解，分装至合适的锥形瓶内，121 ℃灭菌 15 分钟。当基础培养基的温度约为 45 ℃左右时，加入抗生素溶液，混匀。将完全培养基的 pH 调至 7.4 ± 0.2（25 ℃）。倾注约 15 mL 于无菌平皿中，静置至培养基凝固。使用前需预先干燥平板。可将平皿盖打开，使培养基面朝下，置于干燥箱中约 30 分钟，直到琼脂表面没有可见潮湿。预先制备的平板未干燥时在室温放置不得超过 4 小时，或在 4 ℃左右冷藏不得超过 7 天。

4. 质量控制 此培养基呈黑色，不透明。空肠弯曲菌生长良好，为淡灰色，有金属光泽、潮湿、扁平，呈扩散生长的倾向；金黄色葡萄球菌、大肠埃希菌和酿酒酵母生长受抑制。

（七十三）Skirrow 血琼脂

1. 用途 用于空肠弯曲菌的选择性分离培养（GB 4789.9—2014）。

2. 培养基配方

（1）基础培养基成分 蛋白胨 15.0 g，胰蛋白胨 2.5 g，酵母浸粉 5.0 g，氯化钠 5.0 g，琼脂 15.0 g，蒸馏水 1000 mL，pH（25 ℃）7.4 ± 0.2。

（2）FBP 溶液成分 丙酮酸钠 12.5 mg，焦亚硫酸钠 12.5 mg，硫酸亚铁 12.5 mg，蒸馏水 5 mL。

（3）抗生素溶液成分 头孢哌酮 0.032 g，两性霉素 B 0.01 g，利福平 0.01 g，乙醇－灭菌水（50∶50，*V/V*）5.0 mL。

（4）添加试剂成分 无菌脱纤维羊血 50 mL。

3. 制法 将基础培养基各成分于蒸馏水中加热溶解，分装至合适的锥形瓶内，121 ℃

灭菌 15 分钟。当基础培养基的温度约为 45 ℃ 左右时，加入 FBP 溶液、抗生素溶液与冻融的无菌脱纤维绵羊血，混匀。将完全培养基的 pH 调至 7.4 ±0.2（25 ℃）。倾注约 15 mL 于无菌平皿中，静置至培养基凝固。使用前需预先干燥平板。可将平皿盖打开，使培养基面朝下，置于干燥箱中约 30 分钟，直到琼脂表面没有可见潮湿。预先制备的平板未干燥时在室温放置不得超过 4 小时，或在 4 ℃ 左右冷藏不得超过 7 天。

4. 质量控制　此培养基呈黄色，清晰无沉淀，加血后红色不透明。空肠弯曲菌生长良好，第一型可疑菌落为灰色、扁平、湿润有光泽，呈沿接种线向外扩散的倾向；第二型可疑菌落常呈分散凸起的单个菌落，边缘整齐、发亮；金黄色葡萄球菌、大肠埃希菌生长受抑制。

（七十四）哥伦比亚血琼脂

1. 用途　用于营养要求较高的细菌的培养和进行溶血试验，还用于空肠弯曲菌的微需氧和有氧生长试验（GB 4789.9—2014）。

2. 培养基配方

（1）基础培养基成分　动物组织酶解物 23.0 g，玉米淀粉 1.0 g，氯化钠 5.0 g，琼脂 8.0 ～18.0 g，蒸馏水 1000 mL，pH（25 ℃）7.3 ±0.2。

（2）添加试剂成分　无菌脱纤维羊血或兔血 50 mL。

3. 制法　将基础培养基各成分于蒸馏水中加热溶解，分装至合适的锥形瓶内，121 ℃ 灭菌 15 分钟。当基础培养基的温度约为 45 ℃ 左右时，加入冻融的无菌脱纤维绵羊血，混匀。将完全培养基的 pH 调至 7.3 ±0.2（25 ℃）。倾注约 15 mL 于无菌平皿中，静置至培养基凝固。使用前需预先干燥平板。可将平皿盖打开，使培养基面朝下，置于干燥箱中约 30 分钟，直到琼脂表面没有可见潮湿。预先制备的平板未干燥时在室温放置不得超过 4 小时，或在 4 ℃ 左右冷藏不得超过 7 天。

4. 质量控制　此培养基呈浅黄色，清晰无沉淀，加血后红色不透明。在微需氧条件下（25 ±1）℃ 和有氧条件下（42 ±1）℃ 生长试验，空肠弯曲菌均不生长。

（七十五）布氏肉汤

1. 用途　用于空肠弯曲菌的增菌培养或测动力的悬浮液，亦用于布鲁菌的培养（GB 4789.9—2014）。

2. 培养基配方　酪蛋白酶解物 10.0 g，动物组织酶解物 10.0 g，葡萄糖 1.0 g，酵母浸粉 2.0 g，氯化钠 5.0 g，亚硫酸氢钠 0.1 g，蒸馏水 1000 mL，pH（25 ℃）7.0 ±0.2。

3. 制法　将基础培养基成分溶解于水中，把 pH 调至 7.0 ±0.2（25 ℃），121 ℃ 高压灭菌 15 分钟，备用。

4. 质量控制　此培养基呈淡黄色，清晰无沉淀。空肠弯曲菌生长良好。

（七十六）马尿酸钠水解试剂

1. 用途　用于链球菌和空肠弯曲菌的生化鉴定（GB 4789.9—2014）。

2. 培养基配方

（1）马尿酸钠溶液　马尿酸钠 10.0 g。

（2）磷酸盐缓冲液（PBS）组分　氯化钠 8.5 g，磷酸氢二钠 8.98 g，磷酸二氢钠 2.71 g，蒸馏水 1000 mL，pH（25 ℃）7.0 ±0.2。

（3）3.5%（水合）茚三酮溶液（m/V）（水合）茚三酮（ninhydrin）1.75 g，丙酮 25 mL，丁醇 25 mL。

3. 制法 将马尿酸钠溶于磷酸盐缓冲溶液中，过滤除菌。无菌分装，每管 0.4 mL，贮存于 –20 ℃。将（水合）茚三酮溶解于丙酮–丁醇混合液中。该溶液在避光冷藏时最多不超过 7 天。

4. 质量控制 马尿酸钠溶液呈白色，清晰无沉淀。茚三酮溶液黄绿色液体，清晰无沉淀。空肠弯曲菌阳性，出现深紫色；乙型溶血链球菌阴性，黄色。

（七十七）MRS 培养基

1. 用途 用于乳酸菌的分离与培养（GB 4789.34—2016，GB 4789.35—2016）。

2. 培养基配方 蛋白胨 10.0 g，牛肉粉 5.0 g，酵母粉 4.0 g，葡萄糖 20.0 g，吐温 –80 1.0 mL，$K_2HPO_4 \cdot 7H_2O$ 2.0 g，醋酸钠·$3H_2O$ 5.0 g，柠檬酸三铵 2.0 g，$MgSO_4 \cdot 7H_2O$ 0.2 g，$MnSO_4 \cdot 4H_2O$ 0.05 g，琼脂粉 15.0 g，蒸馏水 1000 mL，pH（25 ℃）6.2 ± 0.2。

3. 制法 将上述成分加入到 1000 mL 蒸馏水中，加热溶解，调节 pH 至 6.2 ± 0.2，分装后 121 ℃ 高压灭菌 15 ~ 20 分钟。

4. 质量控制 此培养基呈黄色，清晰无沉淀。乳酸菌均生长良好。

（七十八）莫匹罗星锂盐和半胱氨酸盐酸盐改良 MRS 培养基

1. 用途 用于双歧杆菌的分离与培养（GB 4789.35—2016）。

2. 培养基配方 MRS 培养基 950 mL，莫匹罗星锂盐贮备液 50 mL，半胱氨酸盐酸盐贮备液 50 mL。

3. 制法 将 MRS 培养基各成分加入到 900 mL 蒸馏水中，加热溶解，调节 pH，分装后 121 ℃ 高压灭菌 15 ~ 20 分钟。临用时加热溶化琼脂，在水浴中冷至 48 ℃，用带有 0.22 μm 微孔滤膜的注射器将莫匹罗星锂盐贮备液及半胱氨酸盐酸盐贮备液制备加入到溶化琼脂中，使培养基中莫匹罗星锂盐的浓度为 50 μg/mL，半胱氨酸盐酸盐的浓度为 500 μg/mL。

莫匹罗星锂盐贮备液制备：称取 50 mg 莫匹罗星锂盐加入到 50 mL 蒸馏水中，用 0.22 μm 微孔滤膜过滤除菌。

半胱氨酸盐酸盐贮备液制备：称取 500 mg 半胱氨酸盐酸盐加入到 50 mL 蒸馏水中，用 0.22 μm 微孔滤膜过滤除菌。

4. 质量控制 此培养基呈黄色，清晰无沉淀。两歧双歧杆菌和婴儿双歧杆菌生长良好，植物乳杆菌生长受抑制。

（七十九）MC 培养基

1. 用途 用于嗜热链球菌的分离与培养（GB 4789.35—2016）。

2. 培养基配方 大豆蛋白胨 5.0 g，牛肉粉 3.0 g，酵母粉 3.0 g，葡萄糖 20.0 g，乳糖 20.0 g，碳酸钙 10.0 g，琼脂 15.0 g，蒸馏水 1000 mL，1% 中性红溶液 5.0 mL，pH（25 ℃）6.2 ± 0.2。

3. 制法 将前面 7 种成分加入蒸馏水中，加热溶解，调节 pH 至 6.0 ± 0.2，加入中性红溶液。分装后 121 ℃ 高压灭菌 15 ~ 20 分钟。

4. 质量控制 此培养基呈红色，有微量白色沉淀。嗜热链球菌生长良好。

（八十）乳酸杆菌糖发酵管

1. 用途　用于乳酸菌的生化鉴定（GB 4789.35—2016）。

2. 培养基配方　牛肉膏 5.0 g，蛋白胨 5.0 g，酵母浸膏 5.0 g，吐温 - 80 0.5 mL，琼脂 1.5 g，1.6% 溴甲酚紫 - 乙醇溶液 1.4 mL，蒸馏水 1000 mL，pH（25 ℃）7.2 ±0.2。

3. 制法　将上述成分加入蒸馏水中，按 0.5% 加入所需糖类，加热溶解，调节 pH 至 7.2 ±0.2，并分装小试管，121 ℃高压灭菌 15 ~ 20 分钟。

4. 质量控制　此培养基呈紫色，清晰无沉淀。0.5% 蔗糖发酵管，植物乳杆菌阳性，培养基变黄；德氏乳杆菌保加利亚亚种阴性，培养基紫色不变。

（八十一）七叶苷培养基

1. 用途　用于乳酸菌的生化鉴定（GB 4789.35—2016）。

2. 培养基配方　蛋白胨 5.0 g，磷酸氢二钾 1.0 g，七叶苷 3.0 g，枸橼酸铁 0.5 g，1.6% 溴甲酚紫 - 乙醇溶液 1.4 mL，蒸馏水 100 mL，pH（25 ℃）7.2 ±0.2。

3. 制法　将上述成分加入蒸馏水中，加热溶解，调节 pH 至 7.2 ±0.2，121 ℃高压灭菌 15 ~ 20 分钟。

4. 质量控制　此培养基呈红褐色，清晰无沉淀。植物乳杆菌阳性，培养基变棕黑色；德氏乳杆菌保加利亚亚种阴性，培养基红褐色不变。

（八十二）双歧杆菌琼脂培养基

1. 用途　用于双歧杆菌的分离、培养与计数（GB 4789.34—2016）。

2. 培养基配方　蛋白胨 15.0 g，酵母浸膏 2.0 g，葡萄糖 20.0 g，可溶性淀粉 0.5 g，氯化钠 5.0 g，西红柿浸出液 400.0 mL，吐温 - 80 1.0 mL，肝粉 0.3 g，琼脂粉 20.0 g，加蒸馏水至 1000 mL，pH（25 ℃）6.8 ±0.1。

3. 制法　将上述所有成分加入蒸馏水中，加热溶解，然后加入半胱氨酸盐溶液，校正 pH 6.8 ±0.1。分装后 121 ℃高压灭菌 15 ~ 20 分钟。临用时加热溶化琼脂，冷至 50 ℃时使用。

半胱氨酸盐溶液的配制：称取半胱氨酸 0.5 g，加入 1.0 mL 盐酸，使半胱氨酸全部溶解，配制成半胱氨酸盐溶液。

西红柿浸出液的制备：将新鲜的西红柿洗净后称重切碎，加等量的蒸馏水在 100 ℃水浴中加热，搅拌 90 分钟，然后用纱布过滤，校正 pH 7.0 ±0.1，将浸出液分装后，121 ℃高压灭菌 15 ~ 20 分钟。

4. 质量控制　此培养基呈浅黄色，清晰无沉淀。两歧双歧杆菌和婴儿双歧杆菌生长良好。

（八十三）PYG 液体培养基

1. 用途　用于培养双歧杆菌，对其有机酸代谢产物进行测定（GB 4789.34—2016）。

2. 培养基配方　蛋白胨 10.0 g，葡萄糖 2.5 g，酵母粉 5.0 g，半胱氨酸 - HCl 0.25 g，盐溶液 20.0 mL，维生素 K_1 溶液 0.5 mL，5 mg/mL 氯化血红素溶液 2.5 mL，加蒸馏水至 500 mL，pH（25 ℃）6.0 ±0.1。

3. 制法　盐溶液的配制：称取无水氯化钙 0.2 g，硫酸镁 0.2 g，磷酸氢二钾 1.0 g，磷酸二氢钾 1.0 g，碳酸氢钠 10.0 g，氯化钠 2.0 g，加蒸馏水至 1000 mL。

氯化血红素溶液（5 mg/mL）的配制：称取氯化血红素 0.5 g 溶于 1 mol/L 氢氧化钠 1.0 mL 中，加蒸馏水至 1000 mL，121 ℃高压灭菌 15～20 分钟。

维生素 K₁溶液的配制：称取维生素 K₁ 1.0 g，加无水乙醇 99 mL，过滤除菌，冷藏保存。

除氯化血红素溶液和维生素 K₁溶液外，其余成分加入蒸馏水中，加热溶解，校正 pH 6.0±0.1，加入中性红溶液。分装后 121 ℃高压灭菌 15～20 分钟。临用时加热溶化琼脂，加入氯化血红素溶液和维生素 K₁溶液，冷至 50 ℃使用。

4. 质量控制 此培养基呈黄色，清晰无沉淀。两歧双歧杆菌和婴儿双歧杆菌生长良好。

附录三　常用染色液

（一）革兰染色液

1. 用途 用于细菌的鉴定（GB 4789.26—2013，GB 4789.10—2016，GB 4789.12—2016，GB 4789.30—2016，GB 4789.7—2013，GB 4789.35—2016）。

2. 组成 结晶紫染色液：结晶紫 1.0 g，95% 乙醇 20.0 mL，1% 草酸铵水溶液 80.0 mL。

3. 制法 将结晶紫完全溶解于乙醇中，然后与草酸铵溶液混合。

（1）革兰碘液　碘 1.0 g，碘化钾 2.0 g，蒸馏水 300 mL。

制法：将碘与碘化钾先行混合，加入蒸馏水少许充分振摇，待完全溶解后，再加蒸馏水至 300 mL。

（2）沙黄复染液　沙黄 0.25 g，95% 乙醇 10.0 mL，蒸馏水 90.0 mL。

制法：将沙黄溶解于乙醇中，然后用蒸馏水稀释。

4. 染色法

（1）涂片在酒精灯火焰上固定，滴加结晶紫染液覆盖，染 1 分钟，水洗。

（2）滴加革兰碘液覆盖，作用 1 分钟，水洗。

（3）滴加 95% 乙醇脱色约 15～30 秒，（可将乙醇覆盖整个涂片，立即倾去，再用乙醇覆盖涂片，作用约 10 秒，倾去脱色液，滴加乙醇从涂片流下至出现无色为止，不要过分脱色），水洗。

（4）滴加复染液覆盖，复染 1 分钟，水洗、待干、镜检。

5. 质量控制 金黄色葡萄球菌革兰阳性，菌体紫色；大肠埃希菌革兰阴性，菌体红色。

（二）芽孢染色液

1. 用途 用于芽孢的染色。

2. 组成

（1）孔雀绿染液　孔雀绿 5 g，蒸馏水 100 mL。

（2）番红水溶液　番红 0.5 g，蒸馏水 100 mL。

3. 染色法

（1）涂片在酒精灯火焰上固定，滴加 3～5 滴孔雀绿染液于已固定的涂片上。用镊子夹住载玻片在火焰上加热，使染液冒蒸汽但勿沸腾，切忌使染液蒸干，必要时可添加少许染液。加热时间从染液冒蒸汽时开始计算约 4～5 分钟。

（2）倾去染液，待载玻片冷却后水洗至孔雀绿不再褪色为止。

（3）用番红水溶液复染 1 分钟，水洗。

（4）待干燥后，置油镜观察，芽孢呈绿色，菌体呈红色。

附录四　常用试剂和指示剂

（一）磷酸盐缓冲液（PBS）

1. 用途　用于样品稀释（GB 4789.2—2016，GB 4789.3—2016，GB 4789.15—2016，GB 4789.10—2016，GB 4789.14—2014）。

2. 试剂配方　磷酸二氢钾（KH_2PO_4）34.0 g，蒸馏水 500 mL，pH（25 ℃）7.2 ±0.2。

3. 制法　贮存液：称取 34.0 g 的磷酸二氢钾溶于 500 mL 蒸馏水中，用大约 175 mL 的 1 mol/L 氢氧化钠溶液调节 pH 至 7.2 ±0.2，用蒸馏水稀释至 1000 mL 后贮存于冰箱。

稀释液：取贮存液 1.25 mL，用蒸馏水稀释至 1000 mL，分装于适宜容器中，121 ℃高压灭菌 15 分钟。

4. 质量控制　此试剂呈无色，清晰无沉淀。大肠埃希菌和金黄色葡萄球菌 45 分钟前后菌落数变化不超过 ±50%。

（二）无菌生理盐水

1. 用途　用于样品稀释（GB 4789.2—2016，GB 4789.3—2016，GB 4789.15—2016，4789.10—2016）。

2. 试剂配方　氯化钠 8.5 g，蒸馏水 1000 mL。

3. 制法　称取 8.5 g 氯化钠溶于 1000 mL 蒸馏水中，搅拌至完全溶解，分装后，121 ℃灭菌 15 分钟，备用。

4. 质量控制　此试剂呈无色，清晰无沉淀。大肠埃希菌和金黄色葡萄球菌 45 分钟前后菌落数变化不超过 ±50%。

（三）靛基质试剂

1. 用途　用于沙门菌、志贺菌的色氨酸酶试验（GB 4789.4—2016，GB 4789.5—2012）。

2. 试剂配方及制法

（1）蛋白胨水　蛋白胨（或胰蛋白胨）20.0 g，氯化钠 5.0 g，蒸馏水 1000 mL，pH（25 ℃）7.4 ±0.2。

将上述成分加入蒸馏水中，煮沸溶解，调节 pH 至 7.4 ±0.2，分装小试管，121 ℃高压灭菌 15 分钟。

（2）靛基质试剂　柯凡克试剂：将 5 g 对二甲氨基甲醛溶解于 75 mL 戊醇中，然后缓慢加入浓盐酸 25 mL。

欧－波试剂：将 1 g 对二甲氨基苯甲醛溶解于 95 mL 95% 乙醇内，然后缓慢加入浓盐酸 20 mL。

3. 试验方法　挑取小量培养物接种，在（36 ±1）℃培养 1～2 天，必要时可培养 4～5 天。加入柯凡克试剂约 0.5 mL，轻摇试管，阳性者于试剂层呈深红色；或加入欧－波试剂约 0.5 mL，沿管壁流下，覆盖于培养液表面，阳性者于液面接触处呈玫瑰红色。

注：蛋白胨中应含有丰富的色氨酸。每批蛋白胨买来后，应先用已知菌种鉴定后方可

使用。

4. 质量控制 此试剂呈液体，清晰无沉淀。大肠埃希菌阳性，鼠伤寒沙门菌和福氏志贺菌阴性。

（四）兔血浆

1. 用途 用于血浆凝固酶阳性的金黄色葡萄球菌的确认（GB 4789.10—2016）。

2. 试剂配方及制法 取柠檬酸钠 3.8 g，加蒸馏水 100 mL，溶解后过滤，装瓶，121 ℃高压灭菌 15 分钟。

兔血浆制备：取 3.8% 柠檬酸钠溶液一份，加兔全血四份，混合均匀，静置（或以 3000 r/min 离心 30 分钟），使血液细胞下降，即可得血浆。

3. 质量控制 此试剂呈微红色，不透明。金黄色葡萄球菌阳性，血浆凝固，表皮葡萄球菌阴性，血浆不凝固。

（五）胰蛋白酶溶液

1. 用途 用于肉毒梭菌的肉毒素检测（GB 4789.12—2016）。

2. 试剂配方 胰蛋白酶（1∶250）10.0 g，蒸馏水 100 mL。

3. 制法 将胰蛋白酶溶于蒸馏水中，膜过滤除菌，4 ℃保存备用。

4. 质量控制 此试剂呈淡黄色，清晰无沉淀。

（六）明胶磷酸盐缓冲液

1. 用途 用于检测肉毒梭菌的样品的处理及肉毒梭菌的稀释（GB 4789.12—2016）。

2. 试剂配方 明胶 2.0 g，磷酸氢二钠（Na_2HPO_4）4.0 g，蒸馏水 1000 mL，pH（25 ℃）6.2 ± 0.2。

3. 制法 将配方中成分溶于蒸馏水中，调节 pH 至 6.2 ± 0.2，121 ℃高压蒸汽灭菌 15 分钟。

4. 质量控制 此试剂呈淡无色，清晰无沉淀。肉毒梭菌生长良好。

（七）磷酸盐缓冲液（PBS）

1. 用途 用于肉毒梭菌毒素基因检测中悬浮菌体（GB 4789.12—2016）。

2. 试剂配方 氯化钠 7.65 g，磷酸氢二钠 0.724 g，磷酸二氢钾 0.21 g，超纯水 1000 mL，pH（25 ℃）7.4 ± 0.2。

3. 制法 准确称取配方中化学试剂，溶于超纯水中，调节 pH 至 7.4 ± 0.2，121 ℃高压蒸汽灭菌 15 分钟。

4. 质量控制 此试剂呈淡无色，清晰无沉淀。

（八）甲基红（M. R）试验试剂

1. 用途 用于李斯特菌的 M. R 试验（GB 4789.30—2016）。

2. 试剂配方 甲基红 10 mg，95% 乙醇 30 mL，蒸馏水 20 mL。

3. 制法 10 mg 甲基红溶于 30 mL 95% 乙醇中，然后加入 20 mL 蒸馏水。

4. 试验方法 取适量琼脂培养物接种于缓冲葡萄糖蛋白胨水中，（36 ± 1）℃培养 2 ~ 5 天。滴加甲基红试剂一滴，立即观察结果。鲜红色为阳性，黄色为阴性。

5. 质量控制 此试剂呈淡黄色，清晰无沉淀，李斯特菌阳性，产气肠杆菌阴性。

（九）V.P 试验液

1. 用途　用于细菌的 V.P 试验（GB 4789.30—2016，GB 4789.7—2013，GB 4789.14—2014）。

2. 试剂及制法　6% α-萘酚-乙醇溶液：取 α-萘酚 6.0 g，加无水乙醇溶解，定容至 100 mL。

40% 氢氧化钾溶液：取氢氧化钾 40 g，加蒸馏水溶解，定容至 100 mL。

3. 试验方法　取适量琼脂培养物接种于缓冲葡萄糖蛋白胨水中，（36±1）℃培养 2~4 天。加入 6% α-萘酚-乙醇溶液 0.5 mL 和 40% 氢氧化钾溶液 0.2 mL，充分振摇试管，观察结果。阳性反应立刻或于数分钟内出现红色，如为阴性，应放在（36±1）℃继续培养 1 小时再进行观察。

4. 质量控制　此试剂呈淡黄色，清晰无沉淀，李斯特菌阳性，大肠埃希菌阴性。

（十）过氧化氢试剂（3%过氧化氢试剂）

1. 用途　用于细菌的过氧化氢酶试验（GB 4789.30—2016，GB 4789.14—2014，GB 4789.9—2014）。

2. 试剂及制法　3% 过氧化氢溶液：临用时配制，用 H_2O_2 配制。

3. 试验方法　用细玻璃棒或一次性接种针挑取单个菌落，置于洁净试管内，滴加 3% 过氧化氢溶液 2 mL，观察结果。于半分钟内发生气泡者为阳性，不发生气泡者为阴性。

4. 质量控制　此试剂呈无色，清晰无沉淀，单增李斯特菌阳性，粪肠球菌阴性。

（十一）3%氯化钠溶液

1. 用途　用于副溶血性弧菌 K 抗原的鉴定（GB 4789.7—2013）。

2. 试剂配方　氯化钠 30.0 g，蒸馏水 1000 mL，pH（25 ℃）7.2±0.2。

3. 制法　将氯化钠溶于蒸馏水中，121 ℃高压灭菌 15 分钟。

4. 质量控制　此试剂呈无色，清晰无沉淀。

（十二）氧化酶试剂

1. 用途　用于细菌的氧化酶试验（GB 4789.7—2013，GB 4789.40—2016，GB 4789.9—2014）。

2. 试剂配方　N,N,N',N'-四甲基对苯二胺盐酸盐 1.0 g，蒸馏水 100 mL。

3. 制法　将 N,N,N',N'-四甲基对苯二胺盐酸盐溶于蒸馏水中，2~5 ℃冰箱内避光保存，在 7 天之内使用。

4. 试验方法　用细玻璃棒或一次性接种针挑取新鲜（24 小时）菌落，涂布在氧化酶试剂湿润的滤纸上。如果滤纸在 10 秒之内呈现粉红或紫红色，即为氧化酶试验阳性。不变色为氧化酶试验阴性。

5. 质量控制　此试剂呈无色，清晰无沉淀，副溶血性弧菌阳性；大肠埃希菌阴性。

（十三）0.5%碱性复红

1. 用途　用于鉴定蜡样芽孢杆菌的蛋白质毒素结晶试验（GB 4789.14—2014）。

2. 试剂配方　碱性复红 0.5 g，乙醇 20.0 mL，蒸馏水 80.0 mL。

3. 制法　取碱性复红 0.5 g 溶解于 20 mL 乙醇中，再用蒸馏水稀释至 100 mL，滤纸过滤后贮存备用。

4. 质量控制 此试剂呈深红色，清晰无沉淀。苏云金芽孢杆菌有蛋白质毒素结晶体；蜡样芽孢杆菌无蛋白质毒素结晶体。

（十四）吲哚乙酸酯纸片

1. 用途 用于空肠弯曲菌的生化鉴定（GB 4789.9—2014）。

2. 试纸配方 吲哚乙酸酯0.1 g，丙酮1 mL。

3. 制法 将吲哚乙酸酯溶于丙酮中，吸取 25 ~ 50 μL 溶液于空白纸片上（直径为 0.6 ~ 1.2 cm）。室温干燥，用带有硅胶塞的棕色试管或瓶于 4 ℃保存。

4. 质量控制 此试纸呈无色。空肠弯曲菌阳性，出现深蓝色。

（十五）0.1% 蛋白胨水

1. 用途 用于检测空肠弯曲菌的样品的处理（GB 4789.9—2014）。

2. 试剂配方 蛋白胨 1.0 g，蒸馏水 1000 mL，pH（25 ℃）7.0 ± 0.2。

3. 制法 将蛋白胨溶解于蒸馏水中，校正 pH 至 7.0 ± 0.2（25 ℃），121 ℃高压灭菌 15 分钟。

4. 质量控制 此试剂呈淡黄色，清晰无沉淀。空肠弯曲菌 45 分钟前后菌落数变化不超过 ±50%。

（十六）1 mol/L 硫代硫酸钠（$Na_2S_2O_3$）溶液

1. 用途 用于检测空肠弯曲菌的水样的处理（GB 4789.9—2014）。

2. 试剂配方 硫代硫酸钠（无水）160.0 g，碳酸钠（无水）2.0 g，蒸馏水 1000 mL，pH（25 ℃）7.0 ± 0.2。

3. 制法 称取 160 g 无水硫代硫酸钠，加入 2 g 无水碳酸钠，溶于 1000 mL 水中，缓缓煮沸 10 分钟，冷却。

4. 质量控制 此试剂呈无色，清晰无沉淀。

参考文献

[1] 段鸿斌. 食品微生物检验技术 [M]. 重庆：重庆大学出版社，2015.

[2] 高明. 食品检验工 [M]. 北京：机械工业出版社，2014.

[3] 杰伊，罗西里尼，戈尔登，等. 现代食品微生物学：食品微生物学 [M]. 何国庆，丁立孝，宫春波，译. 北京：中国农业大学出版社，2008.

[4] 李凤梅. 食品微生物检验 [M]. 北京：化学工业出版社，2015.

[5] 李自刚，李大伟. 食品微生物检验技术 [M]. 北京：中国轻工业出版社，2018.

[6] 罗红霞，王建. 食品微生物检验技术 [M]. 北京：中国轻工业出版社，2018.

[7] 倪语星，尚红. 临床微生物学检验 [M]. 第5版. 北京：人民卫生出版社，2012.

[8] 王君. 全国食品中蜡样芽孢杆菌的污染分布规律及遗传多样性研究 [D]. 广州：广东工业大学，2013.

[9] 王廷璞，王静. 食品微生物学检验技术 [M]. 北京：化学工业出版社，2014.

[10] 魏明奎，段鸿斌. 食品微生物检验技术 [M]. 北京：化学工业出版社，2013.

[11] 旭日干，庞国芳. 中国食品安全现状、问题及对策战略研究 [M]. 北京：科学出版社，2015.

[12] 杨玉红. 食品微生物检验技术 [M]. 武汉：武汉理工大学出版社，2016.

[13] 姚勇芳，司徒满泉. 食品微生物检验技术 [M]. 第2版. 北京：科学出版社，2017.

[14] 岳晓禹，杨玉红. 食品微生物检验 [M]. 北京：中国农业科学技术出版社，2017.

[15] 赵月明. 乳制品中蜡样芽孢杆菌的暴露研究 [D]. 长沙：中南林业科技大学，2014.

[16] 周建新. 食品微生物学检验 [M]. 北京：化学工业出版社，2011.